U0417310

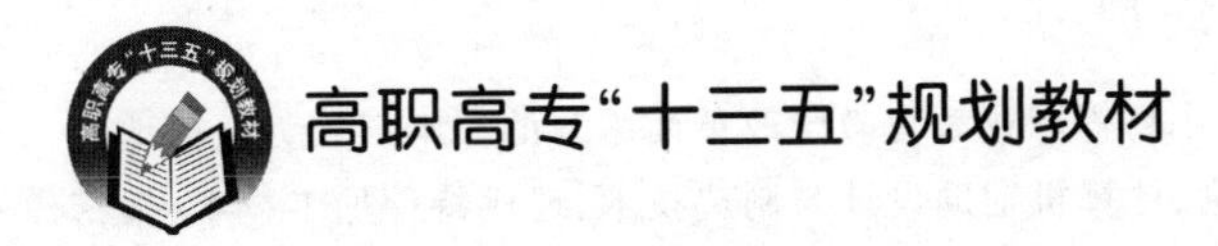

现代制造技术

主　编　王立波　钟　展
主　审　刘宏道

北京航空航天大学出版社

内容简介

本书是为适应现代制造技术的快速发展以及深化高等职业教育教学改革而编写的。本书较为全面地介绍了现代制造技术的主要内容，共分7章，包括：绪论、计算机辅助设计与制造技术、现代特种加工技术、精密加工与超精密加工、工业机器人技术、柔性制造技术、先进制造模式与先进管理技术。

本书可作为高职高专院校和成人教育学校等机械类及近机类各专业的专业课教材，也可作为企业高技能人才培训及工程技术人员的参考书。

图书在版编目(CIP)数据

现代制造技术 / 王立波，钟展主编. -- 北京 ：北京航空航天大学出版社，2016.7
ISBN 978-7-5124-2131-8

Ⅰ. ①现… Ⅱ. ①王… ②钟… Ⅲ. ①机械制造工艺 Ⅳ. ①TH16

中国版本图书馆 CIP 数据核字(2016)第109854号

现代制造技术

主　编　王立波　钟　展
主　审　刘宏道
责任编辑　张艳学

*

北京航空航天大学出版社出版发行
北京市海淀区学院路37号(邮编100191)　http://www.buaapress.com.cn
发行部电话：(010)82317024　传真：(010)82328026
读者信箱：goodtextbook@126.com　邮购电话：(010)82316936
北京时代华都印刷有限公司印装　各地书店经销

*

开本：787×1 092　1/16　印张：14.25　字数：365千字
2016年7月第1版　2021年1月第3次印刷　印数：4 001～6 000册
ISBN 978-7-5124-2131-8　定价：34.00元

前　言

制造业是一个国家经济增长的主体和支柱，是实现可持续发展的动力源泉，也是国家创造力、竞争力和综合国力的重要体现。随着微电子、计算机、通信、网络、信息等高新技术的不断发展及市场需求的个性化与多样化，世界各国都把制造技术作为国家的关键技术进行优先发展，将其他学科的高技术成果引入制造业。我国于2015年5月印发了《中国制造2025》，部署全面推进实施制造强国战略。纵观现代制造技术的新发展，其重要特征主要体现在它的绿色制造、计算机集成制造、柔性制造、虚拟制造、智能制造、并行工程、敏捷制造和网络制造等方面。

现代制造技术是制造技术和信息技术及其他现代高新技术相结合而产生的一个完整的技术群，其内涵十分丰富。在本书的编写过程中，编者考虑到高职学生的特点，在内容的选择上以实用和够用为原则，并没有刻意追求理论的广度和深度，而是努力做到突出现代制造技术的职业要求和可持续发展的理念，应用大量的图表和案例，对每一种现代制造技术的阐述和解释都努力做到深入浅出、通俗易懂。每一章的后面都附有习题和思考题，以满足高职高专院校机械类和近机类专业学生的学习要求。

本书共分7章。第1章简要介绍现代制造技术的发展过程、含义与分类、特点和发展趋势。第2章介绍计算机辅助设计与制造技术，包括CAD/CAM系统、CAD系统、CAPP系统、快速成型与反求工程技术等。第3章介绍现代特种加工技术，包括电火花加工技术、电化学加工技术、超声加工技术、高能束加工技术等。第4章介绍精密加工与超精密加工，包括精密切削加工、精密磨削加工、其他超精密加工以及超精密加工的发展趋势。第5章介绍工业机器人技术，包括工业机器人概述、机械结构、控制与驱动系统、工业机器人的应用以及机器人工作站等。第6章介绍柔性制造技术，包括柔性制造系统的组成、分类、应用以及柔性制造系统的发展。第7章介绍先进制造模式与先进管理技术，包括计算机集成制造系统、并行工程、敏捷制造、智能制造系统、绿色制造等。

本书由四川航天职业技术学院王立波、钟展担任主编，陈亮、杨林、刘雯、高春担任副主编，全书由王立波统稿。王立波编写第1章，并与钟展共同编写第5章；刘雯编写第2章；杨林负责编写第3章；陈亮负责编写第4章；高春负责编写第6章；第7章由钟展与白晶斐共同编写。全书由四川航天职业技术学院刘宏道主审。

由于编者水平有限，书中可能存在不妥之处，敬请广大读者批评指正。

编　者

2016年6月

目　录

第1章 绪 论

制造业是指对制造资源(物料、能源、设备、工具、资金、技术、信息和人力等),按照市场要求,通过制造过程,转化为可供人们使用和利用的大型工具、工业品与生活消费产品的行业。制造业是国民经济的主体,是立国之本、兴国之器、强国之基,是国家创造力、竞争力和综合国力的重要体现。制造业是一个非常宽泛的概念,其领域既包括机械装备制造和电子产品制造,也包括非金属制品制造、成衣制造和玩具制造等。

制造业直接体现了一个国家的生产力水平,是区别发展中国家和发达国家的重要因素,制造业在世界发达国家(developed countries)的国民经济中占有重要份额。相关统计资料显示,制造业为工业化国家创造了60%~80%的社会财富,国民经济收入的45%以上是由制造业直接完成的,制造业在国际贸易总额中占有75%的份额。

改革开放以来,中国工业实力和竞争力大大增强,"中国制造"享誉全球,工业结构由门类单一走向齐全、由低端制造向中高端制造迈进。2010年,美国的制造业增加值为17 794亿美元,日本的制造业增加值为9 702亿美元,我国的制造业增加值为19 061亿美元,位列全球第一。根据世界银行数据,中国制造业增加值在世界占比达到20.8%,220多种工业品产量居世界第一位,制造业净出口居世界第一位,中国已成为名副其实的"制造大国"。随着制造业产品生命周期缩短、用户需求多样化、大市场和大竞争、环保意识增强和可持续发展等,美、日等发达国家相继提出了"现代制造技术(Modern Manufacturing Technology,MMT)"或称为"先进制造技术(Advanced Manufacturing Technology,AMT)"的新概念。

1.1 机械制造技术的发展历程

1.1.1 传统制造业及其技术的发展

18世纪中叶蒸汽机的发明是制造业发展的历史性转折点,这个时候出现了以动力驱动为特征的制造方式,发生了第一次工业革命。19世纪末20世纪初,随着内燃机的发明、自动机床、自动线的相继问世以及产品部件化、部件标准化的科学思想的提出,掀起了制造业革命的新浪潮。20世纪中期,电子技术和计算机技术的迅猛发展及其在制造领域所产生的强大的辐射效应,更是极大地促进了制造模式的演变和产品设计与制造工艺的紧密结合,推动了制造系统的发展和管理方式的变革。同时,制造技术的新发展也为现代制造科学的形成创造了条件。从整个制造技术的发展来看,主要经历了以下三个阶段。

1. 用机器代替手工,作坊发展为工厂

20世纪初,各种产品的加工已经由机器代替了手工,但是使用机器的生产方式是作坊式的单件生产。它产生于英国,19世纪先后传到法国、德国和美国,在美国首先形成了小型的机械工厂,使这些国家的经济得到了发展,国力大大增强。

2. 从单件生产方式发展到大量生产方式

1931年，在制造管理思想方面，相继出现了劳动分工制度和标准化技术。美国人泰勒首先提出了以劳动分工和计件工资制为基础的科学管理方法，成为制造工程科学的奠基人。福特首先推行所有零件都按照一定的公差要求来加工（零件互换技术），建立了具有划时代意义的汽车装配生产线，实现了以刚性自动化为特征的大量生产方式，这对社会结构、劳动分工、教育制度和经济发展都产生了重大的影响。20世纪50年代，大量生产方式发展到了顶峰，产生了工业技术的革命和创新，传统制造业及大工业体系也随之建立和逐渐成熟。近代传统制造工业技术体系的形成，其特点是以机械—电力技术为核心的各类技术相互结合和依存。

3. 柔性化、集成化、智能化和网络化的现代制造技术

20世纪80年代以来所产生的现代制造技术沿着4个方面发展：传统制造技术的革新、拓展；精密工程；非传统加工方法；制造系统的柔性化、集成化、智能化和网络化。由于传统制造是以机械—电力技术为核心的各类技术相互结合和依存的制造工业技术体系，其支撑技术的发展决定了传统制造业的生产和技术有如下特点：

① 单件小作坊式生产加高度的个人制造技巧，与大量的机械化刚性规模生产线并存，再加上细化的专业分工与一体化的组织生产模式。

② 制造技术的界限分明，其专业相互独立。

③ 制造技术一般仅指加工制造的工艺方法，即制造全过程中某一段环节的技术方法。

④ 制造技术一般只能控制生产过程中的物质流和能量流。

⑤ 制造技术与制造生产管理分离。

1.1.2 现代制造及其技术的发展

20世纪中叶以来，随着微电子、计算机、通信、网络、信息、自动化等科学技术的迅猛发展，掀起了以信息技术为核心的"第三次浪潮"，正是这些高新科学技术在制造领域中的广泛渗透、应用和衍生，推动着制造业的深刻变革，极大地拓展了制造活动的深度和广度，促使制造业日益向着高度自动化、智能化、集成化和网络化的方向蓬勃发展。在科学和技术进步的同时，随着人们物质需求的不断提高和全球市场的逐渐形成，国际经济贸易交往与合作更加频繁和紧密，竞争越来越激烈。日益提高的生活质量要求与世界能源、资源的减少和人口增长的矛盾更加突出。因此，社会发展对其经济支撑行业——制造业及其技术体系提出了更高的要求，要求制造业具有更加快速和灵活的市场响应、更高的产品质量、更低的成本和能源消耗以及良好的环保特性。这一需求促使传统制造业开始向现代制造发展。

20世纪60年代，制造企业的生产方式开始向多品种、中小批量生产方式转变。与此同时，以大规模集成电路为代表的微电子技术，以及以微型计算机为代表的计算机技术的迅速发展，极大地促进了制造业的工艺与装备技术的进步，为制造企业实现多品种、中小批量的生产方式创造了有利条件。这个阶段诞生的制造技术与制作装备主要有计算机辅助设计（Computer Aided Design，CAD）、计算机辅助工艺规划（Computer Aided Process Planning，CAPP）、计算机辅助工程（Computer Aided Engineering，CAE）、计算机辅助制造（Computer Aided Manufacturing，CAM）、现代数控机床、柔性制造系统（Flexible Manufacturing System，FMS）、即时生产（Just In Time，JIT）等。

20世纪80年代，制造理念、制造技术和制造装备发生了重大变化，出现了计算机集成制造系统(Computer Integrated Manufacturing Systems,CIMS)、并行工程(Concurrent Engineering,CE)、精益生产(Lean Production,LP)等。

20世纪90年代,伴随着信息科技的飞速发展,制造技术迎来了新的发展时期。在这一时期,提高制造企业的快速响应能力以适应瞬息万变的市场需求,成为制造企业赢得市场竞争的关键。围绕这一目标,出现了许多先进制造系统模式,如敏捷制造(Agile Manufacturing,AM)、虚拟制造(Virtual Manufacturing,VM)等。

进入21世纪,知识经济方兴未艾,以信息科技为代表的高新技术发展迅猛,全球化进程不断加速,这一切正在引发全球经济格局的巨大变革,同时带动制造技术向着智能化、绿色化方向发展。图1-1简要概括了制造技术的主要发展阶段。

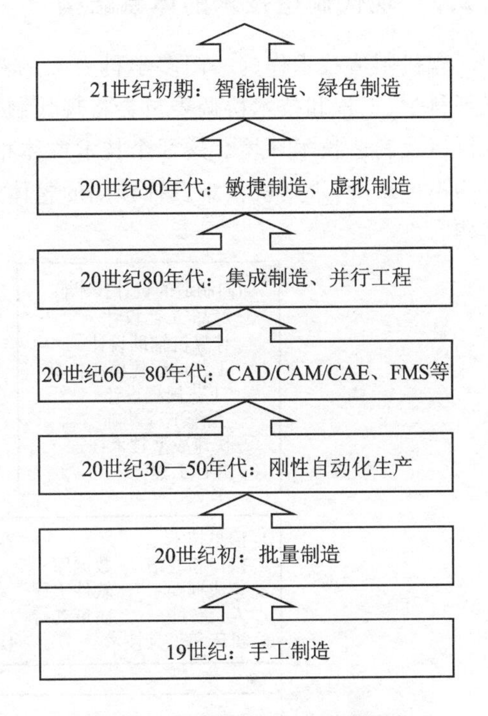

图1-1 制造技术主要发展阶段

现代制造及其技术的形成和发展特点是:

① 生产规模:少品种大批量→单件小批量→多品种变批量。

② 生产方式:劳动密集型→设备密集型→信息密集型→知识密集型。

③制造设备的发展过程:手工→机械化→单机自动化→刚性自动线→柔性自动线→智能自动化。

④ 在制造技术和工艺方法方面,其特征表现为:重视必不可少的辅助工序,如加工前、后处理;重视工艺装备,使制造技术成为集工艺方法、工艺装备和工艺材料为一体的成套技术;重视物流、检验、包装及储藏,使制造技术成为覆盖加工全过程的综合技术,不断发展优质、高效、低耗的工艺及加工方法,以取代落后工艺;不断吸收微电子、计算机和自动化等高新技术成果,形成CAD、CAM、CAPP、CAT、CAE、NC、CNC、MIS、FMS、CIMS、IMT、IMS等一系列现代制造技术,并实现上述技术的局部或系统集成,形成从单机到自动生产线等不同档次的自动化制造系统。

⑤ 引入工业工程和并行工程概念,强调系统化及其技术和管理的集成,将技术和管理有机地结合在一起,引入先进的管理模式,使制造技术及制造过程成为覆盖整个产品生命周期,包含物质流、能量流和信息流的系统工程。

1.2 现代制造技术的含义与分类

1.2.1 现代制造技术的含义

现代制造技术是传统制造技术、信息技术、计算机技术以及自动化技术与管理科学等多学科先进技术的综合,并应用于制造工程上所形成的一个学科体系,是制造业为了提高竞争能力以适应时代要求，对制造技术不断优化及推陈出新而形成的高新技术群。一般认为，现代制造技术是传统制造技术不断吸收机械、电子、信息（计算机通信、控制理论、人工智能等）、材料、能源及现代管理等技术成果，将其综合应用于产品设计、制造、检测、管理、售后服务等机械制造全过程，实现优质、高效、低耗、清洁、灵活生产，取得理想技术经济效果的制造技术的总称。可以说“信息技术＋传统制造技术的发展＋现代管理技术＝现代制造技术”。

1.2.2 现代制造技术的体系结构

现代制造技术作为一门多学科交叉的新兴技术，所涉及的内容非常广泛。1994 年，美国联邦科学、工程和技术协调委员会将现代制造技术体系分为 3 个技术群：主体技术群、支撑技术群以及制造技术环境。这 3 个技术群体相互联系、相互促进，组成一个完整的体系，每个部分均不可缺少，否则就很难发挥预期的整体功能和效益。图 1－2 所示为现代制造技术的体系结构。

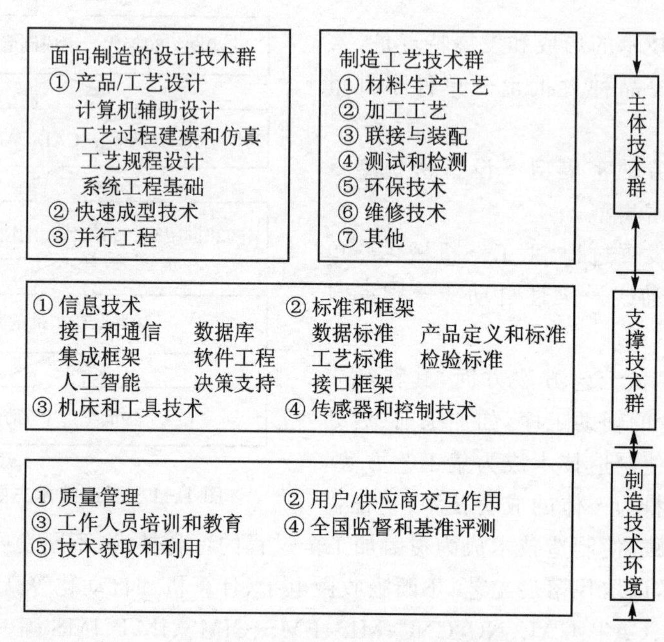

图 1－2 现代制造技术的体系结构

1.2.3 现代制造技术的分类

现代制造技术主要沿着“大制造”（或称“广义制造”）的方向发展，通常可分为现代制造系统设计技术、现代制造工艺技术、制造自动化技术以及现代制造系统与生产管理技术 4 个方面。

1. 现代设计技术

产品设计是制造业的灵魂。现代设计必须是面向市场、面向用户的设计。现代设计技术是根据产品功能要求，应用现代技术和科学知识，制定方案并使方案付诸实施的技术。现代设计技术包含如下内容。

(1) 计算机辅助设计技术

通过计算机实现辅助设计，如有限元设计、优化设计、计算机辅助设计、反求工程技术、

CAD/CAM 一体化技术、工程数据库技术等。

(2) 性能优良设计基础技术

提高性能优良设计的基础设计，如可靠性设计、产品动态分析和设计、可维护性及安全设计、疲劳设计、健壮设计、耐环境设计、维修性设计和维修性保障设计、测试性设计、人一机工程设计等。

(3) 竞争优势创建技术

面向市场，提高竞争优势的创建技术，如快速响应设计、智能设计、仿真与虚拟设计、工业设计、价值工程设计、模块化设计等。

(4) 全寿命周期设计

通盘考虑产品整个生命周期的设计技术，如并行设计、面向制造的设计、全寿命周期设计等。

(5) 可持续发展产品设计

主要有绿色设计等。

(6) 设计试验技术

如产品可靠性试验、产品环保性能试验与控制、仿真试验与虚拟试验等。

2. 现代制造工艺技术

现代制造工艺技术包括精密和超精密加工、精密成形与特种加工技术等几个方面。

(1) 精密、超精密加工技术

指对工件表面材料进行去除，使工件的尺寸、表面性能达到产品设计要求所采取的技术措施。根据加工的尺寸精度和表面粗糙度，可大致分为精密加工、超精密加工和纳米加工 3 个不同的档次。

精密加工：精度为 3～0.3 μm，表面粗糙度为 Ra 0.3～0.03 μm；

超精密加工：精度为 0.3～0.03 μm，表面粗糙度为 Ra 0.03～0.005 μm 或称亚微米加工；

纳米加工：精度高于 0.03 μm，表面粗糙度小于 Ra 0.005 μm。

(2) 精密成形制造技术

指从制造工件的毛坯、从接近零件形状(Near Net Shape Process)向直接制成工件即精密成形或称净成形的方向发展。包括精密凝聚成形技术、精密塑性加工技术、粉末材料构件精密成形技术、精密热加工技术及其复合成形技术等。改性技术主要包括热处理及表面工程各项技术。主要发展趋势是通过各种新型精密热处理和复合处理达到零件组织性能精确、形状尺寸精密以及获得各种特殊性能要求的表面(涂)层，同时大大减少能耗及完全消除对环境的污染。

(3) 特种加工技术

指那些不属于常规加工范畴的加工，如高能束流(电子束、离子束、激光束)加工、电加工(电解和电火花加工)、超声波加工、高压水加工以及多种能源的组合加工。

3. 制造自动化技术

制造自动化是指用机电设备、工具取代或放大人的体力，甚至取代和延伸人的部分智力，自动完成特定的作业，包括物料的储存、运输、加工、装配和检验等各个生产环节的自动化。制造自动化技术涉及数控技术、工业机器人技术和柔性制造技术，是机械制造业最重要的基础技术之一。

(1) 数控技术

包括数控装置、进给系统和主轴系统、数控机床的程序编制。

(2) 工业机器人

包括机器人操作机、机器人控制系统、机器人传感器、机器人生产线总体控制。

(3) 柔性制造系统(FMS)

包括FMS的加工系统、FMS的物流系统、FMS的调度与控制、FMS的故障诊断。

(4) 自动检测及信号识别技术

包括自动检测(CAT)、信号识别系统、数据获取、数据处理、特征提取和识别。

(5) 过程设备工况监测与控制

包括过程监视控制系统、在线反馈质量控制。

4. 先进生产制造模式和制造系统

先进生产制造模式和制造系统是面向企业生产全过程,是将现代信息技术与生产技术相结合的一种新思想、新哲理,其功能覆盖企业的市场预测、产品设计、加工制造、信息与资源管理直到产品销售和售后服务等各项活动,是制造业的综合自动化的新模式。

(1) 先进制造生产模式

包括现代集成制造系统(CIMS)、敏捷制造系统(AMS)、智能制造系统(IMS)以及精良生产(LP)、并行工程(CE)等先进的生产组织管理和控制方法。

(2) 集成管理技术

包括并行工程、MRP与JIT的集成—生产组织方法、基于作业的成本管理(ABC)、现代质量保证体系、现代管理信息系统、生产率工程、制造资源的快速有效集成。

(3) 生产组织方法

包括虚拟公司理论与组织、企业组织结构的变革、以人为本的团队建设、企业重组工程。

1.3 现代制造技术的特点及发展趋势

1.3.1 现代制造技术的特点

现代制造技术的最大特点是计算机技术、信息技术、管理等科学与制造科学的交叉融合。与传统制造技术相比,现代制造技术具有以下特点:

① 研究范围更加广泛。传统制造技术一般是指加工制造过程的工艺方法,而现代制造技术则覆盖了从产品设计、加工制造到产品销售、使用、维修和回收的整个生命周期。

② 现代制造过程呈多学科、多技术交叉及系统优化集成的发展态势。传统制造技术的学科单一,界限分明,而现代制造技术的学科交叉、技术融合,形成了集成化的新技术。

③ 基础是优质、高效、低耗、无污染或少污染的加工工艺,在此基础上形成了新的先进加工工艺与技术。

④ 从单一目标向多元目标转变,强调优化制造系统的T(Time,产品上市时间)、Q(Quality,质量)、C(Cost,成本)、S(Service,服务)、E(Environment,环保)等要素,以满足日益激烈的市场竞争的要求。

⑤ 正在从以物质流和能源流为要素的传统制造观向着以信息流、物质流及能源流为要素

的现代制造观转变，信息流在制造系统中的地位已经超越了物质流和能源流。

⑥ 特别强调以人为本，强调组织、技术与管理的集成，制造技术与生产管理相互融合、相互促进，制造技术的改进带动了管理模式的提高，而先进的管理模式又推动了制造技术的应用。

1.3.2　现代制造技术的发展趋势

进入21世纪，制造业面临新的挑战和机遇，现代制造技术正处在不断变化与完善之中。为了适应经济全球化的需要、适应高新技术发展的需求、适应愈加激烈的市场竞争的需要，现代制造技术将向着精密化、柔性化、集成化、网络化、全球化、绿色化、虚拟化和智能化的方向发展。

1. 现代设计技术不断现代化

产品设计是制造业的灵魂。现代制造的设计方法和手段更加现代化，突出反映在新的设计思想、新的设计理念不断涌现，新的设计方法不断诞生，现代设计技术的深度和广度都得到了空前的拓展。现代设计技术由单一目标规划向多目标规划转变；现代设计由简单的、具体的、细节的设计转向复杂的总体设计和决策，要全面考虑包括设计、制造、检测、销售、使用、维修、报废等阶段的整个产品生命周期；现代设计由单纯考虑技术因素转向综合考虑技术、经济和社会因素，设计不是单纯追求某项性能指标的先进和高低，而注意考虑市场、价格、安全、美学、资源、环境等方面的影响；设计开发已经突破了时空的限制，实现了异地网络化设计；现代设计开发还在积极探求可持续发展的绿色设计之路。

2. 现代加工技术不断发展

成形制造技术正在向精密成形或净成形的方向发展，主要包括精密铸造技术、精密塑性成形技术和精密连接技术等。在超精密加工方面，目前的尺寸精度、形状精度和表面粗糙度均为纳米级，进入了纳米加工时代，细微加工、纳米加工技术可以达到0.1 nm。在超高速加工方面，目前的主轴速度最高可达100 000 r/min，进给速度可达100 m/min，同时在加工对象方面也发展到一些难以加工的材料上。随着激光、电子束、离子束、分子束、等离子体、微波、超声波、电磁等新能源或能源载体的引入，形成了多种崭新的特种加工及高密度能束切割、焊接、熔炼、锻压、热处理、表面保护等加工工艺；随着超硬材料、高分子材料、复合材料、工程陶瓷、功能材料等新型材料的应用，扩展了加工对象，导致了某些新型加工技术的产生，例如超塑成形、等温锻造、扩散焊接等，再如超硬材料的高能束加工，陶瓷材料的热等静压、粉浆浇注、注射成形等。

3. 柔性化程度不断提高

柔性化是制造企业对市场需求多样化的快速响应能力，也即制造系统能够根据顾客的需求快速生产多样化的产品。制造系统的柔性化正在从计算机数控（Computer Numerical Control，CNC）和柔性制造系统等底层加工系统柔性化向上层柔性化转变，随着并行工程和大量定制生产（Mass Customization，MC）的出现，为制造系统柔性化提供了新的发展空间。特别是大量定制生产模式，它可以根据每个用户的特殊需求，以大批量生产方式进行加工，实现了用户的个性化与生产规模化的有机结合。随着协作产品商务（Collaborative Product Commerce，CPC）的出现，用户可以非常方便地通过Internet参与产品的开发设计、加工制造、营销服务等产品生命周期的活动（见图1-3）。柔性化生产模式正在引发制造业的一场变革。

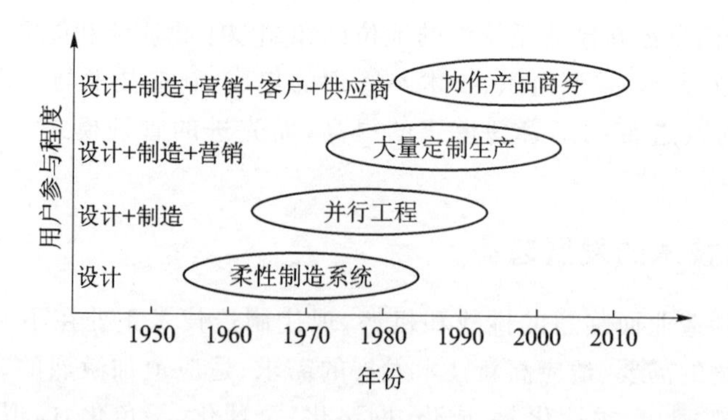

图 1-3　柔性化与用户参与程度

4. 集成化成为现代制造系统的重要特征

集成化是现代制造技术的一个显著特征。自20世纪后期以来，集成化问题一直是制造技术的研究重点。目前，制造系统集成化正在向深度和广度发展：从企业内部的信息集成、功能集成，发展为可实现整个产品生命周期的过程集成；从传统的“工厂集成”转向“虚拟工厂”，进一步发展到企业间的动态集成。信息集成用于实现自动化孤岛的联结，实现制造系统中的信息交换与共享；功能集成可实现企业要素诸如人员、技术及管理的集成；过程集成通过并行工程等实现产品开发过程、企业经营过程的优化；企业间的动态集成通过敏捷制造模式，建立虚拟企业（动态联盟），达到提升市场竞争力的目的，如图1-4所示。

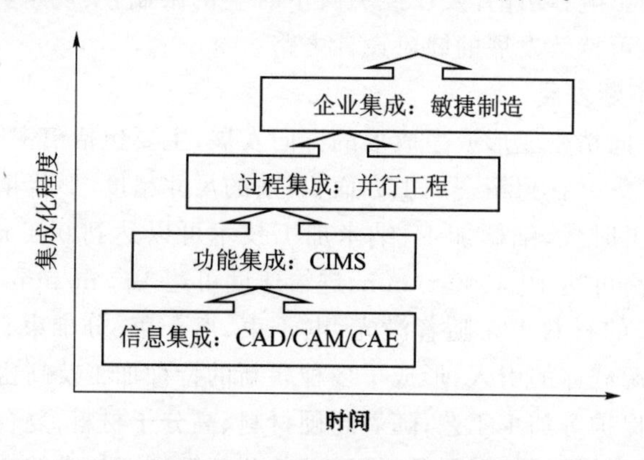

图 1-4　制造集成化发展趋势

5. 现代制造管理模式发生重大变化

随着制造技术从传统的福特生产模式向精益生产、并行工程、敏捷制造、虚拟制造等新型生产模式转变，同时伴随着新的制造管理模式的变革。制造管理技术的发展，其根本点将从以技术为中心向以人为中心转变；管理的价值观从注重资金、生产设备、能源和原材料等物力资本向注重教育、培训等人力资本建设转变；企业的组织架构将从金字塔式的科层结构向扁平的网络结构转变，从分工严密的固定组织形式向动态的、自主管理的小组工作组织形式转变；管理的权限从传统的中央集权模式向分权管理模式转变；管理活动的时空从传统的顺序工作方式向并行工作方式转变，强化快速响应的竞争策略。

6. 绿色制造成为未来制造业的必然选择

绿色制造被认为是21世纪制造技术的必然选择和发展趋势。绿色制造有时也被称为环境意识制造，或者面向环境的制造。20世纪中叶以来，全球的工业化进程加速，但伴随而来的工业污染以及对环境的破坏也达到了前所未有的程度，使得世界面临资源匮乏、生态系统失衡、环境恶化的全球性危机。绿色制造的出现，是人类社会可持续发展战略在现代制造业的体现。绿色制造是一种综合考虑影响环境和资源效率的现代制造模式，它的目标是使产品从设计、制造、包装、运输、使用到报废的整个生命周期中，对环境的负面影响最小，资源的效率最高。绿色制造的内涵涉及产品生命周期全过程中的制造问题、环境影响问题、资源优化问题等，它的实施将带来21世纪制造技术的一系列重要变革。

7. 信息技术对现代制造技术的发展起着越来越重要的作用

信息化是新世纪制造技术发展的生长点，21世纪是信息的时代，信息技术正在以人们想象不到的速度向前发展。信息技术也在不断向制造技术注入和融合，促进制造技术的不断发展。可以说，现代制造技术的形成与发展，无一不与信息技术的应用与注入有关。它使制造技术的技术含量提高，使传统制造技术发生质的变化。可以说，信息技术改变了当代制造业的面貌。信息技术对制造技术发展的作用目前已占第一位，在21世纪对现代制造技术的各方面发展将起到更重要的作用。

信息技术促进设计技术的现代化，加工制造的精密化、快速化，自动化技术的柔性化、智能化，整个制造过程的网络化、全球化。各种先进生产模式的发展，如CIMS、并行工程、敏捷制造、虚拟企业与虚拟制造，也无不以信息技术的发展为支撑。

8. 制造及服务全球化

现代制造技术的竞争正在导致制造业在全球范围内的重新分布和组合，新的制造模式将不断出现，更加强调实现优质、高效、低耗、清洁、灵活的生产。随着制造产品、市场的国际化及全球通信网络的建立，国际竞争与协作氛围的形成，21世纪制造业国际化是发展的必然趋势。它包含：制造企业在世界范围内的重组与集成，如虚拟公司；制造技术信息和知识的协调、合作与共享；全球制造的体系结构；制造产品及市场的分布及协调等。

服务化是21世纪制造业发展的新模式。今天的制造业正向服务业演变，工业经济时代的以产品为中心的大批量生产正转向以顾客为中心的单件小批或大规模定制生产，快速交货正在超越质量和成本成为企业竞争的第一要素，网上制造服务风起云涌，所有这一切都显示了制造业的服务化趋向，这是工业经济迈向知识经济的必然。为了面对严酷的全球竞争，未来的制造企业必须面向全球分布，通过网络将工厂、供应商、销售商和服务中心连接起来，为全球顾客提供每周7天、每天24小时的服务。

思考题与习题

1. 简述现代制造技术的发展历程。
2. 现代制造技术的概念是什么？
3. 说明现代制造技术的体系结构。
4. 根据现代制造技术的功能和研究对象，现代制造技术可如何分类？
5. 简述现代制造技术的主要特点。
6. 综述现代制造技术的发展趋势。

第2章　计算机辅助设计与制造技术

计算机辅助设计与制造(Computer Aided Design and Manufacturing,CAD/CAM)技术是随着计算机和数字化信息技术发展而形成的新技术,具有知识密集、学科交叉、综合性强等特点,是目前世界科技领域的前沿课题,被美国工程科学院评为当代做出最杰出贡献的十大工程技术之一。CAD/CAM技术广泛应用于机械、电子、航空、航天、汽车、船舶、纺织、轻工及建筑等各个领域,是数字化、信息化制造技术的基础,其应用水平已成为衡量一个国家技术发展水平及工业现代化的重要标志。CAD/CAM技术的推广应用不仅为制造业带来了巨大的社会效益和经济效益,而且已逐渐从一门新兴技术发展成为规模庞大的高新技术产业。CAD/CAM技术的应用人才需求正不断增加,学习和掌握CAD/CAM的原理、方法与技术,适应形势的发展和社会的需要是现代技术人员的基本要求。

2.1　CAD/CAM概述

2.1.1　CAD/CAM的基本概念

CAD/CAM是以计算机硬件、软件为支撑环境,通过各个功能模块实现对产品的描述、计算、分析、优化、绘图、工艺规程设计、仿真以及NC加工。广义的CAD/CAM集成系统还应包括生产规划、管理、质量控制等方面。CAD/CAM是一种从设计到制造的综合技术,能够对设计制造过程中信息的产生、转换、储存、流通、管理进行分析和控制,所以CAD/CAM系统是一种有关产品设计与制造的信息处理系统。CAD/CAM系统的组成应包括计算机辅助设计(Computer Aided Design,CAD)、计算机辅助工程(Computer Aided Engineering,CAE)、计算机辅助工艺过程设计(Computer Aided Process Planning,CAPP)、计算机辅助制造(Computer Aided Manufacturing,CAM)和工程数据库、产品数据交换标准、计算机网络等单元技术。

CAD/CAM技术在制造过程中的应用,将人们传统上把制造制造过程看成是物料转变过程的观念,更新为主要是一个复杂的信息生成和处理过程。在这种新观念指导下,对CAD/CAM系统的要求如下:

① 应满足企业当前和未来的各种功能需求。

② 具有良好的软件系统结构及信息集成方式。

③ 能支持面向制造的设计(Design for Manufacturing,DFM)、面向装配的设计(Design for Assembly,DFA)等设计原则和并行工程(Concurrent Engineering,CE)等新的运行模式。

④ 重要设计环节上能提供工程决策和知识库,应用专家系统(Expert System,CE)技术形成智能化系统。

⑤ 具有信息共享的工程数据库和在计算机网络环境下的分布协调设计制造功能。

CAD/CAM本身是一项综合性的、技术复杂的系统工程,涉及许多学科领域,如计算机科学和工程，计算数学，计算机图形显示，数据结构和数据库，仿真，数控，机器人，人工智能学科和技术，以及与产品设计和制造有关的专业知识等。CAD/CAM 技术具有自己的特点和发展规律，而且，随着电子科学技术的发展和不断地向前发展，需要人们不断地去探索和研究，使其更加完善。

目前，在工业发达的国家中，不仅将 CAD/CAM 技术广泛用于宇航、电子和机械制造等工程和产品生产领域，而且逐渐发展到服装、装饰、家具等领域。另外，该技术是计算机集成化制造系统——CIMS 的技术基础之一，所以，当今世界上许多国家与有关部门都十分重视对该技术的投资。

总之，CAD/CAM 技术的普及应用不仅对传统产业的改造、新兴产业的发展、劳动生产率的提高、材料消耗的降低、国际竞争能力的增强均有巨大的带头作用，而且 CAD/CAM 技术及其应用水平正成为衡量一个国家科学技术现代化和工业现代化水平的重要标志之一。

2.1.2　CAD/CAM 系统的工作过程和主要任务

CAD/CAM 技术是计算机在工程和产品设计与制造中的应用。设计过程中的需求分析、可行性分析、方案论证、总体构思、分析计算和评价以及设计定型后产品信息传递都可以由计算机来完成。在设计过程中，利用交互设计技术，在完成某一设计阶段后，可以把中间结果以图形方式显示在图形终端的屏幕上，供设计者分析和判断。设计者判断后认为还需要进行某些方面的修改，可以立即把要修改的参数输入计算机，计算机对这一批新数据立即进行处理，再输出结果，再判断，再修改，这样的过程可反复多次，直至取得理想的结果为止。最后用绘图机输出工程图纸或数控加工纸带和有关信息供制造过程应用。整个设计与制造过程如图 2－1 所示，它主要任务包括以下几个方面。

(1) 产品模型设计：通过市场需求调查以及用户对产品性能的要求，向 CAD 系统输入设计要求，根据设计要求建立产品模型，构造出产品的几何模型和诸如材料处理、制造精度等非几何模型。计算机将产品模型转换为内部的数据信息，存储在系统的数据库中。

(2) 产品方案、结构的设计和优化：调用系统程序库中的各种应用程序，对产品模型进行详细设计计算及结构方案优化分析，以确定产品的总体设计方案及零部件的结构和主要参数。同时，调用系统中的图形库，将设计的初步结果以图形的方式输出在显示器上。

(3) 产品辅助分析及仿真：通过计算机辅助工程分析计算功能，对产品进行性能预测、结构分析、工程计算、运动仿真和装配仿真。

(4) 产品初步设计方案的评价：根据计算机显示的结果，对产品设计的初步效果进行判断，如果不满意，可以通过人机交互的方式进行修改，直至满意为止，修改后的数据仍存储在系统的数据库中。

(5) 产品图样、文件的输出：系统从数据库中提取产品的设计制造信息，在分析其几何形状特点及有关技术后，对产品进行工艺规程设计，设计的结果存入系统的数据库中，同时在计算机屏幕上显示输出。

(6) 产品工艺规程设计：用户可以对工艺规程设计的结果进行分析、判断，并允许以人机交互的方式进行修改。最终的结果可以是生产中需要的工艺卡片或以数据接口文件的形式存入数据库中，以供后续模块读取。

(7) 生成 NC 加工程序：输出的工艺卡片，成为车间加工的工艺指导性文件。NC 自动编

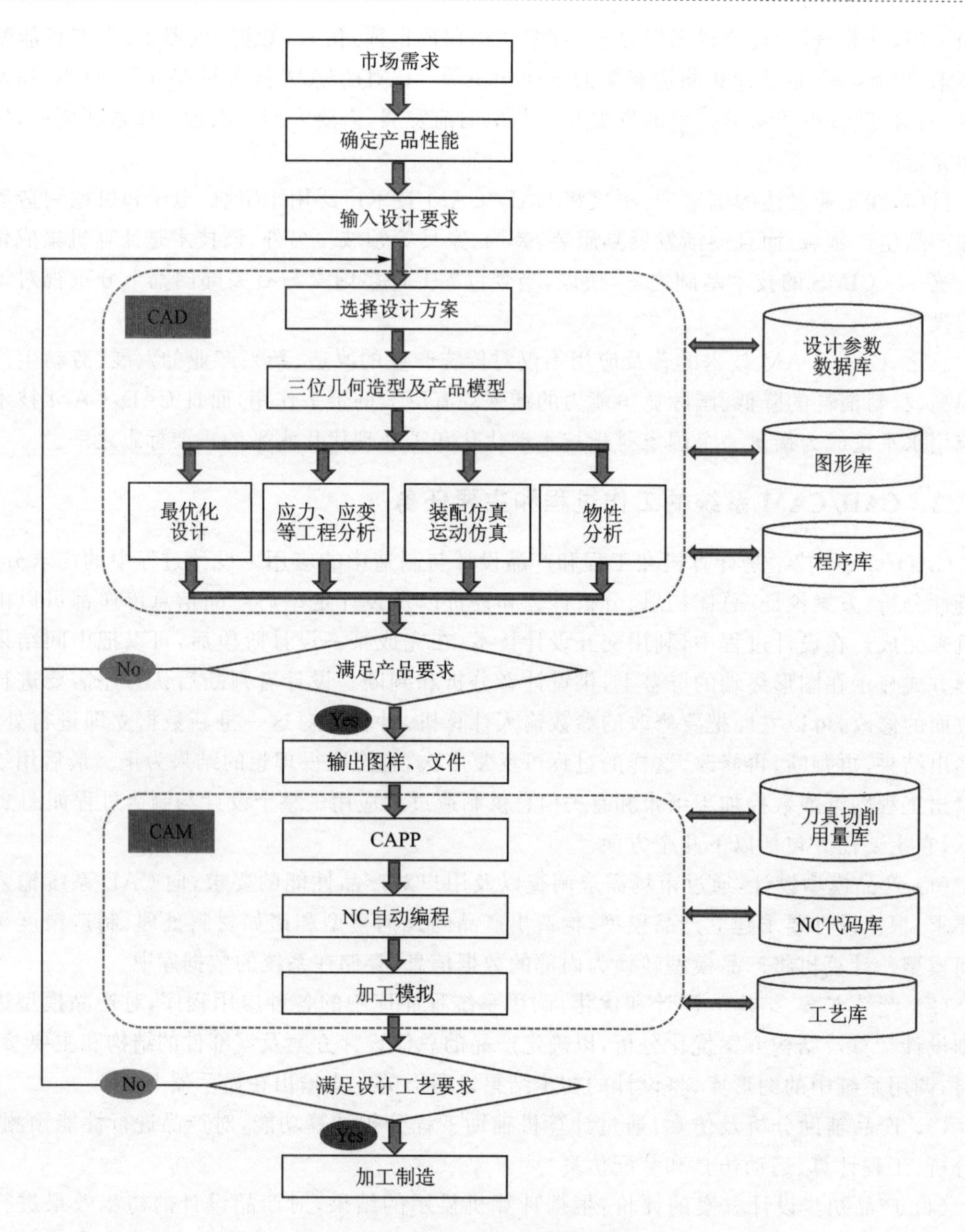

图 2-1　CAD/CAM 系统的工作过程

程子系统从数据库中读取零件几何信息和加工工艺规程，生成 NC 加工程序。

(8) 验证 NC 加工程序：进行加工仿真、模拟、验证所生成 NC 加工程序是否合理、可行。同时，还可以进行刀具、工件之间的干涉、碰撞检验。

(9) 产品加工制造：在数控机床或加工中心制造有关产品。

根据实际应用的要求，实际的 CAD/CAM 系统可支持上述的全部工作过程，也可以仅支持部分过程。

由上述过程可以看出，从初始的设计要求、产品设计的中间结果，到最终的加工指令，都是产品数据信息不断产生、修改、交换、存取的过程，在该过程中，设计人员仍起着非常重要的作用。一个优良的CAD/CAM系统应能保证不同部门的技术人员能相互交流和共享产品设计和制造的信息,并能随时观察、修改设计,实施编辑处理,直到获得最佳结果。

2.1.3 CAD/CAM系统的组成

CAD/CAM系统应由人、硬件、软件三大部分组成,其中硬件包括计算机及其外部设备,由图2-2所示。广义上讲,硬件还包括用于数控加工的机械设备和机床等。

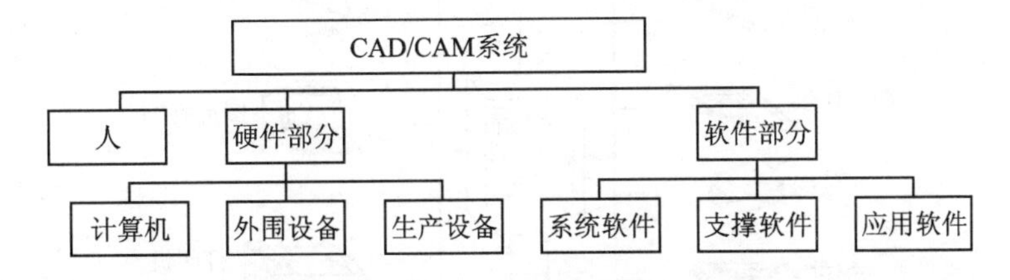

图2-2 CAD/CAM系统的基本组成

一般来讲,一个CAD/CAM系统基本上只适用于某一类产品的设计和制造,如电子产品CAD/CAM只适用于设计制造印制板或集成电路,而机床的CAD/CAM只适用机床的设计和制造,这两个系统不仅基础和专业软件不一样,而且硬件配置上也有差异。但就系统的逻辑功能和系统结构角度来看还是基本相同的。

不管是用于何种产品设计和制造的CAD/CAM系统,从其逻辑功能角度来看,CAD/CAM系统基本上是由计算机和一些外部设备(计算机和外部设备通常称为硬件)及相应的软件组成(其中包括系统软件、支撑软件及应用软件)。但对于一个具体的CAD/CAM系统来讲,其硬件、软件相互的配置是需要进行周密考虑的,同时对硬软件的型号、性能以及厂家都需要进行全方位的考虑。

1. CAD/CAM系统的硬件

CAD/CAM系统的硬件主要由主机、存储器、输入设备、显示器及网络通信设备及生产设备组成。可根据系统的应用范围和响应软件的规模,选用不同规模、不同功能的计算机、外围设备及其生产加工设备,以满足系统的要求。CAD/CAM系统的硬件组成如图2-3所示。

2. CAD/CAM系统的软件

计算机软件是指控制CAD/CAM系统运行,并能使计算机发挥最大功效的计算机程序、数据及相关文档资料等的总和。由前述CAD/CAM系统的组成可知,它利用软件来实现有效地管理和使用硬件以及人们所希望的各种功能。软件包含了应用和管理计算机的全部技术,软件水平是决定CAD/CAM系统的功能、工作效率及使用方便程度的关键因素。

CAD/CAM的软件系统可分为3个层次:系统软件、支撑软件和应用软件。

1)系统软件是支撑软件和应用软件的基础,具有通用性和基础性,主要包括操作系统、编程语言、网络通信和管理软件系统3大类型。

2)支撑软件是指直接支持用户进行CAD/CAM工作的通用性功能软件,不同的支撑软件依赖一定的操作系统,是各类应用软件的基础。支持软件可从软件市场上购买,用户也可自行开发。主要包括以下几种类型:

① 交互绘图软件:主要以人机交互方法完成二维工程图样生成和绘制,具有基本图形元素(点、线、圆)绘制,图形变换(缩放、平移、旋转……),编辑(增、删、改……),存储,显示控制以

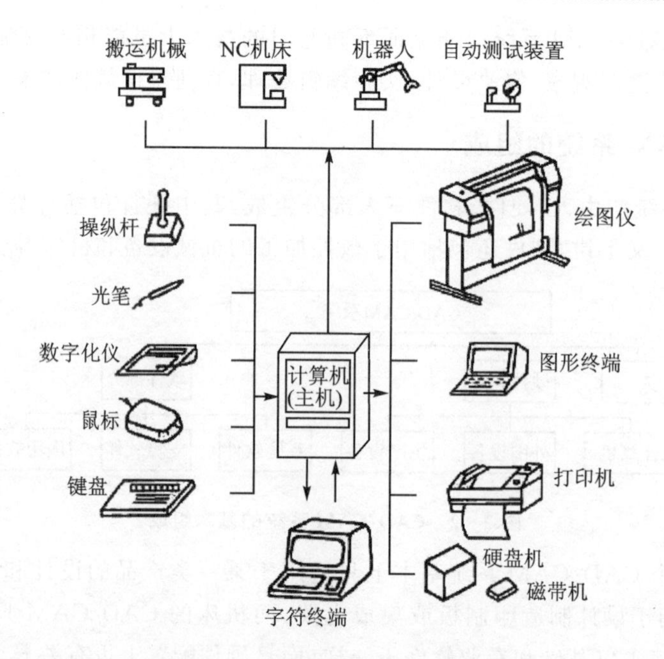

图 2-3 CAD/CAM 系统的硬件组成

及人机交互设计、驱动输入/输出设备等,常用软件如 Auto CAD、PICAD、高华 CAD 等。

② 几何建模软件:具有消隐、着色、浓淡处理、实体参数计算、质量特性计算、参数化特征造型、装配和干涉检查等功能,常用软件如 UG、Pro/Engineer、CATIA、I-DEAS、SolidWorks 等。

③ 优化方法软件:将优化技术应用于工程设计,综合多种优化计算方法,为选择最优方案、取得最优解、求解数学模型提供强有力的数学工具软件。

④ 有限元分析软件:利用有限元法进行结构分析的软件,通常包括前置处理、计算分析及后置处理三个部分。可以进行静态、动态、热特性、流体特性、电磁场分析等,常用软件如 ANSYS、SAP、ASKA、NASTRAN 等。

⑤ 数控编程软件:具备刀具定义、工艺参数设定、刀具轨迹自动生成,后置处理和切削加工模拟等功能,常用软件如 MasterCAM、Delcam、SurfCAM 等。

⑥ 数据库系统软件:数据库在 CAD/CAM 系统中具有重要地位,是有效地存储、管理、使用数据的一种软件,支持各子系统中的数据传递与共享,常用软件如 ORACLE、SYBASE、FOXPRO、FORBASE 等。

⑦ 模拟仿真软件:仿真技术是一种建立真实系统的计算机模型技术。实时、并行模拟产品生产或各部分运行的全过程,以预测产品性能、产品的制造过程和产品的可制造性。模拟仿真软件在 CAD/CAM/CAE 技术领域得到了广泛应用,如:机械系统动力学分析软件 ADAMS,加工仿真软件 Vericut。

3) 应用软件是在系统软件、支撑软件基础上,针对具体要求进行二次开发(即应用开发)。这类软件通常需要用户结合自己的设计任务自行研制开发,能否充分发挥 CAD/CAM 系统的效益,应用软件的技术开发是工作关键。应用软件类型多,内容丰富,如模具设计软件、电气设计软件、机械零件设计软件以及汽车、船舶、飞机设计与制造专用软件都属于应用软件。需要说明的是,应用软件和支撑软件之间并没有本质的区别,当某一应用软件逐步商品化形成通用软件产品时,它也可以称之为支撑软件。

由于企业技术水平及生产能力不同,在CAD/CAM技术的应用及其系统的构建上可以有不同的形式。由于CAD/CAM系统的投资相对较大,如何科学、合理地选择适合本企业的系统,必须经过充分的论证,这也是当前我国在推广应用信息化技术改造和提升传统制造业企业技术水平的过程中需要重视的问题。随着软硬件技术和网络技术的发展,CAD/CAM系统的总体趋势是向着集成化、智能化、标准化和网络化方向发展。

2.2　计算机辅助设计(CAD)技术

2.2.1　CAD系统的基本功能

CAD系统是CAD/CAM集成系统中研究最深入、应用最广泛、发展最迅速的部分。CAD是一个综合的概念,它表示了在产品设计和开发时直接或间接使用计算机活动之总和,主要指利用计算机完成整个产品设计的过程。CAD技术能充分运用计算机高速运算和快速绘图的强大功能为工程设计及产品设计服务,因而发展迅速,目前已获得了广泛的应用。

CAD系统一般应具有以下基本功能:绘图、计算、模拟、制定面向设计用部件构成表、制定各种设计文件、生成与CAPP、NC等的接口信息、设计验证、设计更改控制、设计复审及图样修改等。

2.2.2　CAD系统的类型

CAD系统按工作方法及功能可以划分为:检索型CAD系统、自动型CAD系统、交互型CAD系统、智能型CAD系统。

1. 检索型CAD系统

检索型CAD系统主要用于产品结构及其零部件已实现标准化、系列化及模块化的产品。它们的零部件图及装配图已转化为程序存储于计算机中,在设计过程中,根据给出参数的具体数值按要求检索出所需要的零部件图,在计算机上装配成产品图,并对产品性能进行校核,满足要求后,输出所需的各种技术文件及图纸。

2. 自动型CAD系统

自动型CAD/CAM系统能根据产品性能规格要求在输入基本参数后,不需人工干预,由计算机能根据规定的程序,自动完成设计工作,输出产品设计全部图纸及技术文件。这仅适用于设计理论成熟,计算公式确定,设计步骤及判别标准清楚,资料数据完备的产品。

3. 交互型CAD系统

在机械产品设计过程中,方案的决策及结构布置要完全实现自动化设计是非常困难的,有时也是不可行的;设计过程中往往需要设计人员的随时参与,由此产生了交互型CAD系统。它充分发挥了人与计算机二者的长处,即计算机的高速运算能力和严格的逻辑判断及大量信息的存储能力和设计人员长期积累的智慧和丰富的经验。交互型CAD系统在产品设计工作中具有较实用的价值,并且在实现上相对也容易一些。

4. 智能型 CAD 系统

将人工智能技术、专家系统技术与普通 CAD 系统结合起来，便产生了智能型 CAD 系统。它主要由知识库、推理机、实时系统、知识获取系统以及人机接口等组成。智能型 CAD 系统可以对产品设计的全过程进行支持。

此外，还可按用途划分，如机械 CAD 系统、建筑 CAD 系统、电器 CAD 系统、服装 CAD 系统等。

2.2.3 CAD 系统中的关键技术

1. 实体造型

如何用计算机内的一维存储空间来存放由零维、一维、二维、三维等几何元素的集合所定义的形体，是几何造型中最基本的问题。

(1) 表示形体的坐标系

几何元素的定义和图形的输入输出都是在一定的坐标系下进行的，对于不同类型的形体、图形和图纸，在其不同阶段需要采用不同的坐标系，以提高图形处理的效率，也便于用户理解。

常用的坐标系可以分为如下 5 种。

1) 用户坐标系(World Coordinate System，WC)：一般与用户定义形体和图素的坐标系一致，用于定义用户整图或最高图形结构，各种子图、图组、图素经调用后都放在用户坐标系中的适当位置。常见用户坐标系如下：

① 直角坐标系；

② 圆柱坐标系；

③ 球坐标系。

2) 造型坐标系(Modeling Coordinate System，MC)：它是右手三维直角坐标系。用来定义基本形体或图素，对于定义的每一个形体和图素都有各自的坐标原点和长度单位，这样可以方便形体和图素的定义。这里定义的形体和图素经过调用可放在用户坐标系中的指定位置，因此，造型坐标系可以看作是局部坐标系，而用户坐标系可以看作是整体坐标系(全局坐标系)。

3) 观察坐标系(Viewing Coordinate System，VC)：它是左手三维直角坐标系，可以在用户坐标系的任何位置、任何方向定义。它主要有两个用途：一是用于定义指定裁剪空间，确定形体的哪一部分要显示输出；二是通过定义观察平面，把三维形体的用户坐标变换成规格化的设备坐标。观察平面是在观察坐标系中定义的，通常其法向量与 Z 轴重合，和 O 间的距离为 V，用户在此平面上定义观察窗口。

4) 规格化的设备坐标系(Normalized Device Coordinate System，NDC)：它也是左手三维直角坐标系，用来定义视图区。应用程序可以指定它的取值范围，但约定的取值范围是(0,0,0)到(1,1,1)。用户图形数据经转换成 NDC 值，从而可以提高应用程序的可移植性。

5) 设备坐标系(Device Coordinate System，DC)：为了便于输出真实图形，目前 DC 也采用左手三维直角坐标系，用来在图形设备上指定窗口和视图区。DC 通常也是定义像素或位图的坐标系。

(2) 几何元素的定义

1) 点：它是零维几何元素，分端点、交点、切点和孤立点等，但在形体定义中一般不允许存在孤立点。在自由曲线和曲面的描述中常用 3 种类型的点:① 控制点,用来确定曲线和曲面的位置与形状,而相应曲线和曲面不一定通过的点;② 型值点,用来确定曲线和曲面的位置与形状,而相应的曲线和曲面一定经过的点;③ 插值点,为提高曲线和曲面的输出精度,在型值点之间插入的一系列点。

点是几何造型中最基本的元素,自由曲线、曲面或其他形体均可用有序的点集表示。用计算机存储、管理、输出形体的实质就是对点集及其连接关系的处理。

2) 线:它是一维几何元素,是两个相邻(正则形体)或多个邻面(非正则形体)的交界。直线边由其端点(起点和终点)定界,曲线边由一系列型值点或控制点表示,也可以用显式、隐式方程表示。

3) 面:它是二维几何元素,是形体上一个有限、非零的区域,由一个外环和若干个内环界定其范围。一个面可以无内环,但是必须有一个且只有一个外环。面有方向性,一般用其外法矢方向作为该面的正向。在几何造型中常分平面、二次曲面、双三次参数曲面等形式。

4) 环:它是有序、有向边(直线段或曲线段)组成的面的封闭边界。环中的边不能相交,相邻两边共享一个端点。环有内外之分,确定面的最大外边界的环称为外环,通常其边按逆时针方向排序。确定面中的内孔或凸台边界的环称为内环,其边相应外环排序方向相反,通常按顺时针方向排序。基于这种定义,在面上沿一个环前进,其左侧总是面内,右侧总是面外。

5) 体:它是 3 维几何元素,由封闭表面围成的空间,也是有界的封闭子集,其边界是有限面的并集。为了保证几何造型的可靠性和可加工性,要求形体上任意一点的邻域在拓扑上应是一个等价的封闭圆,即围绕该点的形体邻域在二维空间可以构成一个单连通域。

(3) 3 维几何建模技术

3 维几何建模技术可分为:线框建模、表面建模、实体建模。

1) 线框建模:它是计算机图形学和 CAD 领域中最早用来表示形体的建模方法。虽存在着很多不足而且有逐步被表面模型和实体模型取代的趋势,但它是表面模型和实体模型的基础,并具有数据结构简单的优点,故仍有应用意义。

线框建模生成的实体模型由一系列的直线、圆弧、点及自由曲线组成,描述产品的轮廓外形。它是利用基本线素来定义设计目标的棱线部分而构成的立体框架图,如图 2-4 所示。

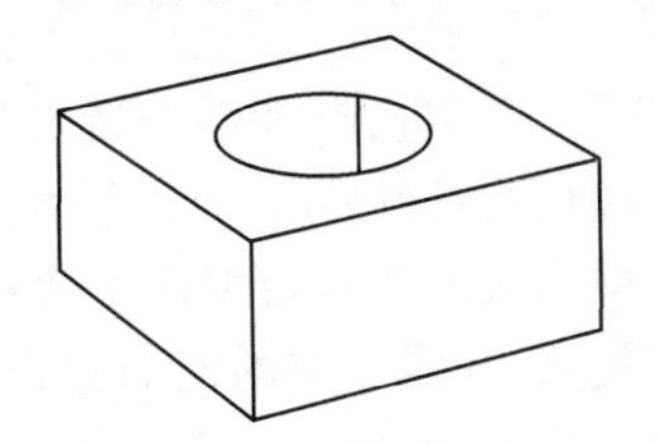
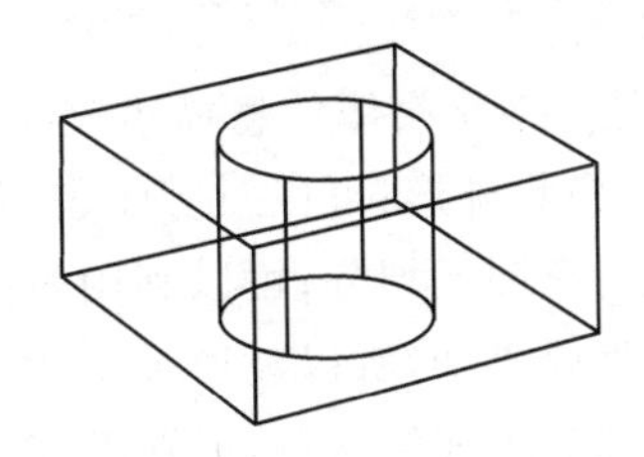

图 2-4　线框建模

线框建模的优点:只有离散的空间线段,处理起来比较容易,构造模型操作简便,所需信息最少,数据结构简单,硬件的要求不高;系统的使用如同人工绘图的自然延伸,对用户的使用水平要求低,用户容易掌握。其缺点:线框建模构造的实体模型只有离散的边,没有边与边的关系,信息表达不完整,会使物体形状的判断产生多义性;复杂物体的线框模型生成需要输入大量初始数据,数据的统一性和有效性难以保证,加重输入负担。

2) 表面建模:它是将物体分解成组成物体的表面、边线和顶点,用顶点、边线和表面的有限集合表示和建立物体的计算机内部模型，如图 2－5 所示。

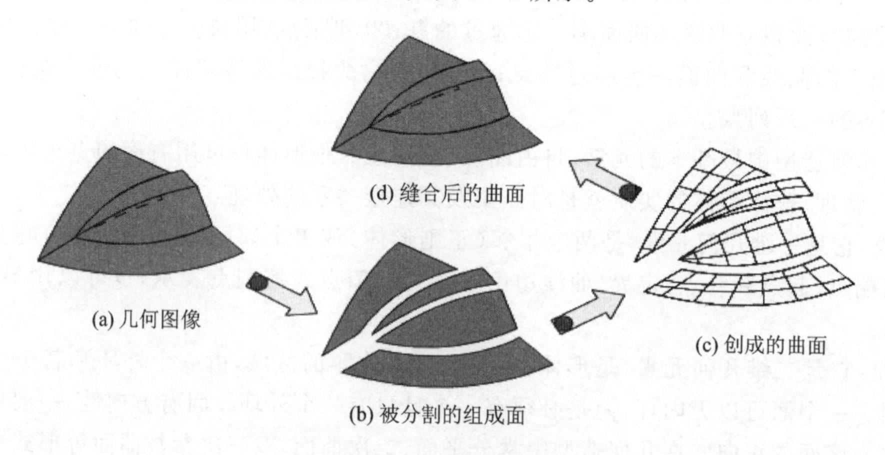

图 2－5　表面建模

表面建模分为平面建模和曲面建模。

① 平面建模是将形体表面划分成一系列多边形网格，每一个网格构成一个小的平面，用一系列的小平面逼近形体的实际表面，如图 2－6 所示。

② 曲面建模是把需要建模的曲面划分为一系列曲面片，用连接条件拼接来生成整个曲面，如图 2－7 所示。曲面建模是 CAD 领域最活跃、应用最广泛的几何建模技术之一。

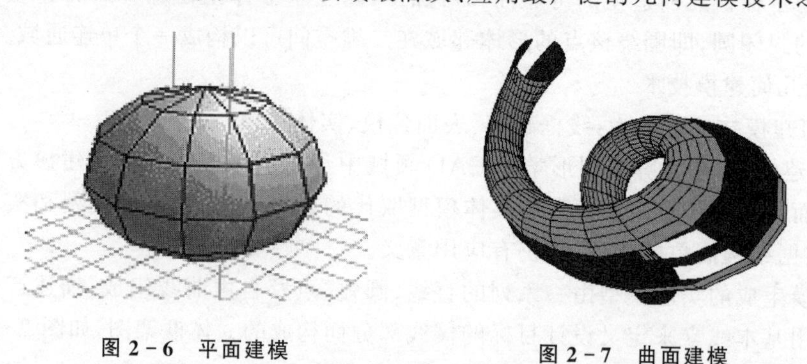

图 2－6　平面建模　　图 2－7　曲面建模

表面建模的优点：3 维实体信息描述较线框建模严密、完整，能够构造出复杂的曲面，如汽车车身、飞机表面、模具外形；可以对实体表面进行消隐、着色显示；可以计算表面积，利用建模中的基本数据，进行有限元划分；可以利用表面造型生成的实体数据产生数控加工刀具轨迹。其缺点：曲面建模理论复杂，所以建模系统使用较复杂，并需一定的曲面建模的数学理论及应用方面的知识；虽然有了面的信息，但缺乏实体内部信息，所以有时会产生对实体二义性的理解，如一个圆柱曲面，就无法区别它是一个实体轴的面或是一个空心孔的面。

3）实体建模：它采用基本体素组合，是通过集合运算和基本变形操作建立三维立体的过程。实体建模能够定义三维物体的内部结构形状，完整地描述物体的所有几何信息和拓扑信息，包括物体的体、面、边和顶点的信息。实体建模技术是 CAD/CAM 中的主流建模方法。

实体建模技术主要包括两部分：基本实体构造和体间逻辑运算。

① 基本实体构造：基本实体构造是定义和描述基本的实体模型，包括体素法和扫描法。

● 体素法：用 CAD 系统内部构造的基本体素的实体信息（如长方体、棱台、球、圆锥、圆柱、圆环等，如图 2－8 所示）直接产生相应实体模型的方法。基本体素的实体信息包括基本体素的几何参数（如长、宽、高、半径等）及体素的基准点。

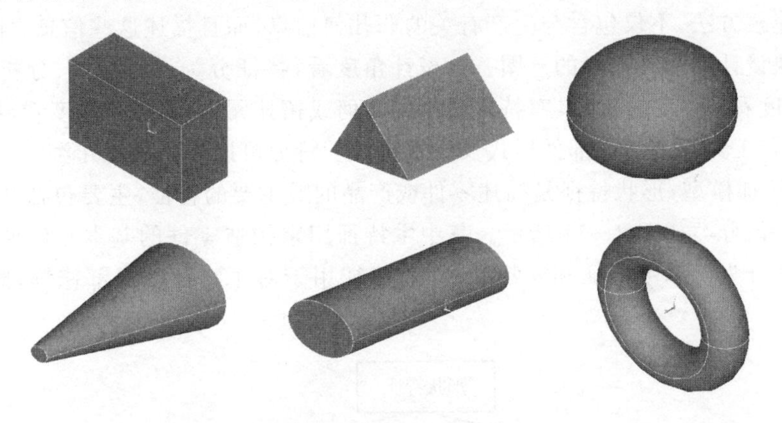

图 2－8　基本体素

● 扫描法：将平面内的封闭曲线沿某一路径“扫描”（平移、旋转、放样等）形成实体模型，扫描法可形成较为复杂的实体模型，如图 2－9 所示。

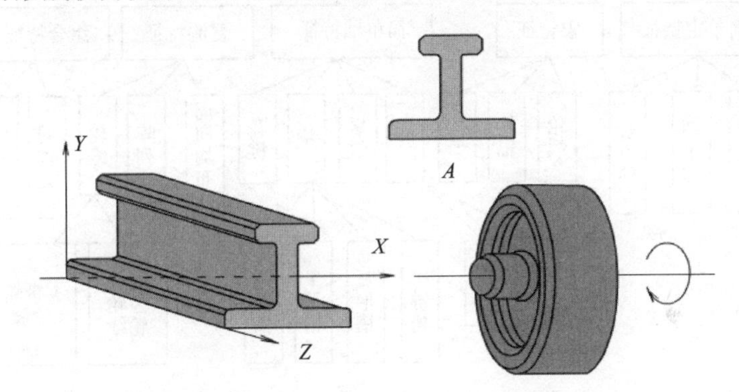

图 2－9　平面轮廓扫描法生成的实体

扫描变换两个分量：运动形体（又称基体）和形体运动的路径。

② 基本体间逻辑运算——布尔运算

几何建模的集合运算理论依据集合论中的交（Intersection）、并（Union）、差（Difference）等运算，是把简单形体（体素）组合成复杂形体的工具。

● 并集：形体 C 包含 A 与 B 的所有点即 $C=A\cup B=B\cup A$。

● 差集：形体 C 包含从 A 中减去 A 和 B，共同点后的其余点。即 $C=A-B$ 但 $C\neq B-A$

● 交集：形体 C 包含所有 A、B 共同的点即 $C=A\cap B=B\cap A$。

布尔运算示意图如图 2－10 所示。

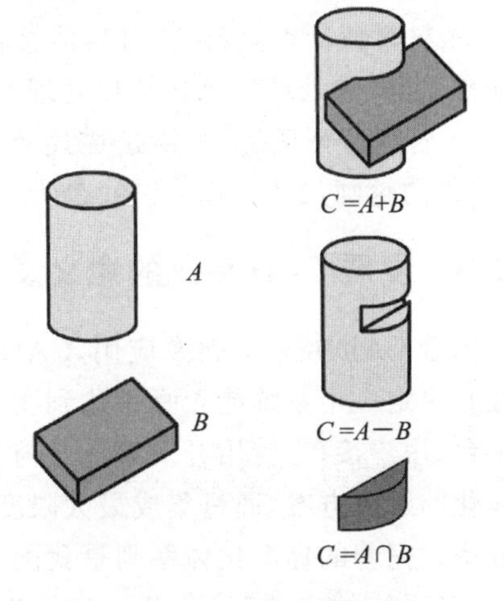

图 2－10　布尔运算

2. 特征建模

特征建模是建立在实体建模基础上，利用特征的概念面向整个产品设计和生产制造过程进行设计的建模方法，不仅包含与生产有关的非几何信息，而且描述这些信息之间关系。

特征反映设计者和制造者的意图。从设计角度看，特征分为设计特征、分析特征、管理特征；从造型角度看，特征是一组具有特定关系的几何或拓扑元素；从加工角度看，特征被定义为与加工、操作和工具有关的零部件形式及技术特征。特征可以分为如下几类。

1）形状特征模型：形状特征是描述零件或产品的最主要的特征，主要包括几何信息、拓扑信息。形状特征分类如图 2-11 所示。其中主特征用来构造零件的基本几何形体，根据特征形状复杂程度分为简单主特征和宏特征；辅助特征用于对主特征的局部修饰，附加于主特征之上。

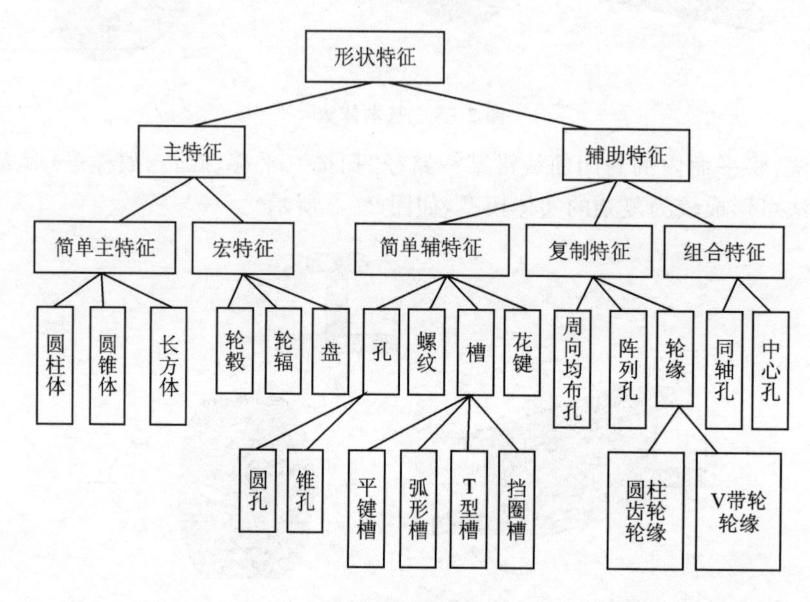

图 2-11　形状特征

2）精度特征模型：主要是表达零件的精度信息，包括尺寸公差、形位公差、表面粗糙度等。

3）材料特征模型：包括材料信息和热处理信息，其中材料信息包括材料名称、牌号和力学性能参数等；热处理信息包括热处理方式、硬度单位和硬度值的上下限等。

4）管理特征模型：主要是描述零件的总体信息和标题栏信息，如零件名、零件类型、GT码、零件的轮廓尺寸(最大直径、最大长度)、质量、件数、材料名、设计者、设计日期等。

2.2.4　发展 CAD 系统的意义及应用现状

随着 CAD 技术的普及应用，CAD 技术正向着开放、集成、智能和标准化的方向发展。开放性是决定一个系统能否真正达到实用化并转化为现实生产力的基础，主要体现在系统的工作平台、用户接口、应用开发环境及与其他系统的信息交换等方面。所谓集成就是向企业提供一体化的解决方案，通过集成最大限度地实现企业信息共享，建立新的企业运行方式，提高生产效率。完善的标准化体系则是我国 CAD 软件开发及技术应用与世界接轨的必由之路。作为 CAD 系统的支撑环境，开放的操作系统，如 WINDOWS，UNIX 将是今后 CAD 系统的主流；面向对象的编程技术和数据库技术将为 CAD 系统的发展做出贡献；系统的智能化结合专家系统、知识工程，将各个领域的专家经验融合于 CAD 系统中，并开发出智能化用户界面，使之被更为广大工程设计人员所接受；系统的集成化是大势所趋，20 世纪 80 年代中期 CAD/CAM 技术的集成形成了 CIMS 高科技系统。

概括起来，今后 CAD 系统将会在以下几方面发展：

① 在计算机图形和几何造型技术上由二维向三维发展。几何造型技术解决了如何将三维图形转化为数学模型并存入数据库中的问题，三维造型方法主要有：线框模型、曲面造型和实体造型。三维图形技术与数据库技术相结合对 CAD/CAM 系统的发展具有极其重要的意义。

② 与图形学发展相关的硬件支持，如：高速图形图像处理技术、3 维显示技术、3 维数字化仪等。

③ 集成化技术将继续得到快速的发展，从单一行业领域内的业务性集成，向多行业集成发展，如 CIMS 系统、工程设计建筑、水电暖一体化的集成。

④ 与 CAD 集成的工程数据库技术仍将继续发展，过去许多基于商用数据库开发的图形数据库的效果并不理想。开发集成化专用数据库是今后的发展方向，它既能支持几何信息，也能支持非几何数据，同时能够支持工程构件、零部件、产品等实体的多级描述及长时间的事务处理要求。

⑤ 基于网络和多媒体技术的分布式 CAD 系统将大量发展，网络环境下的分布式 CAD 系统将各种不同的 CAD 作业、不同的硬、软件支撑环境集成于一个网络环境或客户/服务器环境下；各种不同的信息表示与传输媒体，如声音、图形、图像、数据等集成于一个系统内，即多媒体 CAD 系统。

⑥ 智能化、专家系统技术也是一个热门研究方向，如何在 CAD 系统中应用人工智能和知识库，以提高系统的智能水平并加强人机之间的密切协作。

⑦ 以可视化技术和虚拟技术为核心的集成化和交互式 CAD 系统也是一个热门研究方向。

2.3　计算机辅助工艺过程设计(CAPP)技术

2.3.1　CAPP 系统的基本概念和结构组成

1. CAPP 的基本概念

工艺规程设计是机械制造生产过程中一项重要的技术准备工作，是产品从设计到制造的中心环节。在传统生产中，工艺规程的设计是由工艺人员编制工艺文件，这些工艺文件有工艺规程卡和工序卡等。零件工程图中规定的形状、尺寸及公差、表面粗糙度、材料类型及加工数量等，都是影响工艺规程设计的重要因素。在工艺文件中，不仅要根据采用的加工方法确定零件的加工顺序和工序内容，还须包含机床、刀具、夹具的选择，切削用量的选择和工时定额的计算等。工艺设计是产品设计与车间生产的纽带，是经验性很强且影响因素很多的决策过程。当前机械产品市场是多品种小批量生产起主导作用，传统工艺设计方法已远不能适合当前机械制造行业发展的需要。

随着计算机在产品设计和制造工程中的普及应用，应用计算机进行工艺的辅助设计已成为可能。计算机辅助工艺规程设计 CAPP(Computer Aided Process Planning)受到愈来愈广泛的重视。所谓 CAPP 是指通过计算机输入被加工零件的原始数据、加工条件和加工要求，由计算机自动地进行编码、编程、绘图直至最后输出经过优化的工艺规程卡片。使用 CAPP 不仅克服了传统工艺设计中的各项缺点，适应当前日趋自动化的现代制造环节的需要，而且为实现计算机集成制造提供了必要的技术基础。

CAPP 系统是连接 CAD 和 CAM 的桥梁，是真正实现 CAD/CAM 集成的关键环节。CAPP 系统不仅接受计算机辅助设计(CAD)系统的产品几何拓扑、材料信息以及精度、表面粗糙度等工艺信息，而且向 CAD 系统反馈产品的结构工艺性评价信息，同时还向计算机辅助制造系统(CAM)提供零件加工所需的设备、工装、切削参数、加工过程以及反映零件切削过程的刀具轨迹文件，并接收 CAM 反馈的工艺修改意见。

实施 CAPP 的意义：

① 将工艺设计人员从烦琐和重复性的劳动中解放出来，可以从事新产品及新工艺开发等创造性的工作。

② 节省工艺过程编制时间和编制费用，缩短工艺设计周期，降低生产成本，提高产品在市场上的竞争力。

③ 有助于对工艺设计人员的宝贵经验进行集中、总结和继承，提高工艺过程合理化的程度，从而实现计算机优化设计。

④ 有利于实现工艺过程的标准化，提高相似或相同零件工艺过程的一致性。

⑤ 降低对工艺过程编制人员知识水平和经验水平的要求。

⑥ CAPP 是 CAD 与 CAM 的桥梁，为实现 CIMS 创造条件。

2. CAPP 的基本结构

CAPP 系统的种类很多，其系统构成与开发环境、产品对象、规模的大小等因素相关，但基本结构如图 2-12 所示。

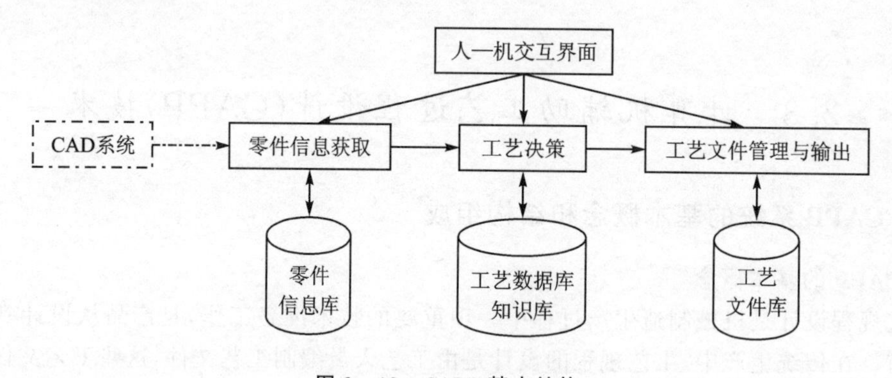

图 2-12　CAPP 基本结构

① 人机交互界面主要是协调各模块的运行，实现人机之间的信息交流，控制产品设计信息获取方式。

② 零件信息获取主要用于产品设计信息输入，常用的零件信息输入方法主要有人工输入、现有 CAD 转换信息接口、来自集成环境下统一的产品数据模型。如何输入和描述零件的信息是 CAPP 研究中最关键的技术之一。怎样对零件信息进行描述，组织管理这些信息以满足工艺决策和方法的要求，是当今 CAPP 系统迫切需要解决的问题。

③ 工艺决策主要是选定加工设备、确定安装方式和加工要求，生成工序卡。

④ 工艺文件的管理与输出主要是管理与输出工艺流程卡、工序和工步卡、工序图等各类文档。

⑤ 零件信息库中存放有 CAD 系统完成的产品设计信息。

⑥ 工艺数据库是 CAPP 的支撑工具，包含了产品制造工艺规则、工艺标准、工艺数据手册、工艺信息处理的相关算法和工具等。

⑦ 工艺文件库存放由 CAPP 系统生成的产品制造工艺信息，供输出工艺文件、数控加工编程和生产管理与运行控制系统使用。

2.3.2 CAPP 系统的类型及其工作原理

由于零件及制造环境的不同，很难用一种通用的 CAPP 软件来满足各种不同的制造对象，因此 CAPP 系统按照工艺决策方法主要分为检索式、派生式、创成式、综合式和专家系统。

1. 检索式 CAPP 系统

检索式 CAPP 系统是将企业现行各类工艺文件，根据产品和零件图号，存入计算机数据库中。进行工艺设计时，可以根据产品或零件图号，在工艺文件库中检索相类似零件的工艺文件，由工艺人员采用人机交互方式进行修改，最后由计算机按工艺文件要求打印输出。其工作原理如图 2－13 所示。

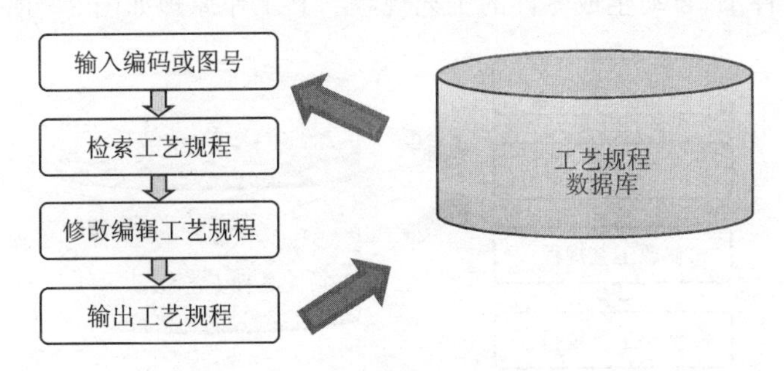

图 2－13　检索式 CAPP 系统

由其工作原理可以分析出，检索式 CAPP 系统显然大幅度提高工艺设计的效率和质量，系统开发难度小，操作方便，实用性强，与企业现有设计工作方式相一致，具有很高的推广价值，已经得到很多企业的认可，但其功能较弱、自动决策能力差，工艺决策完全由工艺人员完成，也不能用于新产品的工艺设计，无创新能力。

2. 派生式 CAPP 系统

派生式 CAPP 系统是检索式 CAPP 系统的发展，是利用零件 GT(成组技术)代码，将零件根据结构和工艺相似性进行分组，然后针对每个零件组编制标准工艺。工艺设计时，首先根据零件的 GT 代码或零件图号，确定该零件所属的零件组，然后检索出该零件的标准工艺文件，最后根据该零件的 GT 代码和其他有关信息对标准工艺进行自动化或人机交互式修改，生成符合要求的工艺文件。其工作原理如图 2－14 所示。

派生式 CAPP 系统主要适用于零件族较少、每个族的零件种数较多的企业，目前多用于回转体类零件 CAPP 系统。派生式 CAPP 系统继承和应用了企业较成熟的传统工艺，应用范围比较广泛，有较好的使用性，但系统的柔性较差，对于复杂零件和相似性较差的零件，不适宜

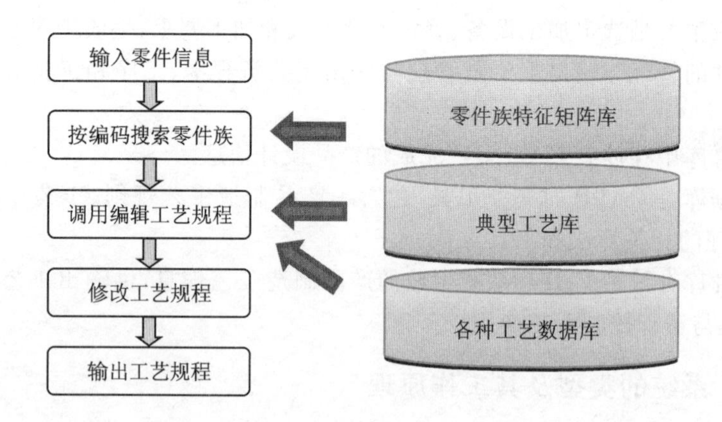

图 2-14 派生式 CAPP 系统

采用派生式 CAPP 系统。

3. 创成式 CAPP 系统

创成式 CAPP 系统依靠系统中的决策逻辑生成。它收集了大量的工艺数据和加工知识，并以此规程为基础，在计算机软件基础上建立一系列的决策逻辑，形成了工艺数据库和加工知识库。在输入新零件的有关信息后，系统可以模仿工艺人员，应用各种工艺决策逻辑规则，在没有人工干预的条件下，自动生成零件的工艺规程。其工作原理如图 2-15 所示。

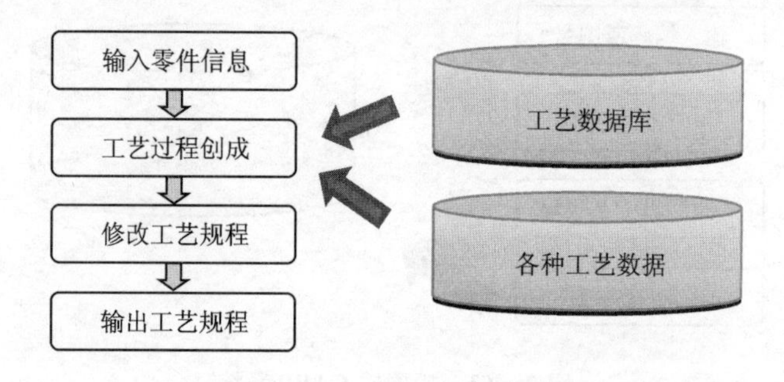

图 2-15 创成式 CAPP 系统

创成式 CAPP 系统便于实现 CAD/CAM 系统的集成，具有较高的柔性，适应范围广，但由于系统自动化要求高，应用范围广，系统实现较为困难，目前系统应用还处于探索发展阶段，或是针对某一产品或某一工厂专门设计的半创成式 CAPP 系统。

4. 综合式 CAPP 系统

综合式 CAPP 也称半创成式 CAPP 系统。它把派生式 CAPP 系统与创成式 CAPP 系统结合起来，即采取派生与自动决策相结合的工作方式，如需对一个新零件进行工艺设计时，先通过对计算机检索它所属零件族的典型工艺，然后根据零件具体情况，对典型工艺进行修改，工序设计则采用自动决策产生。

5. CAPP 专家系统

CAPP 专家系统是将人工智能技术应用于 CAPP 系统中所形成的专家系统，以“推理＋知识”为特征，包括知识库和推理机。其中，知识库是由零件设计信息和表达工艺决策的规则集组成，而推理机是根据当前事实，通过激活知识库的规则集而得到工艺设计结果。近几年来，有人将人工神经元网络技术、模糊推理以及基于实例的推理等用于 CAPP 中，也有人提出了 CAPP 系统建造工具的思路，并进行了卓有成效的实践。

2.3.3　CAPP 系统的关键技术

1. 零件的分类编码方法

在建立零件分类编码系统时，首先要检查分析每个零件的设计和制造特征，而零件的这些特征也只有借助于编码来识别。一般情况下，零件的特征越多，描述这些特征的编码也越复杂。零件分类编码系统可以分为 3 种类型：① 以零件设计特征为基础的编码系统；② 以零件制造特征为基础的编码系统；③ 以零件的设计和制造特征为基础的编码系统。第一种类型用于检索和促进设计标准化。第二种类型用于计算机辅助工艺规程编制、刀具设计以及其他与产品有关的工程内容。第三种类型则兼而有之。在开发 CAPP 系统时要按产品的类型选择相应的零件分类编码方法。

2. 工艺设计技术

(1) 基于 GT 的相似工艺自动检索

采用相似工艺检索技术，不仅可大大减少工艺人员的工作强度和对有经验工艺人员的依赖，而且会提高产品工艺的继承性和重用性，促进工艺的标准化。而在综合式设计模式下，相似工艺的自动检索是基于实例的相似工艺自动检索。成组技术、基于实例的技术、模糊逻辑等是实现基于 GT 的相似工艺自动检索的基础。

(2) 基于 GT 的参数化工艺设计

工艺的标准化、规范化为参数化工艺设计奠定了基础。对于系列化产品以及大规模定制生产模式，参数化工艺设计是一种快捷有效的工艺设计模式。通过总结归纳典型工艺，确定工艺的关键参数，建立参数化典型工艺数据库，实现基于零部件工艺参数的检索设计。

(3) 模块、单元化工艺设计

模块、单元化工艺设计是参数化工艺设计方式的进一步发展。其核心思想是制造工艺是由一系列规范化的操作根据一定规则组成的，而这些规范化操作的选用取决于零部件工艺参数、工艺要求及其相互关系。规范化操作可以是一个工序、一个工步、多个工序的组合、多个工步的组合等。在建立好规范化操作数据库的基础上，利用参数化设计技术、专家系统技术，实现模块、单元化工艺设计。

3. 工艺管理技术

工艺管理分为 3 个方面：① 工艺信息管理；② 工艺文档管理；③ 工艺审批流程管理。工艺信息管理取决于工艺信息处理模式。采用基于结构化信息处理模式，由于数据库的应用和数据的结构化，使工艺文档的输出、工艺信息统计汇总、报表、信息共享与集成非常快捷，数据准确性高。工艺文档管理与工艺审批流程管理等功能，基本采用类似于 PDM 的思想。其中工艺审批流程管理采用了工作流技术，综合了计算机科学和管理科学中诸多研究领域的原理、方法和技术，在工艺领域进行工作流管理的研究、开发和应用，可实现产品开发过程和信息的集成统一，更加有效地对工艺信息和资源进行管理和控制，为企业实现并行工程、无纸工艺和生产奠定基础，具有广阔的应用前景。

把工艺数据管理纳入 CAPP 的范围是近年来 CAPP 技术发展的结果。传统 CAPP 技术只是针对单个零件的工艺自动生成，对工艺数据管理的要求不高，一般采用文件形式保存工艺数据。随着基于集成环境面向产品的 CAPP 技术的提出,CAPP 系统需要在网络环境中处理大量工艺数据,传统的基于文件保存工艺数据的方式不能有效地管理工艺数据,这就要求对 CAPP 工艺数据管理技术深入研究。CAPP 工艺数据管理的目的是保证产品工艺数据的有效性、完整性、一致性,实现工艺数据共享,实现 CAPP 与 CIMS 和其他子系统的有效集成。

2.3.4 发展 CAPP 系统的意义及应用现状

传统上,工艺设计应由具有丰富生产经验的工程师负责。具有丰富经验的工艺工程师,在发达国家都常常感到人数不足。在美国,工艺设计人员的年龄一般在 40 岁以上,有丰富的生产车间工作经验;在英国,工艺工程师的平均年龄为 55 岁。通过对年龄数据的统计,反映了工艺设计要求工艺工程师有多年的生产实践经验。

传统的工艺设计都是由人工进行的,这就不可避免地存在一些缺点:

① 对工艺设计人员要求高;

② 工作量大,效率低下;

③ 无法利用 CAD 的图形、数据;

④ 难以保证数据的准确性;

⑤ 信息不能共享。

随着企业计算机应用的深入,各部门所产生的数据可以通过计算机进行数据交流和共享,如果工艺部门仍采用手工方式,其他部门的数据就只能通过手工查询,工作效率低且易出错;所产生的工艺数据也无法方便地与其他部门进行交流和共享。应用 CAPP 技术将缩短设计周期,对修改和变更设计能快速做出响应;工艺人员的经验能够得到充分的积累和继承;减小编制工艺文件的工作量和产生错误的可能性,并为建立计算机制造系统打下基础。

通过对国内部分设计院、企业所做的调研,大部分企业对 CAPP 系统的应用情况并不令人乐观。企业应用 CAPP 系统的情况最具代表性的有如下几种:

1) 大部分企业的工艺设计仍然采用手工设计的方式,CAPP 的应用仍是空白。

2) 部分企业在计算机技术和 CAD 的应用较为普及以后,工艺设计成为企业的薄弱环节。有些企业自己在 Word、Excel 或 AutoCAD 上绘制出工艺卡片的空白表格,在此基础上进行工艺规程的设计。此种设计方式也是利用计算机进行辅助工艺设计,因此,也可称做 CAPP,但此类 CAPP 所生成的工艺规程是以文件的形式存在的,企业无法对工艺数据进行有效的管理和利用。

3) 部分企业已充分认识到工艺设计的重要性,购买了部分商品化的 CAPP 系统,但由于企业对 CAPP 的认识还存在一些误区,所选系统具有很大的局限性。

目前大部分企业都已意识到了 CAPP 技术应用的必要性,但企业在 CAPP 系统的选择和应用上还存在较多的误区和较大的盲目性;主要表现在盲目追求设计的自动化、最优化,而不注重基础数据的准备、基础技术的稳固发展和人员素质的提高。

误区之一:认为 CAPP 就是由计算机自动生成工艺规程。

首先,工艺设计是一个典型的复杂问题,所涉及的因素是大量的,而且是错综复杂的,涉及这些零件信息、制造资源、工艺专家知识等众多信息(数据)的组织和管理,不仅涉及单纯的数值运算,也要处理图像、字符、表格等复杂的数据。因此,CAPP 系统的核心和难点都是数据的处理。其次,由于工艺设计对使用环境有着极大的依赖性,且工艺设计中许多工艺知识不具备精确的定义和严密的数学模型,许多问题是非确定性的,至今工艺设计仍处于经验决策阶段,这就导致工艺设计的动态性和经验性。正是由于这些原因,自动化的 CAPP 系统目前只能针对某种特定零件,如回转体;通用的自动化的 CAPP 系统还只能处于研究阶段,无法应用到实际当中。目前 CAPP 当中的 A 是辅助(Aided)而不是自动化(Automatic)。

误区之二:认为 CAPP 只是基于零件,而不必基于产品结构。

在企业中,所有生产活动都是围绕着产品结构而展开的,一个产品的生产过程实际上就是这个产品所有属性的生成过程。每一份工艺文件虽然是针对一个具体的零、部件,但作为产品的属性之一,工艺文件也应在工艺设计计划的指导下,围绕着产品结构展开,这样就可以清晰地描述产品的装配关系,并可直接读取产品的明细表数据文件,将 CAD 中的产品设计数据自动带入到 CAPP 系统中。因此,基于产品结构的 CAPP 系统更适应企业的生产环境。

误区之三:认为 CAPP 只是解决工艺卡片的填写和生成,而不注重工艺数据的利用和管理。

工艺卡片的填写和生成是 CAPP 系统必须解决的首要问题,但在计算机集成制造系统中 CAPP 是连接 CAD 与 CAM 之间的桥梁与纽带。集成化的 CAPP 系统应能直接接收 CAD 的零件信息,进行工艺规划,生成有关的工艺文件,并以工艺设计的结果和零件信息为依据,经过适当的后置处理,生成 NC 程序,从而实现 CAD/CAPP/CAM 的系统的集成,其核心是数据库。因此,CAPP 系统必需能够生成工艺数据并进行管理而不只是完成工艺卡片的填写。

误区之四:要求各部门间数据的管理、传输、任务的分配等本应由 PDM 完成的工作由 CAPP 系统完成。

总之,CAPP 系统的实施应能提高工艺设计的质量,缩短生产准备周期,并将工艺设计人员从大量烦琐、重复的劳动中解放出来,但企业应充分考虑自身的实际情况选择 CAPP 软件。综上所述,适应于目前企业生产情况的 CAPP 系统应具备如下特点:

① 从设计、管理、集成等多方面解决企业的工艺设计问题;

② 从工艺设计平台(数据库平台)解决工艺设计问题,而不是围绕工艺卡片(图形平台);

③ 采用“所见所得”的交互式操作方式,符合 Windows 的使用风格和习惯;

④ 能够智能化地利用企业制造资源,解决工艺数据的利用和管理;

⑤ 采用开放的体系结构,方便用户进行二次开发;

⑥ 基于数据库,能与其他系统集成,共享产品数据库和权限数据库。

企业在选择 CAPP 系统时,不但应考虑系统应具备的功能,还应考虑到企业的具体情况,统一规划、分步实施,确保资金的有效利用。

2.4　计算机辅助制造(CAM)技术

2.4.1　CAM 系统的基本概念和结构组成

计算机辅助制造(Computer Aided Manufacturing,CAM)有狭义和广义的两个概念。CAM 的狭义概念指的是从产品设计到加工制造之间的一切生产准备活动,包括 CAPP、NC 编程、工时定额的计算、生产计划的制订、资源需求计划的制订等。这是最初 CAM 系统的狭义概念。到今天,CAM 的狭义概念甚至更进一步缩小为 NC 编程的同义词。CAPP 已被作为一个专门的子系统，而工时定额的计算、生产计划的制订、资源需求计划的制订则划分给MRPⅡ/ERP系统来完成。CAM的广义概念包括的内容则多得多，除了上述CAM狭义定义所包含的所有内容外，它还包括制造活动中与物流有关的所有过程（加工、装配、检验、存贮、输送）的监视、控制和管理。

CAM技术的核心是计算机数值控制（简称数控），是将计算机应用于制造生产过程的过程或系统。1952年美国麻省理工学院首先研制成数控铣床。数控的特征是由编码在穿孔纸带上的程序指令来控制机床。此后发展了一系列的数控机床，包括称为“加工中心”的多功能机床，能从刀库中自动换刀和自动转换工作位置，能连续完成铣、钻、铰、攻丝等多道工序，这些都是通过程序指令控制运作的，只要改变程序指令就可改变加工过程，数控的这种加工灵活性称之为“柔性”。

CAM系统一般具有数据转换和过程自动化两方面的功能。CAM所涉及的范围，包括计算机数控和计算机辅助过程设计。数控除了在机床应用以外，还广泛地用于其他各种设备的控制，如冲压机、火焰或等离子弧切割、激光束加工、自动绘图仪、焊接机、装配机、检查机、自动编织机、电脑绣花和服装裁剪等，成为各个相应行业CAM的基础。

计算机辅助制造系统是通过计算机分级结构控制和管理制造过程的多方面工作，目标是开发一个集成的信息网络来监测一个广阔的相互关联的制造作业范围，并根据一个总体的管理策略控制每项作业。

从自动化的角度看，数控机床加工是一个工序自动化的加工过程，加工中心是实现零件部分或全部机械加工过程自动化，计算机直接控制和柔性制造系统是完成一族零件或不同族零件的自动化加工过程，而计算机辅助制造是计算机进入制造过程这样一个总的概念。

一个大规模的计算机辅助制造系统是一个计算机分级结构的网络，它由两级或三级计算机组成，中央计算机控制全局，提供经过处理的信息，主计算机管理某一方面的工作，并对下属的计算机工作站或微型计算机发布指令和进行监控，计算机工作站或微型计算机承担单一的工艺控制过程或管理工作。

计算机辅助制造系统的组成可以分为硬件和软件两方面：硬件方面有数控机床、加工中心、输送装置、装卸装置、存储装置、检测装置、计算机等，软件方面有数据库、计算机辅助制造工艺过程设计、计算机辅助数控程序编制、计算机辅助工装设计、计算机辅助作业计划编制与调度、计算机辅助质量控制等。

2.4.2 数控系统及数控加工程序编制

1. 数控系统及数控编程原理

数控系统是机床的控制部分，它根据输入的零件图纸信息、工艺过程和工艺参数，按照人机交互的方式生成数控加工程序，然后通过电脉冲数台，再经伺服驱动系统带动机床部件做相应的运动。

传统的数控机床（NC）上，零件的加工信息是存储在数控纸带上的，通过光电阅读机读取数控纸带上的信息，实现机床的加工控制；后来发展到计算机数控（CNC），功能得到很大的提高，可以将一次加工的所有信息阅读；更先进的CNC机床甚至可以去掉光电阅读机，直接在计算机上编程，或者直接接收来自CAPP的信息，实现自动编程。后一种CNC机床是CAM系统的基础设备。现代CNC系统常具有以下功能：

① 多坐标轴联动控制；

② 刀具位置补偿；

③ 系统故障诊断；

④ 在线编程；

⑤ 加工、编程并行作业；

⑥ 加工仿真；

⑦ 刀具管理和监控；

⑧ 在线检测。

数控编程是根据来自 CAD 的零件几何信息和来自 CAPP 的零件工艺信息自动或在人工干预下生成数控代码的过程。

2. 手工编程

手工编程是编程人员按照数控系统规定的加工程序段和指令格式，手工编写出待加工零件的数控加工程序。手工编程的主要步骤如下：

① 根据零件图纸对零件进行工艺分析；

② 确定加工路线和工艺参数(装夹顺序、表面加工先后顺序、切削参数)；

③ 确定刀具移动轨迹(起点、终点、运动形式)；

④ 计算机床运动所需要数据；

⑤ 书写零件加工程序单；

⑥ 纸带穿孔。

可见，手工编程同时也包括了制定工艺规程的内容，手工编程目前已用得很少。

3. 数控语言编程

使用数控语言编程往往被称为"自动编程"，这种叫法来源于 APT(Automatically Programmed Tools)数控编程语言。事实上，它并不是自动化的编程工具，只是比手工编程前进一步，实现了用"高级编程语言"来编写数控程序。

数控语言编程就是用专用的语言和符号来描述零件的几何形状和刀具相对零件运动的轨迹、顺序和其他工艺参数等。由于采用类似于计算机高级语言的数控语言来描述加工过程，大大简化了编程过程，特别是省去了数值计算过程，提高了编程效率。用数控语言编写的程序称为源程序，计算机接受源程序后，首先进行编译处理，再经过后置处理程序才能生成控制机床的数控程序。

4. CAD/CAM 系统编程

采用数控语言编程虽比手工编程简化了许多，但仍需要编程人员编写源程序，比较费时。为此，又发展了 CAD/CAM 编程技术。到目前几乎所有大型 CAD/CAM 应用软件都具备数控编程功能。在使用这种系统编程时，编程人员不需要编写数控源程序，只需要从 CAD 数据库中调出零件图形文件，并显示在屏幕上，采用多级功能菜单作为人机界面。编程过程中，系统还会给出大量的提示。这种方式操作方便，容易学习，又可大大提高编程效率。一般 CAD/CAM 系统编程部分都包括的基本内容有：查询被加工部位图形元素的几何信息，对设计信息进行工艺处理，刀具中心轨迹计算，定义刀具类型，定义刀位文件数据。

对于一些功能强大的 CAD/CAM 系统，甚至还包括数据后置处理器，自动生成数控加工源程序，并进行加工模拟，用来检验数控程序的正确性。

5. 自动编程

上述CAD/CAM系统编程中，仍需要编程人员过多地干预才能生成数控源程序。随着CAPP技术的发展，使数控自动编程成为可能。图2-16所示为自动编程过程。系统从CAD数据库获取零件的几何信息，从CAPP数据库获取零件加工过程的工艺信息，然后调用NC源程序生成数控源程序，再对源程序进行动态仿真，如果正确无误，则将加工指令送到机床进行加工。

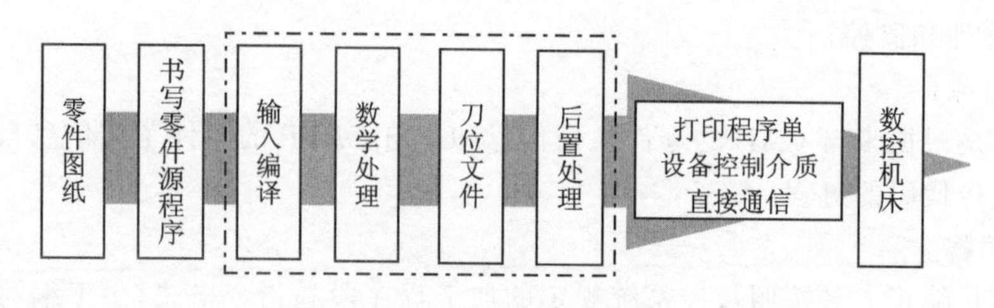

图2-16 自动编程过程

2.4.3 发展CAM系统的意义及现状

CAM已广泛应用于飞机、汽车、机械制造业、家用电器和电子产品制造业。主要应用领域包括：

1) 机械产品的零件加工(切削，冲压，铸造，焊接，测量等)、部件组装、整机装配、验收、包装入库、自动仓库控制和管理。在金属切削加工中，计算机内预先建立有基本切削条件方程，根据测量系统测得的参数和机床工作状况，调整进给率、切削力、切削速度、切削操作顺序和冷却液流量，在保证零件表面粗糙度和加工精度的条件下，使加工效率、刀具磨损和能源消耗达到最优。

2) 电子产品的元件器件老炼、测试、筛选，元件器件自动插入印制电路板，波峰焊接，装置板、机箱布线的自动绕接，部件、整件和整机的自动测试。

3) 各种机电产品的成品检验、质量控制，能完成人工方法不能完成的复杂产品(如飞机发动机、超大规模集成电路、电子计算机等)的大量测试工作。

随着计算机技术、图形学和造型技术、控制技术、数控系统的发展，CAM技术正向集成化、可视化、智能化、自动化方向发展。

① 集成化：基于实体、特征；目标CIMS。

② 可视化：加工仿真，包括NC码。

③ 智能化：专家系统。

④ 自动化：成组/基于特征的CAM，优化刀具轨迹和加工控制参数。

2.5 快速成型及逆向工程技术

2.5.1 快速成型技术

1. 技术概述

快速成型技术又称快速原型制造(Rapid Prototyping Manufacturing，RPM)技术，诞生于

20 世纪 80 年代后期，是基于材料堆积法的一种高新制造技术，被认为是近 20 年来制造领域的一个重大成果。它集机械工程、CAD、逆向工程技术、分层制造技术、数控技术、材料科学、激光技术于一身，可以自动、直接、快速、精确地将设计思想转变为具有一定功能的原型或直接制造零件，从而为零件原型制作、新设计思想的校验等方面提供了一种高效低成本的实现手段。快速成形技术就是利用三维 CAD 的数据，通过快速成型机，将一层层的材料堆积成实体原型。

随着全球市场一体化的形成，制造业的竞争十分激烈，产品的开发速度日益成为主要矛盾。在这种情况下，自主快速产品开发的能力成为制造业全球竞争的实力基础。制造业为满足日益变化的用户需求，要求制造技术有较强的灵活性，能够以小批量甚至单件生产而不增加产品的成本。因此，产品的开发速度和制造技术的柔性就十分关键。从技术发展角度看，计算机科学、CAD 技术、材料科学、激光技术的发展和普及为新的制造技术的产生奠定了技术和物质基础。

2. 技术特点

① 制造原型所用的材料不限，各种金属和非金属材料均可使用。

② 原型的复制性、互换性高。

③ 制造工艺与制造原型的几何形状无关，在加工复杂曲面时更显优越。

④ 加工周期短，成本低，成本与产品复杂程度无关，一般制造费用降低 50%，加工周期节约 70%以上。

⑤ 高度技术集成，可实现了设计制造一体化。

3. 技术原理

快速成形技术的基本原理是在计算机控制下，基于离散、堆积的原理，采用不同方法堆积材料，最终完成零件的成形与制造的技术。从成形角度看，零件可视为“点”或“面”的叠加，从 CAD 电子模型中离散得到“点”或“面”的几何信息，再与成形工艺参数信息结合，控制材料有规律、精确地由点到面，由面到体地堆积零件；从制造角度看，它根据 CAD 造型生成零件三维几何信息，控制多维系统，通过激光束或其他方法将材料逐层堆积而形成原型或零件。

4. 技术分类

目前市场上的快速成型技术分为 3DP 技术、FDM 熔融层积成型技术、SLA 立体平版印刷技术、SLS 选区激光烧结、DLP 激光成型技术和 UV 紫外线成型技术等。

(1) 3DP 技术

采用 3DP 技术的 3D 打印机使用标准喷墨打印技术，通过将液态联结体铺放在粉末薄层上，以打印横截面数据的方式逐层创建各部件，创建三维实体模型，采用这种技术打印成型的样品模型与实际产品具有同样的色彩，还可以将彩色分析结果直接描绘在模型上，模型样品所传递的信息较大。

(2) FDM 熔融层积成型技术

FDM 熔融层积成型技术是将丝状的热熔性材料加热融化，同时三维喷头在计算机的控制下，根据截面轮廓信息，将材料选择性地涂敷在工作台上，快速冷却后形成一层截面。一层成型完成后，机器工作台下降一个高度（即分层厚度）再成型下一层，直至形成整个实体造型。其成型材料种类多，成型件强度高、精度较高，主要适用于成型小塑料件。

（3）SLA 立体平版印刷技术

SLA 立体平版印刷技术以光敏树脂为原料，通过计算机控制激光按零件的各分层截面信息在液态的光敏树脂表面进行逐点扫描，被扫描区域的树脂薄层产生光聚合反应而固化，形成零件的一个薄层。一层固化完成后，工作台下移一个层厚的距离，然后在原先固化好的树脂表面再敷上一层新的液态树脂，直至得到三维实体模型。该方法成型速度快，自动化程度高，可成形任意复杂形状，尺寸精度高，主要应用于复杂、高精度的精细工件快速成型。

（4）SLS 选区激光烧结技术

SLS 选区激光烧结技术是通过预先在工作台上铺一层粉末材料（金属粉末或非金属粉末），然后让激光在计算机控制下按照界面轮廓信息对实心部分粉末进行烧结，然后不断循环，层层堆积成型。该方法制造工艺简单，材料选择范围广，成本较低，成型速度快，主要应用于铸造业直接制作快速模具。

（5）DLP 激光成型技术

DLP 激光成型技术和 SLA 立体平版印刷技术相似，不过它是使用高分辨率的数字光处理器（DLP）投影仪来固化液态光聚合物，逐层的进行光固化，由于每层固化时通过幻灯片似的片状固化，因此速度比同类型的 SLA 立体平版印刷技术速度更快。该技术成型精度高，在材料属性、细节和表面粗糙度方面可匹敌注塑成型的耐用塑料部件。

（6）UV 紫外线成型技术

UV 紫外线成型技术和 SLA 立体平版印刷技术类似，不同的是它利用 UV 紫外线照射液态光敏树脂，一层一层由下而上堆积成型，成型的过程中没有噪音产生，在同类技术中成型的精度最高，通常应用于精度要求高的珠宝和手机外壳等行业。

5．应用领域

目前，快速成型技术已在工业造型、机械制造、航空航天、军事、建筑、影视、家电、轻工、医学、考古、文化艺术、雕刻、首饰等领域都得到了广泛应用，并且随着这一技术本身的发展，其应用领域将不断拓展。RP 技术的实际应用主要集中在以下几个方面。

（1）新产品造型设计过程中的应用

快速成形技术为工业产品的设计开发人员建立了一种崭新的产品开发模式。运用 RP 技术能够快速、直接、精确地将设计思想转化为具有一定功能的实物模型（样件），这不仅缩短了开发周期，而且降低了开发费用，也使企业在激烈的市场竞争中占有先机。

（2）机械制造领域的应用

由于 RP 技术自身的特点，使得其在机械制造领域内获得广泛的应用，多用于单件、小批量金属零件的制造。有些特殊复杂制件，由于只需单件生产，或少于 50 件的小批量，一般均可用 RP 技术直接进行成型，成本低，周期短。

（3）快速模具制造

传统的模具生产时间长，成本高。将快速成型技术与传统的模具制造技术相结合，可以大大缩短模具制造的开发周期，是解决模具设计与制造薄弱环节的有效途径。快速成形技术在模具制造方面的应用可分为直接制模和间接制模两种。直接制模是指采用 RP 技术直接堆积制造出模具，间接制模是先制出快速成型零件，再由零件复制得到所需要的模具。

（4）医学领域的应用

近几年来，人们对 RP 技术在医学领域的应用研究较多。以医学影像数据为基础，利用

RP 技术制作人体器官模型,对外科手术有极大的应用价值。

(5) 文化艺术领域的应用

在文化艺术领域,快速成型制造技术多用于艺术创作、文物复制、数字雕塑等。

(6) 航空航天技术领域的应用

在航空航天领域中,空气动力学地面模拟实验(风洞实验)是设计性能先进的天地往返系统(航天飞机)所必不可少的重要环节。该实验中所用的模型形状复杂、精度要求高、又具有流线型特性,采用 RP 技术,根据 CAD 模型,由 RP 设备自动完成实体模型,能够很好地保证模型质量。

(7) 家电行业的应用

目前,快速成型系统在国内的家电行业上得到了很大程度的普及与应用,使许多家电企业走在了国内前列。如广东的美的、华宝、科龙;江苏的春兰、小天鹅;青岛的海尔等都先后采用快速成型系统来开发新产品,收到了很好的效果。快速成型技术的应用很广泛,可以相信,随着快速成型制造技术的不断成熟和完善,它将会在越来越多的领域得到推广和应用。

6. 发展趋势

从目前 RP 技术的研究和应用现状来看,快速成型技术的进一步研究和开发工作主要有以下几个方面:

① 开发性能好的快速成型材料,如成本低、易成形、变形小、强度高、耐久及无污染的成形材料。

② 提高 RP 系统的加工速度和开拓并行制造的工艺方法。

③ 改善快速成型系统的可靠性,提高其生产率和制作大件能力,优化设备结构,尤其是提高成形件的精度、表面质量、力学和物理性能,为进一步进行模具加工和功能实验提供基础。

④ 开发快速成型的高性能 RPM 软件。提高数据处理速度和精度,研究开发利用 CAD 原始数据直接切片的方法,减少由 STL 格式转换和切片处理过程所产生精度损失。

⑤ 开发新的成型能源。

⑥ 快速成型方法和工艺的改进和创新。直接金属成型技术将会成为今后研究与应用的又一个热点。

⑦ 进行快速成型技术与 CAD、CAE、RT、CAPP、CAM 以及高精度自动测量、逆向工程的集成研究。

⑧ 提高网络化服务的研究力度,实现远程控制。

2.5.2　逆向工程技术

1. 技术概述

逆向工程(又称逆向技术)是一种产品设计技术再现过程,即对一项目标产品进行逆向分析及研究,从而演绎并得出该产品的处理流程、组织结构、功能特性及技术规格等设计要素,以制作出功能相近,但又不完全一样的产品。逆向工程源于商业及军事领域中的硬件分析,主要目的是在不能轻易获得必要的生产信息的情况下,直接从成品分析,推导出产品的设计原理。

逆向工程可以定义为有产品样品但没有设计图样,或者设计图样不完整情况下,通过测量手段对实物进行数字化,使用数据处理软件获取产品数据信息,并快速、准确地重构产品 CAD 模型,将已有实物模型转化为概念模型和工程设计模型,是从产品实物生成数字化信息模型的过程。其主要过程可以归纳为以下几步：实物表面几何模型数字化（表面点的坐标数据采集），数据的预处理（包括剔除杂点、数据精简和切割、曲面拟合、曲面拼接等），模型重构（特征曲线生成与编辑、曲面生成与编辑、曲面的匹配、曲面模型的误差分析、模型实体化及工程图生成等），转换成 NC 或 STL 文件，快速原型，生产产品或模具，如图 2－17 所示。

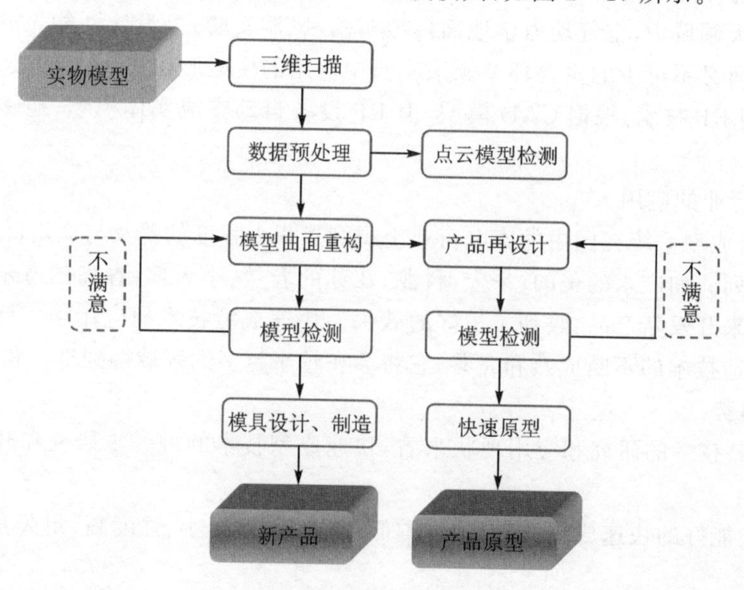

图 2－17　逆向工程流程图

逆向工程被广泛地应用到新产品开发和产品改型设计、产品仿制、质量分析检测等领域，它的特点是：

① 缩短产品的设计、开发周期，加快产品的更新换代速度；

② 降低企业开发新产品的成本与风险；

③ 加快产品的造型和系列化的设计；

④ 适合单件、小批量的零件制造，特别是模具的制造，可分为直接制模与间接制模法。直接制模法是基于 RP 技术的快速直接制模法是将模具 CAD 的结果由 RP 系统直接制造成型。该方法既不需用 RP 系统制作样件，也不依赖传统的模具制造工艺，对金属模具制造而言尤为快捷，是一种极具开发前景的制模方法。间接制模法是利用 RP 技术制造产品零件原型，以原型作为母模、模芯或制模工具（研磨模），再与传统的制模工艺相结合，制造出所需模具。

2. 关键技术

逆向工程技术在实际应用中主要包括 3 个方向：几何反求，材料反求，工艺反求。在机械设计和制造领域中，其应用主要集中在零部件产品的几何反求，也就是重构产品原型的 CAD 模型。基本实施流程是先对原型产品进行数字化，将得到的点云数据进行处理，最后导入 CAD 系统进行提取关键特征和模型重构。具体的关键技术如下：

1）数据采集技术。使用接触式测量设备或非接触式测量设备来获取实物原型表面的点云数据。

2）数据处理技术。非接触式测量设备获取的点数据数量较大，在进行模型重构前需对点云数据进行去除噪声点、数据精简、数据封装等操作。

3）曲面重构技术。这是产品几何反求中最为关键的环节，目的是得到光滑、流畅的曲面，并且相邻曲面过渡能保持一定连续性。重构的曲面质量决定逆向 CAD 数字模型的建立是否成功。

3. 设备支持

随着计算机辅助设计的流行，逆向工程变成了一种能根据现有的物理部件通过 CAD、CAM、CAE 或其他软件构筑 3D 虚拟模型的方法。逆向工程的过程采用了通过丈量实际物体的尺寸并将其制作成 3D 模型的方法，真实的对象可以通过如 CMMs、激光扫描仪、结构光源转换仪或者 X 射线断层成像这些 3D 扫描技术进行尺寸测量。这些测量数据通常被认作是点集，缺乏拓扑信息并且同时通常会被制作成更有用的格式，例如多边形网格，NURBS 曲线或者 CAD 模型。由于顶点云本身并不像 3D 软件里的模型那样直观，所以如 Imageware、Copy-CAD、Rapidform 或者 Geomagic，这些软件都提供了将顶点云变成能可视图像或者被其他应用软件，如 CAD、CAM、CAE 识别的格式的功能。

4. 应用领域

随着新技术的引入，逆向工程技术已成为联系产品开发过程中与其他先进技术的纽带，被广泛应用于汽车、航天航空、家电电器、模具等产品的改型和创新。根据有效统计，国外约有 70% 的技术来源于反求，其在各行业、领域间的具体应用如下。

(1) 自由曲面造型设计

汽车整车的外型设计是产品设计对美学有特别要求的典型代表，设计师通常不是直接使用 CAD 软件设计外型，而是借助油泥等材料制作全尺寸模型，通过三维测量，快速、精确得到车身表面数据，加快设计概念和模拟验证，并且扫描数据可以直接生成 STL 数据，用于快速成型和 CNC 加工。

(2) 航天航空及模具行业

这两个领域中的产品通常需要经过大量的实验测试和反复的修改才能建立符合设计要求的产品模型，产品通常是由复杂的自由曲面拼接，最终通过实验的产品模型也是依托逆向工程转换为需要三维数字模型。

(3) 引进产品的再制和改形

基于商业机密，下游制造厂商无法直接得到原厂设计的 CAD 数据，如此就需要通过产品反求将原型 CAD 资料还原出来，生成 NC 代码，加工再制出产品，或基于重构模型加以改进生成新的产品。

(4) 艺术品、文物的修复或再制

珍贵文物的独特性，艺术品的原创性，让普通民众很难直接接触这些原型，如果将文物或艺术品进行三维扫描，就可以快速复制，让文化得以传承。

(5) 服装、制鞋

随着三维数字化技术的发展，数字化服装(鞋)造型设计、结构设计、特殊产品定制等问题日益被行业所提及。借助三维扫描设备对人体特征的采集，可以获得精确、有效的数据，进一步建立人体特征的数据库，推动服装、制鞋企业的数字化进程。

(6) 医疗及整形

医疗及整形领域引入三维数字化技术，通过测量病灶部位，使用特定软件比对、分析数据，制定精确的医疗方案。不仅提高医疗工作者的技术水平、降低工作强度，又可降低病患治疗风险、提升治疗满意度。

（7）人体动态捕捉和动画制作

如今的动画制作越来越强调人物动作或物体运动的真实与细腻，借助动作捕捉系统能更高效的完成动画的制作，并且建立动作（运动）数据库，匹配不同的模型，实现不同的应用，节省大量制作成本。

5. 发展趋势

逆向工程的研究已经日益引人注目，在数据处理、曲面片拟合、几何特征识别、商用专业软件和坐标测量机的研究开发上已经取得了很大的成绩。但是在实际应用当中，整个过程仍需要大量的人机交互工作，操作者的经验和素质直接影响着产品的质量，自动重建曲面的光顺性难以保证。下面一些关键技术将是逆向工程主要发展方面：

（1）数据测量方面

发展面向逆向工程的专用测量设备，能够高速、高精度的实现产品几何形状的3维数字化，并能进行自动测量和规划路径；

（2）数据的顶处理方面

针对不同种类的测量数据，开发研究一种通用的数据处理软件，完善改进目前的数据处理算法；

（3）曲面拟合

能够控制曲面的光顺性和能够进行光滑拼接；

（4）集成技术

发展包括测量技术、模型重建技术、基于网络的协同设计和数字化制造技术等的逆向工程技术。

思考题与习题

1. 简述CAD/CAM系统的含义及主要工作任务。
2. 简述CAD/CAM系统的工作过程。
3. 综述CAD/CAM系统软件及硬件系统的基本组成。
4. CAD系统按工作方法及功能可分为几类？各有什么特点？
5. 什么是派生式CAPP？什么是创成式CAPP？简述两者之间的异同。
6. 简述CAPP系统的关键技术。
7. 数控编程的方法有哪些？简述各自的特点。
8. 什么是快速成型技术？它的特点是什么？
9. 主要的快速成型工艺方法有哪些？各自的应用领域是什么？
10. 简述逆向工程技术的含义及关键技术有哪些？

第3章 现代特种加工

3.1 电火花加工技术

3.1.1 概 述

1. 电火花加工的概念

电火花加工又称放电加工(EDM),其加工过程与传统的机械加工完全不同。电火花加工是一种电、热能加工方法。加工时,工件与加工所用的工具为极性不同的电极对,电极对之间多充满工作液,主要起恢复电极间的绝缘状态及带走放电时产生的热量的作用,以维持电火花加工的持续放电。在正常电火花加工过程中,电极与工件并不接触,而是保持一定的距离(称为间隙),在工件与电极间施加一定的脉冲电压,当电极向工件进给至某一距离时,两极间的工作液介质被击穿,局部产生火花放电,放电产生的瞬时高温将电极对的表面材料熔化甚至气化,使材料表面形成电腐蚀的坑穴。如果能适当控制这一过程,就能准确地加工出所需的工件形状。在放电过程中常伴有火花,故称为电火花加工。日本、美国、英国等国家通常称作放电加工。

2. 电火花加工的特点

在电火花加工过程中,工件的加工性能主要取决于其材料的导电性及热学特性(如熔点、沸点、比热容及电阻率等),而与工件材料的力学特性(硬度、强度等)几乎无关。另外加工时的宏观力,远小于传统切削加工时的切削力,所以在加工相同规格的尺寸时,电火花机床的刚度和主轴驱动功率要求比机械切削机床低得多。由于电火花加工时工件材料是靠一个个火花放电予以蚀除的,加工速度相对切削加工而言是很低的,所以,从提高生产率、降低成本方面考虑,一般情况下凡能采用切削加工时,就尽可能不要采用电火花加工。归纳起来,电火花加工有如下特点。

1) 适用于无法采用刀具切削或切削加工十分困难的场合,如航天、航空领域的众多发动机零件、蜂窝密封结构件、深窄槽及狭缝等加工,特别适宜于加工弱刚度、薄壁工件的复杂外形,异型孔以及形状复杂的型腔模具、弯曲孔等。

2) 加工时,工具电极与工件并不直接接触,两者之间宏观作用力极小,工具电极不必比工件材料硬,因此工具电极制造容易。

3) 直接利用电能进行加工,易于实现加工过程的自动控制及实现无人化操作,并可减少机械加工工序,加工周期短,劳动强度低,使用维护方便。

4) 由于火花放电时工件与电极均会被蚀除,因此电极的损耗对加工形状及尺寸精度的影响比切削加工时刀具的影响要大。电火花成形加工时电极损耗的影响又比线切割加工时大,这点在选择加工方式时应予以充分考虑。

3.1.2 电火花加工的原理

电火花加工的原理是基于工具和工件(正、负电极)之间脉冲性火花放电时的电腐蚀现象来蚀除多余的金属,以达到对零件的尺寸、形状及表面质量预定的加工要求。研究结果表明,电火花腐蚀的主要原因是:电火花放电时火花通道中瞬时产生大量的热,达到很高的温度,足以使任何金属材料局部熔化、气化而被蚀除掉,形成放电凹坑。要利用电腐蚀现象对金属材料进行尺寸加工应具备以下条件。

1) 必须使工具电极和工件被加工表面之间经常保持一定的放电间隙,这一间隙由加工条件而定,通常约为几微米至几百微米。如果间隙过大,极间电压不能击穿极间介质,因而不会产生火花放电;如果间隙过小,很容易形成短路接触,同样也不能产生火花放电。为此,在电火花加工过程中必须具有工具电极的自动进给和调节装置,使其和工件保持合适的放电间隙。

2) 两极之间应充入有一定绝缘性能的介质。对导电材料进行加工时,两极间为液体介质;进行材料表面强化时,两极间为气体介质。

液体介质又称工作液,必须具有较高的绝缘强度(10^3~10^7 Ω·cm),如煤油、皂化液或去离子水等,以有利于产生脉冲性的火花放电。同时,液体介质还能把电火花加工过程中产生的金属小屑、炭黑等电蚀产物从放电间隙中悬浮排除出去,并且对电极和工件表面有较好的冷却作用。

3) 火花放电必须是瞬时的脉冲性放电,放电延续一段时间后(1~1 000 μs),需停歇一段时间(50~100 μs)。这样才能使放电所产生的热量来不及传导扩散到其余部分,把每一次的放电蚀除点分别局限在很小的范围内;否则,会形成电弧放电,使工件表面烧伤而无法用作尺寸加工。为此,电火花加工必须采用脉冲电源。图 3-1 所示为脉冲电源的空载电压波形。

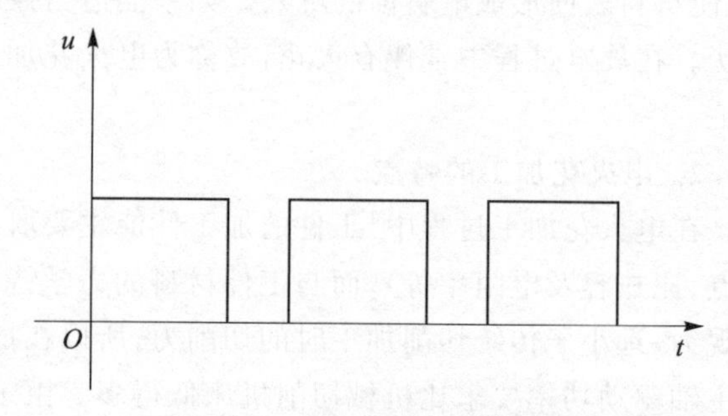

图 3-1 脉冲电源电压波形图

以上这些问题的综合解决,是通过图 3-2 所示的电火花加工系统来实现的。工件 1 与工具 4 分别与脉冲电源 2 的两输出端相连接。自动进给调节装置 3(此处为电动机及丝杆螺母机构)使工具和工件间经常保持一个很小的放电间隙,当脉冲电压加到两极之间,便在当时条件下相对某一间隙最小处或绝缘强度最低处击穿介质,在该局部产生火花放电,瞬时高温使工具和工件表面都蚀除掉一小部分金属,各自形成一个小凹坑,如图 3-3 所示。其中左图表示单个脉冲放电后的电蚀坑,右图表示多次脉冲放电后的电极表面。脉冲放电结束后,经过一段间隔时间(脉冲间隔 t_o),使工作液恢复绝缘后,第二个脉冲电压又加到两极上,又会在当时极间距离相对最近或绝缘强度最弱处击穿放电,又电蚀出一个小凹坑。就这样以相当高的频率,连续不断地重复放电,工具电极不断地向工件进给,就可将工具的形状复制在工件上,加工出所需要的零件,整个加工表面将由无数个小凹坑组成。

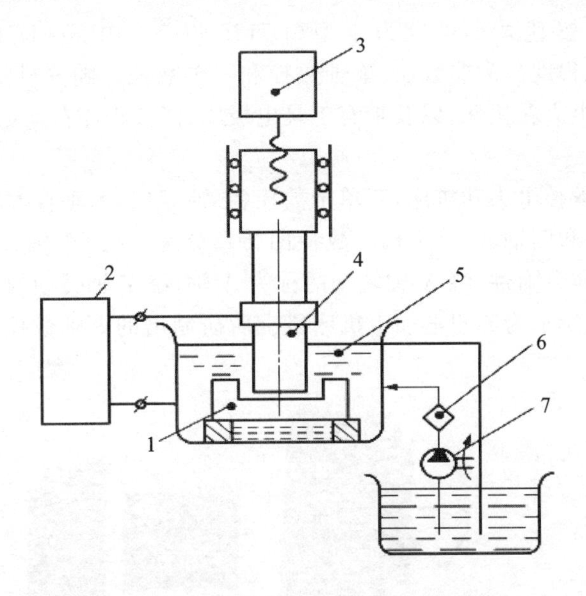

1—工件；2—脉冲电源；3—自动进给调节装置；
4—工具；5—工作液；6—过滤器；7—工作液泵

图 3-2　电火花加工系统原理示意图

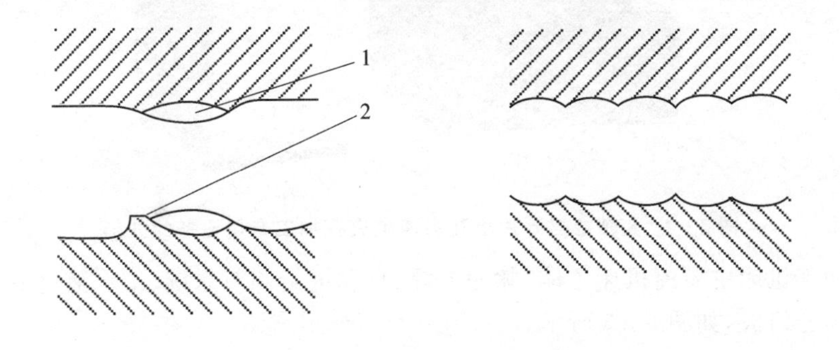

1—凹坑；2—凸边

图 3-3　电火花加工表面局部放大图

3.1.3　电火花加工机床

我国国家标准规定，电火花成形机床均用 D71 加上机床工作台面宽度的 1/10 表示。例如 D7132 中，D 表示电加工成形机床（若该机床为数控电加工机床，则在 D 后加 K，即 DK）；71 表示电火花成形机床；32 表示机床工作台的宽度为 320 mm。电火花加工工艺及机床设备的类型较多，但按工艺过程中工具与工件相对运动的特点和用途大致可以分为六大类，其中应用最广、数量较多的是电火花穿孔成形加工机床和电火花线切割机床。本章先介绍电火花穿孔成形加工机床，电火花线切割机床将在后面介绍。

在中国内地以外地区和其他国家，电火花加工机床的型号没有采用统一标准，由各个生产企业自行确定，如日本沙迪克（Sodick）公司生产的 A3R、A10R，瑞士夏米尔（Charmilles）技术公司的 ROBOFORM20/30/35，中国台湾乔懋机电工业股份有限公司的 JM322/430，北京阿奇工业电子有限公司的 SF100 等。

电火花加工机床按其大小可分为小型(D7125 以下)、中型(D7125～D7163)和大型(D7163 以上);按数控程度分为非数控、单轴数控和三轴数控。随着科学技术的进步,已经能大批生产三坐标数控电火花机床,以及带有工具电极库、能按程序自动更换电极的电火花加工中心。

目前我国生产的数控电火花机床,有单轴数控(主轴 Z 向,为垂直方向)、三轴数控(主轴 Z 向、水平轴 X、Y 方向)和四轴数控(主轴能数控回转及分度,称为 C 轴,加 Z、X、Y),如果在工作台上加双轴数控回转台附件(绕 X 轴转动的称为 A 轴,绕 Y 轴转动的称为 B 轴),这称为六轴数控机床。图 3-4 所示为苏州电加工机床研究所研制出的 8 轴数控叶片小孔高速电火花加工专用设备。

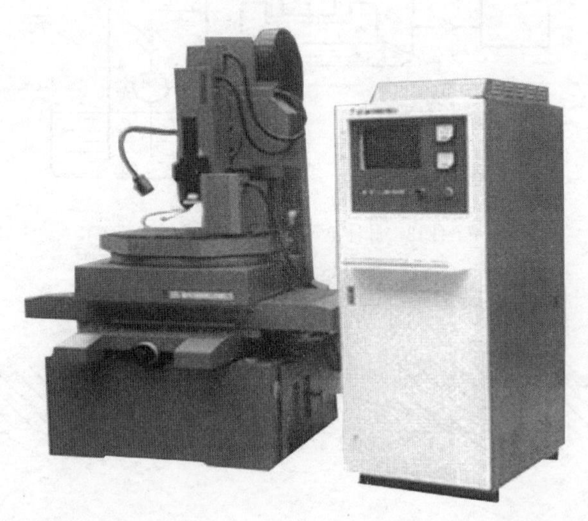

图 3-4　8 轴数控叶片小孔高速电火花加工专用设备的外形

电火花加工机床主要由机床主体、脉冲电源、自动进给调节系统、工作液过滤和循环系统、数控系统等部分组成,如图 3-5 所示。

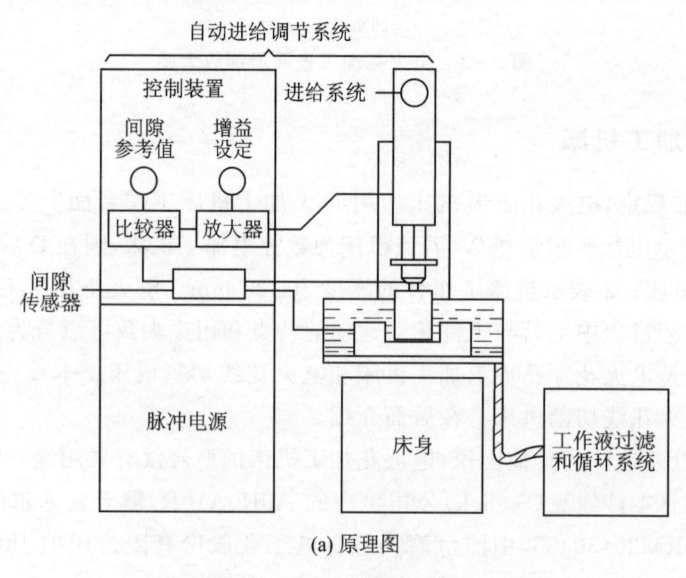

(a) 原理图

图 3-5　电火花加工机床

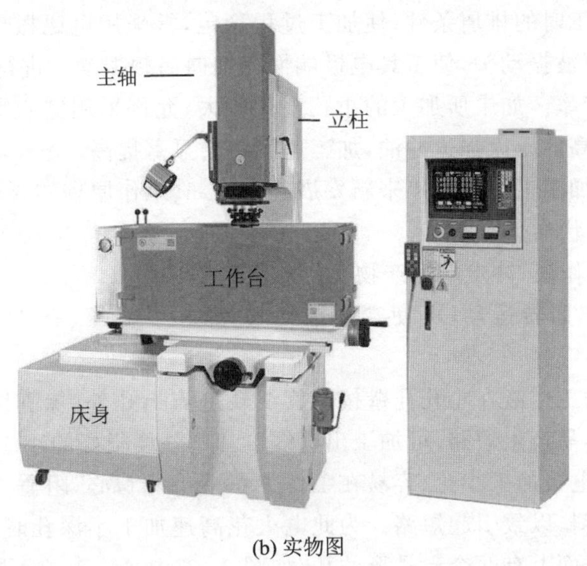

(b) 实物图

图 3-5　电火花加工机床(续)

3.1.4　电火花成形加工的应用

电火花成形加工是用工具电极对工件进行复制加工的工艺方法，主要分为穿孔加工和型腔加工两大类。电火花成形加工的应用又分为冲模(包括凸凹模)、粉末冶金模、型孔零件、小孔和深孔等。

1. 冲模的电火花加工

电火花加工的冲模是生产上应用较多的一种模具，由于形状复杂和尺寸精度要求高，所以它的制造已成为生产上关键技术之一。特别是凹模，应用一般的机械加工是困难的，在某些情况下甚至不可能，而靠钳工加工则劳动量大，质量不易保证，还常因淬火变形而报废，采用电火花加工或线切割加工能较好地解决这些问题。冲模采用电火花加工工艺比机械加工有如下优点：

① 可以在工件淬火后进行加工，避免了热处理变形的影响。

② 冲模的配合间隙均匀，刃口耐磨，提高了模具质量。

③ 不受材料硬度的限制，可以加工硬质合金等冲模，扩大了模具材料的选用范围。

④ 对于中、小型复杂的凹模可以不用镶拼结构，而采用整体式，简化了模具的结构，提高了模具强度。

2. 小孔电火花加工

小孔加工也是电火花穿孔成形加工的一种应用，尤其是对于硬质合金、耐热合金等特殊材料而言。小孔加工的特点是：

① 加工面积小，深度大，直径一般为 0.05～2 mm，深径比达 20 以上。

② 小孔加工均为盲孔加工，排屑困难。

小孔加工由于工具电极截面积小，容易变形；不易散热，排屑又困难，因此电极损耗大。工具电极应选择刚性好、容易矫直、加工稳定性好和损耗小的材料，如铜钨合金丝、钨丝、钼丝、铜丝等。加工时为了避免电极弯曲变形，还需设置工具电极的导向装置。

为了改善小孔加工时的排屑条件，使加工过程稳定，常采用电磁振动头，使工具电极丝沿轴向振动，或采用超声波振动头，使工具电极端面有轴向高频振动。进行电火花超声波复合加工，可以大大提高生产率。如果所加工的小孔直径较大，允许采用空心电极(如空心不锈钢管或铜管)，则可以用较高的压力强迫冲油，加工速度将会显著提高。

电火花高速小孔加工工艺是近年来新发展起来的，其工作原理的要点有3个：

① 采用中空的管状电极。

② 管中通高压工作液，冲走电蚀产物。

③ 加工时电极作回转运动，可使端面损耗均匀，不受高压、高速工作液的反作用力而偏斜。

相反，高压流动的工作液在小孔孔壁按螺旋线轨迹流出孔外，像静压轴承那样，使工具电极管“悬浮”在孔心，不易产生短路，可加工出直线度和圆柱度很好的小深孔。

用一般空心管状电极加工小孔，容易在工件上留下毛刺料心，阻碍工作液的高速流通，且电极过长过细时会歪斜，以致引起短路。为此电火花高速加工小深孔时采用专业厂特殊冷拔的双孔管状电极，其截面上有两个半月形的孔，如图3-6中A—A放大断面图形所示，加工中电极转动时，工件孔中不会留下毛刺料芯。加工时工具电极作轴向进给运动，管电极中通入1～5 MPa的高压工作液(自来水、去离子水、蒸馏水、乳化液或煤油)。由于高压工作液能迅速将电极产物排除，且能强化火花放电的蚀除作用，因此这一加工方法的最大特点是加工速度高，一般小孔加工速度可达20～60 mm/min，比普通钻削小孔的速度还要快。这种加工方法最适合加工直径为0.3～3 mm的小孔，且深径比可达到300。

图3-7所示是这类高速电火花小深孔加工机床，现已被应用于加工线切割零件的预穿丝孔、喷嘴，以及耐热合金等难加工材料的小、深、斜孔加工中，并且会日益扩大其应用领域。

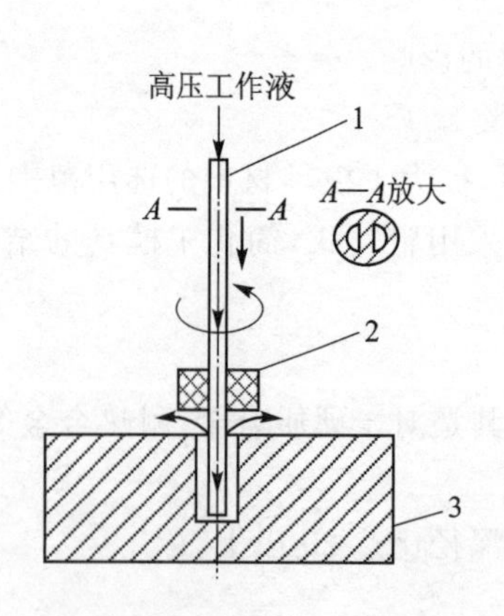

1—管电极；2—导向器；3—工件

图3-6 电火花高速小孔加工原理示意图

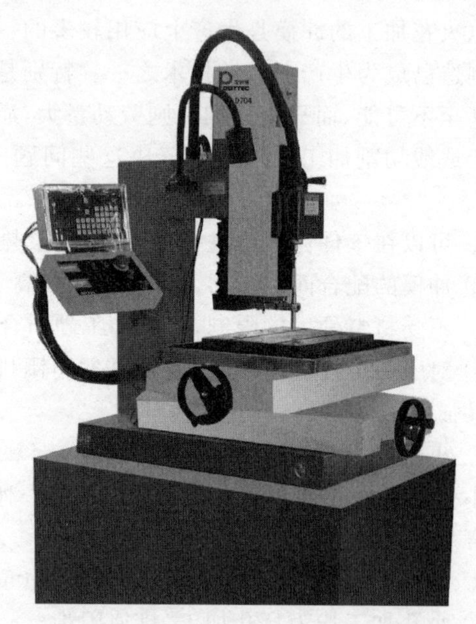

图3-7 高速电火花加工小孔机床外形

3. 异型小孔的电火花加工

电火花加工不但能加工圆形小孔，而且能加工多种异型小孔。图 3－8 所示为化纤喷丝板常用的 Y 形、十字形、米字形等各种异型小孔的孔形。

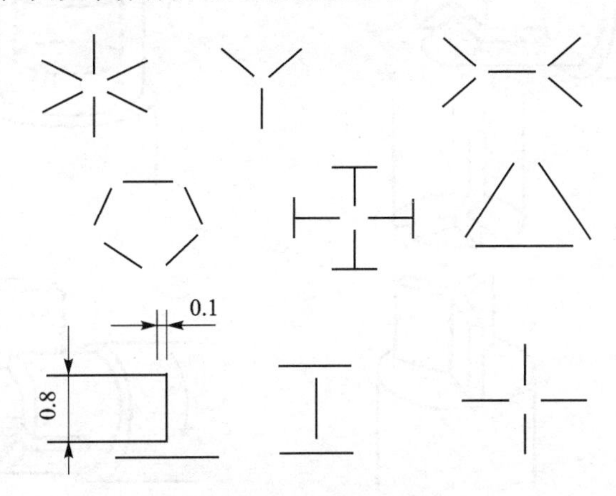

图 3－8　各种异型小孔的孔形

加工微细而又复杂的异型小孔，加工情况与圆形小孔加工基本一样，关键是异型电极的制造，其次是异型电极的装夹，还要求机床自动控制系统更加灵敏。制造异型小孔电极，主要有下面几种方法。

(1) 冷拔整体电极法

采用电火花线切割加工工艺并配合钳工修磨制成异型电极的硬质合金拉丝模，然后用该模具拉制成 Y 形、十字形等异型截面的电极。这种方法效率高，适用于较大批量生产。

(2) 电火花线切割加工整体电极法

利用精密电火花线切割加工制成整体异型电极。这种方法的制造周期短、精度和刚度较好，适用于单件、小批量试制。

(3) 电火花反拷加工整体电极法

用这种方法制造的电极，定位、装夹均方便且误差小，但生产效率较低。图 3－9 所示为电火花反拷加工制造异型电极的示意图。

4. 型腔模的电火花加工

(1) 型腔模电火花加工的工艺方法

型腔模包括锻模、压铸模、胶木膜、塑料模、挤压模等。它的加工比较困难，由于均是盲孔加工，工作液循环和电蚀产物排除条件差，工具电极损耗后无法靠主轴进给补偿精度，金属蚀除量大；其次是加工面积变化大，加工过程中电规准的变化范围也较大，又因型腔模形状复杂，电极损耗不均匀，对加工精度影响也很大。因此，对型腔模的电火花加工，既要求蚀除量大，加工速度高，又要求电极损耗低，并保证所要求的精度和表面粗糙度。

型腔模电火花加工主要有单电极平动法、多电极更换法和分解电极加工法等。

1) 单电极平动法

单电极平动法在型腔模电火花加工中应用最广泛。它是采用一个电极完成型腔的粗、中、精加工的。平动头的动作原理是：利用偏心机构将伺服电机的旋转运动，通过平动轨迹保持机构转化成电极上每一个质点都能围绕其原始位置在水平面内作平面小圆周运动，许多小圆的

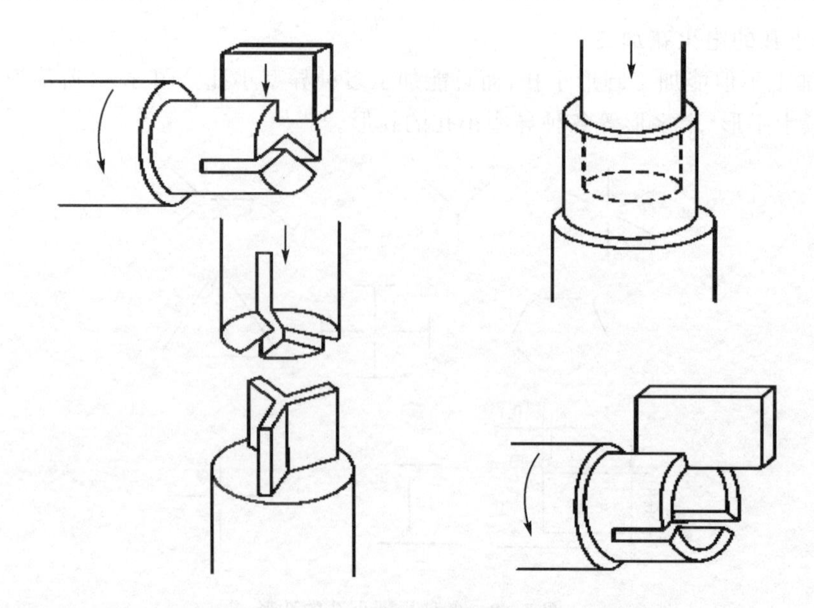

图 3-9　电火花反拷加工制造异型电极的示意图

外包络线就形成加工型腔，从而进行“仿形”加工，如图 3-10 所示。

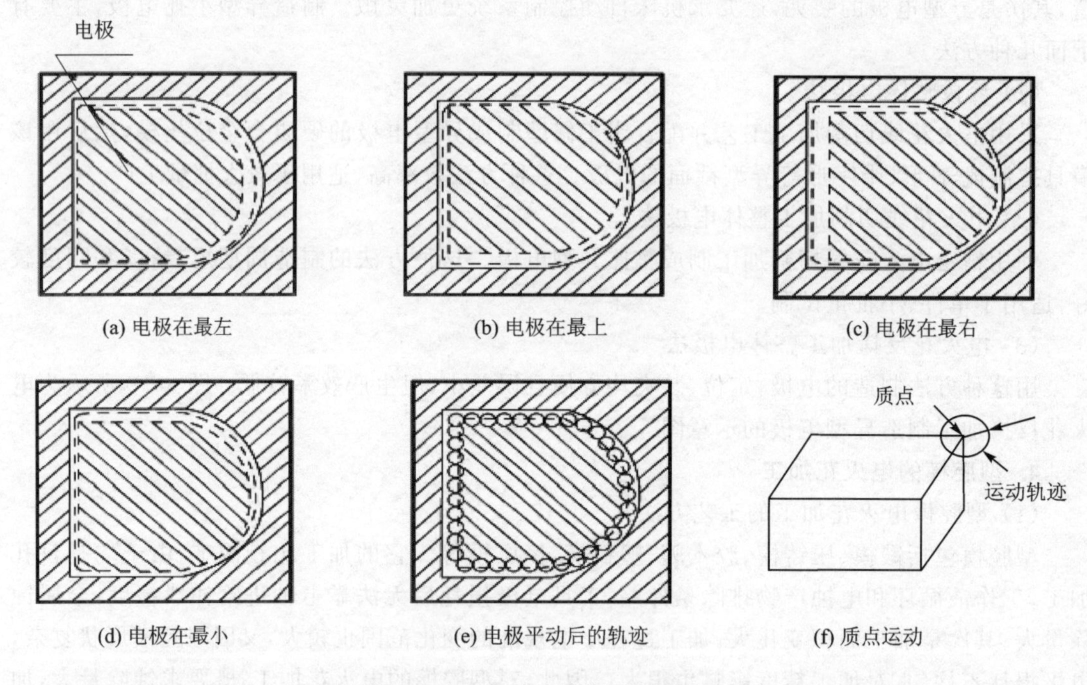

图 3-10　平动头扩大间隙原理图

2）多电极更换法

多电极更换法是采用多个电极依次更换加工同一个型腔，每个电极加工时必须把上一规准的放电痕迹去掉。一般用两个电极进行粗、精加工就可满足要求；当型腔模的精度和表面质量要求很高时，才采用 3 个或更多个电极进行加工，但要求多个电极的一致性好、制造精度高；另外，更换电极时要求定位装夹精度高，因此一般只用于精密型腔的加工，例如盒式磁带、收录机、电视机等机壳的模具,都是用多个电极加工出来的。

3)分解电极法

分解电极法是单电极平动加工法和多电极更换加工法的综合应用。它工艺灵活性强,仿形精度高,适用于尖角窄缝、沉孔、深槽多的复杂型腔模具加工。根据型腔的几何形状,把电极分解成主型腔和副型腔电极分别制造。先加工出主型腔,后用副型腔电极加工尖角、窄缝等部位的副型腔。此方法的优点是可以根据主、副型腔不同的加工条件,选择不同的加工规准,有利于提高加工速度和改善加工表面质量;同时还可以简化电极制造,便于修整电极。缺点是更换电极时主型腔和副型腔电极之间要求有精确的定位。近年来国外已广泛采用像加工中心那样具有电极库的3～5坐标数控电火花机床,事先把复杂型腔分解为简单表面和相应的简单电极,编制好程序,加工过程中自动更换电极和转换规准,实现复杂型腔的加工。同时配合一套高精度辅助工具、夹具系统,可以大大提高电极的装夹定位精度,使采用分解电极法加工的模具精度大为提高。

(2)型腔模工具电极

1)电极材料的选择

为了提高型腔模的加工精度,在电极方面,首先是寻找耐蚀性高的电极材料,如纯铜、铜钨合金、银钨合金以及石墨电极等。由于铜钨合金和银钨合金的成本高,电极成形加工比较困难,故采用的较少,常用的为纯铜和石墨,这两种材料的共同特点是在宽脉冲粗加工时都能实现低损耗。纯铜有如下优点:

① 不容易产生电弧,在较困难的条件下也能稳定加工。

② 精加工比石墨电极损耗小。

③ 采用精微加工能达到优于 Ra 值为1.25 μm的表面粗糙度。

④ 经锻造后还可做其他型腔加工用的电极,材料利用率高,但其机械加工性能不如石墨好。

石墨电极的优点是:

① 机械加工成形容易,便于修正。

② 电火花加工的性能也很好,在宽脉冲大电流情况下具有更小的电极损耗。石墨电极的缺点是容易产生电弧烧伤,精加工时电极损耗较大,表面粗糙度 Ra 只能达到2.5 μm。对石墨电极材料的要求是颗粒小、组织细密、各向同性、强度高和导电性好。

2)排气孔和冲油孔设计

型腔加工一般均为盲孔加工,排气、排屑状况的恶化将直接影响加工速度、稳定性和表面质量。一般情况下,在不易排屑的拐角、窄缝处应开有冲油孔;而在蚀除面积较大以及电极端部有凹入的部位开排气孔。冲油孔和排气孔的直径应小于工具的平动量,一般为 $\phi1$～$\phi2$ mm。若孔径过大,则加工后残留物凸起太大,不易清除。孔的数目应以不产生蚀除物堆积为宜。孔距在20～40 mm之间,孔要适当错开。

(3)工作液强迫循环的应用

在型腔加工中,当型腔较浅时采用排气孔,使电蚀产物及气体从孔中排出,尚可满足工艺要求;但当型腔小而较深时,光靠电极上的排气孔,不足以使电蚀产物、气体及时排出,往往需要采用强迫冲油。这时电极上应开有冲油孔。

采用的冲油压力一般为20 kPa左右,可随深度的增加而有所增加。冲油对电极损耗有影响，随着冲油压力的增加，电极损耗也增加。这是因为冲油压力增加后，对电极表面的冲刷力也增加，因而使电蚀产物不易反粘到电极表面以补偿其损耗。同时由于游离碳浓度随冲油而降低，因而影响了炭黑膜的生成。如果因电极局部冲刷、流场和反粘不均，导致黑膜厚度不同，将会严重影响加工精度，因此冲油压力和流速不宜过高。

对要求很高的模具（如精锻齿轮的锻模），为保证加工精度，往往不采用冲油而采用定时抬刀的方法来排除电蚀产物，以减少工具电极的损耗对加工精度的影响，但生产率有所降低。

3.2 电火花线切割加工

3.2.1 概 述

电火花线切割加工（Wire Cut EDM，WCEDM）是在电火花加工基础上发展起来的一种新的工艺形式，是用线状电极（钼丝或铜丝等）依靠火花放电对工件进行切割加工，故称为电火花线切割，简称线切割。线切割加工技术已经得到了迅速发展，逐步成为一种高精度和高自动化的加工方法，在模具、各种难加工材料、成形刀具和复杂表面零件的加工等方面得到了广泛应用。

20世纪中期，苏联拉扎林科夫妇发明了电火花加工方法，开创了制造技术的新局面，并于1955年制成了电火花线切割机床，瑞士于1968年制成了NC方式的电火花线切割机床。电火花线切割加工历经半个多世纪的发展，已经成为先进制造技术领域的重要组成部分。电火花线切割加工不需要制作成形电极，能方便地加工形状复杂、厚度大的工件，工件材料的预加工量小，因此在模具制造、新产品试制和零件加工中得到了广泛应用。尤其是进入20世纪90年代后，随着信息技术、网络技术、航空航天技术、材料科学技术等高新技术的发展，电火花线切割加工技术也朝着更深层次、更高水平的方向发展。

我国是国际上开展电火花加工技术研究较早的国家之一，20世纪50年代后期先后研制了电火花穿孔机床和线切割机床。线切割加工机床经历了靠模仿形、光电跟踪、简易数控等发展阶段，在上海张维良高级技师发明了世界独创的快速走丝线切割技术后，出现了众多形式的数控线切割机床，线切割加工技术突飞猛进，全国的线切割机床拥有量突破了万台大关，为我国国民经济，特别是模具工业的发展做出了巨大的贡献。随着精密模具需求的增加，对线切割加工的精度要求愈来愈高，快速走丝线切割机床目前的结构与其配置已无法满足生产的精度要求。在大量引进国外慢走丝精密线切割机床的同时，也开始了国产慢走丝机床的研制工作，至今已有多种国产慢走丝线切割机床问世。我国的线切割加工技术的发展要高于电火花成形加工技术，如在国际市场上除高速走丝技术外，我国还陆续推出了大厚度（≥300 mm）及超大厚度（≥600 mm）线切割机床，在大型模具与工件的线切割加工方面，发挥了巨大的作用，拓宽了线切割工艺的应用范围，在国际上处于先进水平。

3.2.2 电火花线切割加工的特点

电火花线切割加工过程的工艺和机理，与电火花穿孔成形加工既有共性，又有特性。电火花线切割加工归纳起来有以下一些特点。

1. 电火花线切割加工与电火花成形加工的共性表现

1）线切割加工的电压、电流波形与电火花加工的基本相似。单个脉冲也有多种形式的放电状态，如开路、正常火花放电、短路等。

2）线切割加工的加工机理、生产率、表面粗糙度等工艺规律，材料的可加工性等也都与电火花加工基本相似，可以加工硬质合金等一切导电材料。

2. 线切割加工相比于电火花加工的不同特点表现

1）它以0.03～0.35 mm的金属丝作为电极工具，不需要制造特定形状的电极。省掉了成形的工具电极，大大降低了成形工具电极的设计和制造费用，用简单的工具电极，靠数控技术实现复杂的切割轨迹，缩短了生产准备时间，加工周期短，这不仅对新产品的试制很有意义，对大批量生产也增加了快速性和柔性。

2）虽然加工的对象主要是平面形状，但是除了有金属丝直径决定的内最小直径R（金属线半径＋放电间隙）限制外，任何复杂的形状都可以加工。无论被加工工件的硬度如何，只要是导体或半导体的材料都能实现加工。

3）轮廓加工所需加工的余量少，能有效地节约贵重的材料。由于电极丝比较细，可以加工微细异型孔、窄缝和复杂形状的工件。由于切缝很窄，且只对工件材料进行“套料”加工，实际金属去除量很少，材料的利用率很高，这对加工、节约贵重金属有着重要意义。

4）可忽视电极丝损耗（高速走丝线切割采用低损耗脉冲电源；慢速走丝线切割采用单向连续供丝，在加工区总是保持新电极丝加工），加工精度高。由于采用移动的长电极丝进行加工，使单位长度电极丝的损耗较少，从而对加工精度的影响比较小，特别在低速走丝线切割加工时，电极丝一次性使用，电极丝损耗对加工精度的影响更小。由于电火花线切割加工有许多突出的长处，因而在国内外发展都较快，已获得了广泛的应用。

5）电极与工件之间存在着“疏松接触”式轻压放电现象。近年来的研究结果表明，当柔性电极丝与工件接近到通常认为的放电间隙（如8～10 μm）时，并不发生火花放电，甚至当电极丝已接触到工件，从显微镜中已看不到间隙时，也常常看不到火花。只有当工件将电极丝顶弯，偏移一定距离（几微米到几十微米）时，才发生正常的火花放电。即每进给1 μm，放电间隙并不减小1 μm，而是钼丝增加一点张力，向工件增加一点侧向压力，只有电极丝和工件之间保持一定的轻微接触压力，才形成火花放电。可以认为，在电极丝和工件之间存在着某种电化学产生的绝缘薄膜介质，当电极丝被顶弯所造成的压力和电极丝相对工件的移动摩擦使这种介质减薄到可被击穿的程度，才发生火花放电。放电发生之后产生的爆炸力可能使电极丝局部振动而脱离接触，但宏观上仍是轻压放电。

6）采用乳化液或去离子水的工作液，不必担心发生火灾，可以昼夜无人连续加工。采用水或水基工作液，不会引燃起火，容易实现安全无人运转，但由于工作液的电阻率远比煤油小，因而在开路状态下，仍有明显的电解电流。电解效应稍有益于改善加工表面粗糙度。

7）一般没有稳定电弧放电状态。因为电极丝与工件始终有相对运动，尤其是快速走丝电火花线切割加工，因此，线切割加工的间隙状态可以认为是由正常火花放电、开路和短路这3种状态组成，但往往在单个脉冲内有多种放电状态，有“微开路”“微短路”现象。

8）任何复杂形状的零件，只要能编制加工程序就可以进行加工，因而很适合小批量零件和试制品的生产加工，加工周期短，应用灵活。

9）依靠微型计算机控制电极丝轨迹和间隙补偿功能，同时加工凹凸两种模具时，间隙可任意调节。采用四轴联动，可加工上、下面异型体，形状扭曲曲面体，变锥度和球形体等零件。

10）由于电极工具是直径较小的细丝，故脉冲宽度、平均电流等不能太大，加工工艺参数的范围较小，属中、精正极性电火花加工，工件常接脉冲电源正极。

3.2.3 电火花线切割加工的应用范围

线切割加工为新产品试制、精密零件加工及模具制造等开辟了一条新的工艺途径，主要应用于以下几个方面。

1. 试制新产品及零件加工

在新产品开发过程中需要单件的样品，使用线切割直接切割出零件，例如试制切割特殊微电机硅钢片定转子铁心，由于不需另行制造模具，可大大缩短制造周期、降低成本。又如在冲压生产时，未制造落料模时，先用线切割加工的试样进行成形等后续加工，得到验证后再制造落料模。另外，修改设计、变更加工程序比较方便，加工薄件时还可多片叠在一起加工。在零件制造方面，可用于加工品种多，数量少的零件，特殊难加工材料的零件，材料试验件，各种型孔、型面、特殊齿轮、凸轮、样板、成形刀具。有些具有锥度切割的线切割机床，可以加工出“天圆地方”等上下异型面的零件，同时还可进行微细加工，异型槽和标准缺陷的加工等。

2. 加工特殊材料

切割某些高硬度、高熔点的金属时，使用机加工的方法几乎是不可能的，而采用线切割加工既经济又能保证精度。电火花成形加工用的电极、一般穿孔加工用的电极、带锥度型腔加工用的电极以及铜钨、银钨合金之类的电极材料，用线切割加工特别经济，同时也适用于加工微细复杂形状的电极。

3. 加工模具零件

电火花线切割加工主要应用于冲模、挤压模、塑料模、电火花型腔模的电极加工等。由于电火花线切割加工机床加工速度和精度的迅速提高，目前已达到可与坐标磨床相竞争的程度。例如，中小型冲模，材料为模具钢，过去用分开模和曲线磨削的方法加工，现在改用电火花线切割整体加工的方法，制造周期可缩短3/4～4/5，成本降低2/3～3/4，配合精度高，不需要熟练的操作工人。因此，一些工业发达国家的精密冲模的磨削等工序，已被电火花和电火花线切割加工所代替。表3－1列出了电火花线切割加工的应用领域。

表3－1 电火花线切割加工的应用领域

<table>
<tr><td rowspan="6">电火花线切割加工</td><td>平面形状的金属模加工</td><td>冲模、粉末冶金模、拉拔模、挤压模的加工</td></tr>
<tr><td>立体形状的金属模加工</td><td>冲模用凹模的退刀槽加工、塑料用金属压模、塑料膜等分离面加工</td></tr>
<tr><td>电火花成形加工用电极制作</td><td>形状复杂的微细电极的加工、一般穿孔用电极的加工、带锥度型模电极的加工</td></tr>
<tr><td>试制品及零件加工</td><td>试制零件的直接加工、批量小品种多的零件加工、特殊材料的零件加工、材料试件的加工</td></tr>
<tr><td>轮廓量规的加工</td><td>各种卡板量具的加工、凸轮及模板的加工、成形车刀的成形加工</td></tr>
<tr><td>微细加工</td><td>化纤喷嘴加工、异型槽和窄槽加工、标准缺陷加工</td></tr>
</table>

3.2.4　电火花线切割加工原理

电火花线切割加工与电火花成形加工的基本原理一样，都是基于电极间脉冲放电时的电火花腐蚀原理，实现零部件的加工。所不同的是，电火花线切割加工不需要制造复杂的成形电极，而是利用移动的细金属丝（钼丝或铜丝）作为工具电极，工件按照预定的轨迹运动，"切割"出所需的各种尺寸和形状。根据电极丝的运行速度，电火花线切割机床通常分为两大类：高速走丝（或称快走丝）电火花线切割机床（WEDM - HS），低速走丝（或称慢走丝）电火花线切割机床（WEDM - LS）。

1. 高速走丝电火花线切割加工原理

高速走丝（或称快走丝）电火花线切割机床（WEDM - HS），是我国生产和使用的主要机种，也是我国独创的电火花线切割加工模式。这类机床的电极丝（钼丝）作高速往复运动，一般走丝速度为8～10 m/s。图3 - 11（a）、（b）所示为高速走丝电火花线切割工艺及装置的示意图，是利用细钼丝4作为工具电极进行切割，钼丝穿过工件上预钻好的小孔，经导向轮5由储丝筒7带动钼丝作正反向交替移动，加工能源由脉冲电源3供给。工件安装在工作台上，由数控装置按加工要求发出指令，控制2台步进电机带动工作台在水平 X、Y 两个坐标方向移动从而合成各种曲线轨迹，把工件切割成形。在加工时，由喷嘴将工作液以一定的压力喷向加工区，当脉冲电压击穿电极丝和工件之间的放电间隙时，两极之间即产生火花放电而蚀除工件。

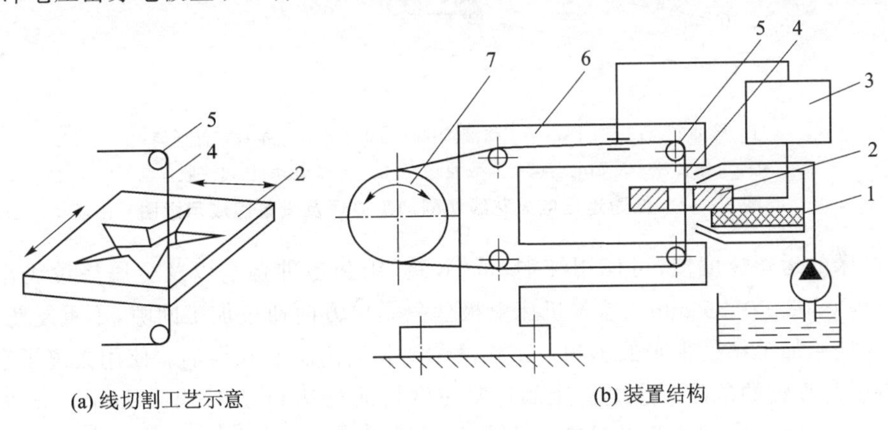

(a) 线切割工艺示意　　(b) 装置结构

1—绝缘底板；2—工件；3—脉冲电源；4—钼丝；5—导向轮；6—支架；7—储丝筒

图3 - 11　高速走丝电火花线切割加工原理

这类机床的电极丝运行速度快，而且是双向往返循环地运行，即成千上万次的反复通过加工间隙，一直使用到断线为止。电极丝主要是钼丝（0.1～0.2 mm），工作液通常采用乳化液，也可采用矿物油（易产生火灾，适用于低切割速度）、去离子水等。由于电极丝的快速运动能将工作液带进狭窄的加工间隙，以保持加工间隙的"清洁"状态，有利于切割速度的提高。相对来说，高速走丝电火花线切割机床结构比较简单，价格比低速走丝机床便宜。但是由于它的运丝速度快、机床的振动较大，电极丝的振动也大，导丝导轮损耗也大，给提高加工精度带来较大的困难。另外，电极丝在加工反复运行中的放电损耗也是不能忽视的，因而要得到高精度的加工和维持加工精度也是相当困难的。目前能达到的精度为0.01 mm，表面粗糙度 Ra 为0.63～1.25 μm，但一般的加工精度为0.015～0.02 mm，表面粗糙度 Ra 为1.25～2.5 μm，可满足一般模具的要求。目前我国国内制造和使用的电火花线切割机床大多为高速走丝电火花线切割机床。

2. 低速走丝电火花线切割加工原理

低速走丝(或称慢走丝)电火花线切割机床(WEDM－LS),是国外生产和使用的主要机种,我国已生产和逐步采用慢走丝机床。这类机床的电极丝作低速单向运动,一般走丝速度低于0.2 m/s。慢速走丝电火花线切割加工是利用铜丝做电极丝,靠火花放电对工件进行切割,图3－12所示为低速走丝电火花线切割工艺及装置的示意图。在加工中,电极丝一方面相对工件2不断做上(下)单向移动;另一方面,安装工件的工作台7,由数控伺服X轴电动机8、Y轴电动机10驱动下,在X、Y轴实现切割进给,使电极丝沿加工图形的轨迹,对工件进行加工。它在电极丝和工件之间加上脉冲电源1,同时在电极丝和工件之间浇注去离子水工作液,不断产生火花放电,使工件不断被电腐蚀,可控制完成工件的尺寸加工。经导向轮由储丝筒6带动电极丝相对工件2做单向移动。

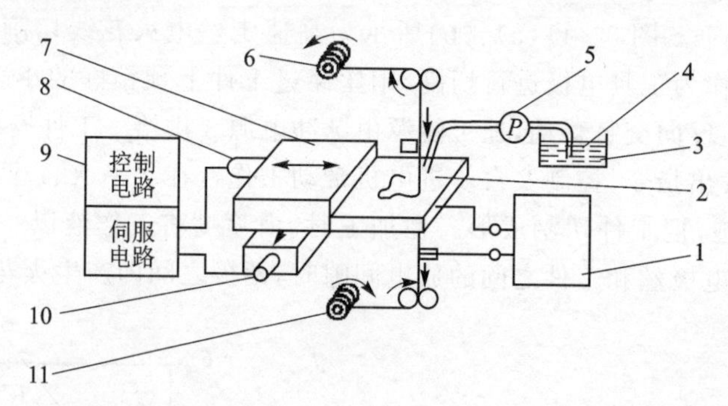

1—脉冲电源;2—工件;3—工作液箱;4—去离子水;5—泵;6—储丝筒;
7—工作台;8—X轴电动机;9—数控装置;10—Y轴电动机;11—收丝筒

图3－12　低速走丝电火花线切割加工原理及设备组成示意图

这类机床的运丝速度慢,可使用纯铜、黄铜、钨、钼和各种合金以及金属涂覆线作为电极丝,其直径为0.03～0.35 mm。这种机床电极丝只是单方向通过加工间隙,不重复使用,可避免电极丝损耗给加工精度带来的影响。工作液主要是去离子水和煤油。使用去离子水工作效率高,没有引起火灾的危险。这类机床的切割速度目前已达到350～400 mm/min,最佳表面粗糙度Ra可达到0.05 μm,尺寸精度大为提高,加工精度能达到±0.001 mm,但一般的加工精度为0.002～0.005 mm,表面粗糙度为0.03 μm。低速走丝电火花线切割加工机床由于解决了能自动卸除加工废料、自动搬运工件、自动穿电极丝和自适应控制技术的应用,因而已能实现无人操作的加工。但低速走丝电火花线切割加工机床在目前的造价,以及加工成本均要比高速走丝数控电火花线切割机床高得多。

电火花线切割机床按控制方式过去曾有仿型控制和光电跟踪控制,但现在都采用数字程序控制;按加工尺寸范围可分为大、中、小型;还可分为普通型与专用型等。目前国内外的线切割机床采用不同水平的微机数控系统,从单片机、单板机到微型计算机系统,一般都还有自动编程功能。

3.2.5　电火花线切割的应用

电火花线切割加工已经广泛地应用于国防、民用生产和科研工作中,用于加工各种难加工材料、复杂表面和有特殊要求的零件、刀具和模具等。线切割加工是直线电极的展成加工，工件形状是通过控制电极丝和滑板之间的相对坐标运动来保证的。不同的数控机床所能控制的坐标轴数和坐标轴的设置方式不同，从而加工工件的范围也不同。

1. 直壁二维型面的线切割加工

国产高速走丝线切割加工机床一般都采用 X、Y 两直角坐标轴，可以加工出各种复杂轮廓的二维零件。这类机床只有工作台 X、Y 两个数控轴，钼丝在切割时始终处于垂直状态，因此只能切割直上直下的直壁二维图形曲面，常用以切割直壁没有落料角（无锥度）的冲模和工具电极。它结构简单、价格便宜，由于调整环节少，故可控精度较高，早期绝大多数的线切割机床都属于这类产品。

2. 等锥角三维曲面切割加工

在这类机床上除工作台有 X、Y 两个数控轴外，在上丝架上还有一个小型工作台 U、V 两个数控轴，使电极丝（钼丝）上端可作倾斜移动，从而切割出倾斜有锥度的表面。由于 X、Y 和 U、V 四个数控轴是同步、成比例的，因此切割出的斜度（锥度）是相等的，可以用来切割有落料角的冲模。现在生产的大多数高速走丝线切割机床都属于此类机床。可调节的锥度最早只有 3°～10°，现在已经达到 30°，甚至 60°以上。

3. 变锥度、上下异型面切割加工

在上下异型面切割加工中，轨迹控制的主要内容是电极丝中心轨迹计算、上下丝架投影轨迹计算、拖动轴位移增量计算和细插补计算。因此，这类机床在 X、Y 和 U、V 工作台等机械结构上与上述机床类似，所不同的是在编程和控制软件上有所区别。为了能切割出上下不同的截面，例如上圆下方（俗称为天圆地方）的多维曲面，在软件上需按上截面和下截面分别编程，然后在切割时加以“合成”（例如指定上下异型面上的对应点等）。电极丝（钼丝）在切割过程中的斜度不是固定的，可以随时变化。图 3－13 所示为“天圆地方”上下异型面工件。国内外生产的低速走丝线切割加工机床一般都能实现上下异型面的线切割加工。现在少数高速走丝线切割加工机床也已经具有上下异型面切割加工的功能。

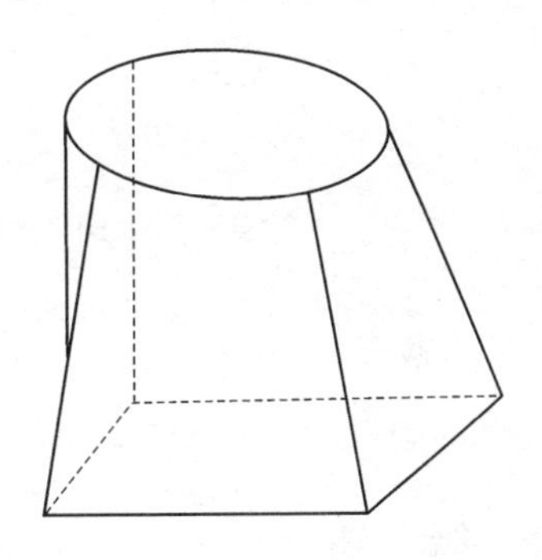

图 3－13　“天圆地方”上下异型面工件

4. 三维直纹曲面的线切割加工

如果在普通的二维线切割加工机床上增加一个数控回转工作台附件，工件装在用步进电动机驱动的回转工作台上，采取数控移动和数控转动相结合的方式编程，用 θ 角方向的单步转动来代替 Y 轴方向的单步移动，即可完成像螺旋表面、双曲线表面和正弦曲面等这些复杂曲面加工工艺。如图 3－14 所示为工件数控转动 θ 角和 X、Y 数控二轴或三轴联动加工各种三维直纹曲面实例的示意图。

采用 CNC（计算机数控）控制的四轴联动线切割加工机床，更容易实现三维直纹曲面的加工。目前，一般采用上下面独立编程法，这种方法首先分别编制出工件上表面和下表面二维图形的 APT 程序，经后置处理得到上下表面的 ISO 程序，然后将两个 ISO 程序经轨迹合成后得到四轴联动线切割加工的 ISO 程序。

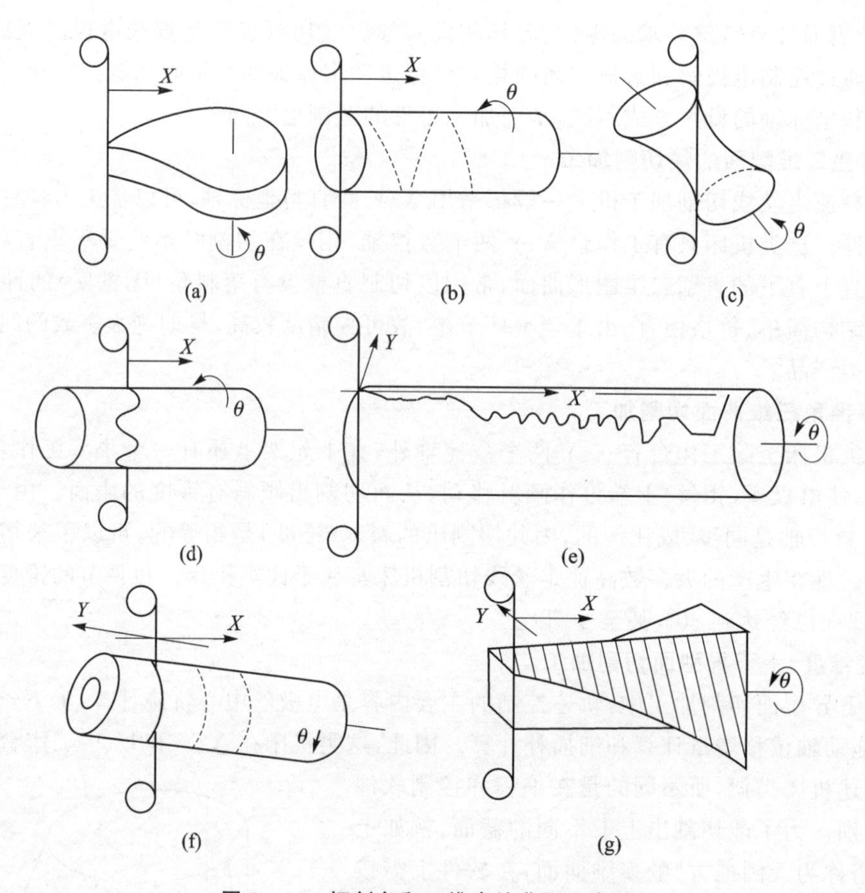

图 3-14　切割各和三维直纹曲面示意图

3.3　电化学加工

3.3.1　概　述

电化学加工(Electrochemical Machining,ECM)是特种加工的一个重要分支,目前已成为一种较为成熟的特种加工工艺,被广泛应用于众多领域。

根据加工原理,电化学加工可分为以下 3 大类。

1）利用电化学阳极溶解的原理去除工件材料。这一类加工属于减材加工,主要包括两类。

① 电解加工:可用于尺寸和形状加工,如炮管膛线、叶片、整体叶轮、模具、异型孔及异型零件等成形加工,也可用于倒棱和去毛刺。

② 电解抛光:可用于工件表面处理。

2）利用电化学阴极沉积的原理进行镀覆加工。这一类加工属于增材加工,主要包括以下 3 类。

① 电铸:可用于复制紧密、复杂的花纹模具,制造复杂形状的电极、滤网、滤膜及元件等。

② 电镀:可用于表面加工、装饰。

③ 电刷镀:可用于恢复磨损或加工超差零件的尺寸和形状精度,修补表面缺陷,改善表面性能等。

3) 利用电化学加工与其他加工方法相结合的电化学复合加工。这种方法主要包括以下 3 类。

① 电解磨削、电解研磨或电解珩磨:可用于尺寸和形状加工、表面光整加工、镜面加工。

② 电解电火花复合加工:可用于尺寸和形状加工。

③ 电化学阳极机械加工:可用于尺寸和形状加工,高速切割。

3.3.2　电化学加工基本原理

如果将两铜片插入 $CuCl_2$ 水溶液中(见图 3-15),由于溶液中含有 OH^- 和 Cl^- 负离子及 H^+ 和 Cu^{2+} 正离子,当两铜片分别连接直流电源的正、负极时,即形成导电通路,有电流流过溶液和导线。在外电场的作用下,金属导体及溶液中的自由电子定向运动,铜片电极和溶液的界面上将发生得失电子的电化学反应。其中,溶液中的 Cu^{2+} 正离子向阴极移动,在阴极表面得到电子而发生还原反应,沉积出铜。在阳极表面,Cu 原子失去电子而发生氧化反应,成为 Cu^{2+} 正离子进入溶液。在阴、阳极表面发生得失电子的化学反应即称为电化学反应,利用这种电化学反应作用加工金属的方法就是电化学加工。其中,阳极上为电化学溶解,阴极上为电化学沉积。

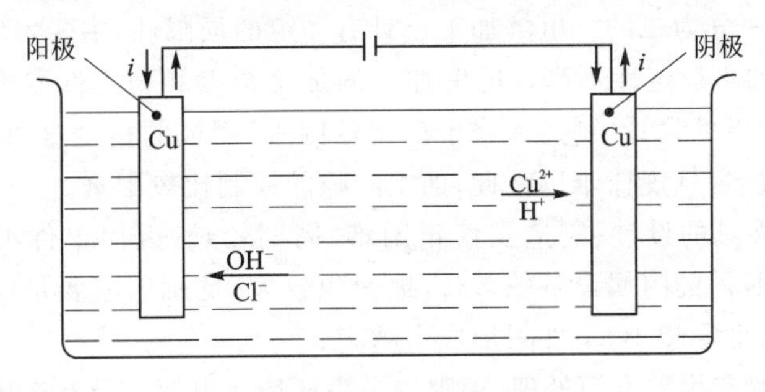

图 3-15　电化学反应过程

任意两种金属放入任意两种导电的水溶液中,在电场的作用下,都会有类似上述情况发生。决定反应过程的是电解质溶液,电极电位,电极的极化、钝化、活化等。

3.3.3　电解加工

电解加工是特种加工技术中应用最广泛的技术之一,尤其适合于难加工材料、形状复杂或薄壁零件的加工。

从电解加工的历史来看,早在 1834 年,英国化学家及物理学家法拉第就发现了阳极溶解的基本规律——法拉第定律。到 1928 年,苏联科学家古谢夫和罗日科夫,提出了将金属阳极溶解原理用于工件加工的设想,但因当时这种设想本身不完善和缺乏大容量直流电源,以及机械加工技术还能满足工程材料和零件的设计要求,所以未能实现实际应用。直到 20 世纪 50 年代中期,苏联、美国和我国才相继开始了电解加工工艺的试验研究,并于 20 世纪 50 年代末正式将其应用于生产。

1. 电解加工特点及机理

(1) 电解加工的特点

与其他加工方法相比,电解加工具有如下特点。

① 加工范围广。电解加工几乎可以加工所有的导电材料,并且不受材料的强度、硬度、韧性等机械、物理性能的限制,加工后材料的金相组织基本上不发生变化。

② 生产率高,且加工生产率不直接受加工精度和表面粗糙度的限制。电解加工能以简单的直线进给运动一次加工出复杂的型腔、型面和型孔,而且加工速度可以和电流密度成比例地增加。据统计,电解加工的生产率约为电火花加工的 5~10 倍,在某些情况下,甚至可以超过机械切削加工。

③ 加工质量好。可获得一定的加工精度和较好的表面粗糙度。加工精度(mm):型面和型腔加工精度误差为±(0.05~0.20)mm;型孔和套料加工精度误差为±(0.03~0.05)mm。表面粗糙度(μm):对于一般中、高碳钢和合金钢,可稳定地达到 1.6~0.4 μm;对于某些合金钢可达到 0.1 μm。

④ 可用于加工薄壁和易变形零件。电解加工过程中工具和工件不接触,不存在机械切削力,不产生残余应力和变形,没有飞边毛刺。

⑤ 工具阴极无损耗。在电解加工过程中工具阴极上仅仅析出氢气,而不发生溶解反应,所以没有损耗。只有在产生火花、短路等异常现象时才会导致阴极损伤。

但是,事物总是一分为二的。电解加工也具有一定的局限性,主要表现为以下几个方面。

① 加工精度和加工稳定性不高。电解加工的加工精度和稳定性取决于阴极的精度和加工间隙的控制。而阴极的设计、制造和修正都比较困难,阴极的精度难以保证。此外,影响电解加工间隙的因素很多,且规律难以掌握,加工间隙的控制比较困难。

② 由于阴极和夹具的设计、制造及修正困难,周期较长,因而单件小批量生产的成本较高。同时,电解加工所需的附属设备较多,占地面积较大,且机床需要足够的刚性和防腐蚀性能,造价较高。因此,批量越小,单件附加成本越高。

③ 电解液和电解产物需专门处理,否则将污染环境。电解液及其产生的易挥发气体对设备具有腐蚀性,加工过程中产生的气体对环境有一定污染。

(2) 电解加工机理

电解加工是利用金属在电解液中发生电化学阳极溶解的原理将工件加工成形的一种特种加工方法。电解加工机理如图 3-16 所示。加工时,工件接直流电源的正极,工具接负极,两极之间保持较小的间隙。电解液从极间间隙中流过,使两极之间形成导电通路,并在电源电压下产生电流,从而形成电化学阳极溶解。随着工具相对工件不断进给,工件金属不断被电解,电解产物不断被电解液冲走,最终两极间各处的间隙趋于一致,工件表面形成与工具工作面基本相似的形状。

为了能实现尺寸、形状加工,电解加工过程中还必须具备下列特定工艺条件。

① 工件阳极和工具阴极间保持很小的间隙(称作加工间隙),一般在 0.1~1 mm 范围内。

② 0.5~2.5 MPa 的强电解质溶液从加工间隙中连续高速(5~50 m/s)流过,以保证带走阳极溶解产物、气体和电解电流通过电解液时所产生的热量,并去除极化。

③ 工件阳极与工具阴极分别和直流电源(一般为 6~24 V)的正负极连接。

④ 通过两极加工间隙的电流密度高达 10~200 A/cm^2。

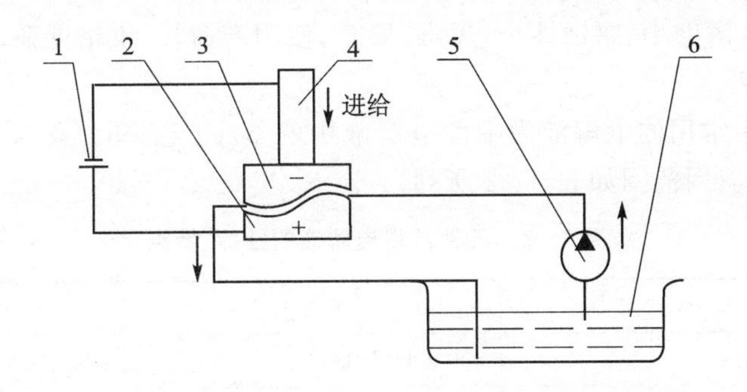

1—直流电源；2—工件阳极；3—工具阴极；4—机床主轴；5—电解液泵；6—电解液槽

图 3－16　电解加工系统示意图

在加工起始时，工件毛坯的形状与工具阴极很不一致，如图 3－17(a)所示，两极间的距离相差较大。阴极与阳极距离较近处通过的电流密度较大，电解液的流速也较高，阳极金属溶解速度也较快。随着工具阴极相对工件不断进给，最终两极间各处的间隙趋于一致，工件表面的形状与工具阴极表面完全吻合，如图 3－17(b)所示。

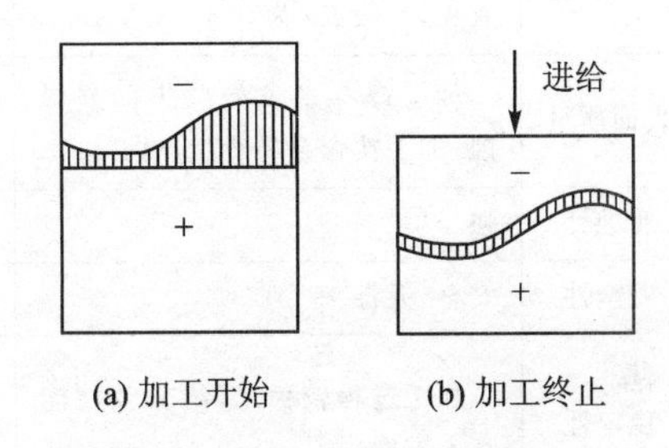

(a) 加工开始　　(b) 加工终止

图 3－17　电解加工成形过程示意图

2. 电解液

(1) 电解液的作用

电解液是电解池的基本组成部分，是产生电解加工阳极溶解的载体。正确地选用电解液是电解加工的最基本的条件。电解液的主要作用是：

① 与工件阳极及工具阴极组成进行电化学反应的电极体系，实现所要求的电解加工过程，同时所含导电离子也是电解池中传送电流的介质，这是其最基本的作用。

② 排除电解产物，控制极化，使阳极溶解能正常连续进行。

③ 及时带走电解加工过程中所产生的热量，使加工区不致过热而引起沸腾、蒸发，以确保正常的加工。

(2) 对电解液的要求

对电解液总的要求是加工精度和效率高、表面质量好、实用性强。但随着电解加工的发展，对电解液又不断提出新的要求。根据不同的出发点，有的要求可能是不同的甚至相互矛盾的。对电解液的基本要求包括以下 4 个主要方面。

① 电化学特性方面：电解液中各种正负离子必须并存；在工件阳极上必须能优先进行金属离子的阳极溶解，不生成难溶性钝化膜；阳离子不会沉积在工具阴极表面，阴极上只发生析氢反应；集中蚀除能力强、散蚀能力弱；阳极反应的最终产物应能形成不溶性氢氧化物，以便于净化处理，且不影响电极过程，故常采用中性盐水溶液。

② 物理特性方面：应是强电解质即具有高的溶解度和大的离解度；尽可能低的黏度，以减少流动压力损失及加快电解产物和热量的迁移过程，也有利于实现小间隙加工；高的热容以减小温升，防止沸腾。

③ 稳定性方面：电解液中消耗性组分应尽量少(因电解产物不易离解)，应有足够的缓冲容量以保持稳定的最佳 pH 值(酸碱度)；电导率及黏度应具有小的温度系数。

④ 实用性方面：污染小、腐蚀性小，无毒、安全，使用寿命长，价格低廉，易于采购。

(3) 常用电解液

目前生产实践中常用的电解液为中性电解液中的 NaCl、$NaNO_3$ 及 $NaClO_3$ 三种。三种电解液的性能、特点及应用范围如表 3-2 所列。

表 3-2　三种常用电解液的性能、特点

项　目	NaCl	$NaNO_3$	$NaClO_3$
常用浓度	250 g/L 以内	400 g/L 以内	450 g/L 以内
加工精度	较低	较高	高
表面粗糙度	与电流密度，流速及加工材料有关，一般 Ra 为 0.8～6.3 μm	在同样条件下低于 NaCl 电解液	低于 NaCl 和 $NaNO_3$
表面质量	加工镍基合金易产生晶界腐蚀，加工钛合金易产生点蚀	一般不产生晶界腐蚀，但电流密度低时也会产生点蚀	杂散腐蚀最小，一般也不会产生点蚀，已加工面耐蚀性较好
腐蚀性	强	较弱	弱
安全性	安全、无毒	助燃(氧化剂)	易燃(强氧化剂)
稳定性	加工过程较稳定，组分及性能基本不变	加工过程 pH 值缓慢增加，应定时调整使之≤9	加工过程缓慢分解 Cl^- 增加，$3ClO^-$ 减少，故加工一段时间后要适当补充电解质
相对成分	NaCl∶$NaNO_3$∶$NaClO_3$＝2∶5∶12		
应用范围	精度要求不很高的铁基、镍基、钴基合金等	精度要求较高的铁基、镍基、钴基合金，有色金属(铜、铝等)	加工精度要求较高的零件；固定阴极加工

从表 3-2 可以看出：NaCl 电解液的优点是高效、稳定、成本低、通用性好，因而早期得到普遍应用，其缺点是加工精度不够高，对设备腐蚀性较大。$NaNO_3$ 电解液优点是加工精度较高、对设备腐蚀性较小，缺点是加工效率较低，目前其应用面最宽。$NaClO_3$ 电解液虽然加工精度高，在使用初期发展较快，但成本较高，使用过程较复杂，干燥状态易燃，因而未能广泛应用。

3. 电解加工的应用

我国于 1958 年首先在炮管膛线加工方面开始应用电解加工技术。经历将近 50 年的发展，电解加工已被广泛应用于炮管膛线、叶片、整体叶轮、模具、异型孔及异型零件等成形加工，以及倒棱和去毛刺处理。

(1) 模具型腔加工

近年来，模具结构日益复杂，材料性能不断提高，难加工的材料如预淬硬钢、不锈钢、高镍合金钢、粉末合金、硬质合金、超塑合金等所占的比重日趋加大。因此，在模具制造业中越来越显示出电解加工适应难加工材料、复杂结构的优势。电解加工在模具制造领域中已占据了重要地位。

(2) 叶片型面加工

发动机叶片是航空发动机的关键零件，其质量的好坏对发动机的性能有重大影响，因此对发动机叶片的内在品质和外观质量都提出了很高的要求。随着航空发动机推重比的提高，叶片普遍采用高强度、高韧性、高硬度材料，形状复杂，薄型低刚度，且为批量生产，所以特别适合采用电解加工。

叶片是电解加工应用对象中数量最大的一种。当前，我国绝大多数航空发动机叶片毛坯仍为留有余量的锻件或铸件，其叶身加工大部分采用电解加工。对于钛合金叶片及精锻、精铸的小余量叶片，电解加工更是唯一选择。在国外，叶片也是电解加工的主要应用对象。

(3) 型孔及小孔加工

1) 型孔电解加工

对于四方、六方、椭圆、半圆、花瓣等形状的通孔和不通孔，若采用机械切削方法加工，往往需要使用一些复杂的刀具、夹具来进行插削、拉削或挤压，且加工精度和表面粗糙度仍不易保证。而采用电解加工，则能够显著提高加工质量和生产率。

2) 深小孔电解加工

在孔加工中，以深小孔的加工最为困难。特别是近年来随着材料向着高强度、高硬度的方向发展，经常需要在一些高硬度高强度的难加工材料(如模具钢、硬质合金、陶瓷材料和聚晶金刚石等)上进行深小孔加工。例如，新型航空发动机高温合金涡轮上采用的大量多种冷却孔均为深小孔或呈多向不同角度分布的小孔，如用常规机械钻削加工特别困难，甚至无法进行。而电火花和激光加工小孔时加工深度受到一定的限制，而且会产生表面再铸层。深小孔电解加工技术具有表面质量好、无再铸层和微裂纹、可群孔加工等优点，因而在许多领域，尤其在航空航天制造业中发挥了独特作用。

(4) 枪、炮管膛线加工

膛线是枪、炮管内膛的重要组成部分，它由一定数量的位于内膛壁面的螺旋凹槽所构成。现代枪炮的膛线断面多为矩形。

传统的枪管膛线制造工艺为挤线法，该法生产效率高，但挤线冲头制造困难，而且为了保证在挤制膛线的过程中产生均匀一致的塑性变形，枪管外壁只能采用等径圆钢，挤线以后再按枪管外形尺寸去除多余的金属，因而毛坯材料损耗严重，且校正、电镀、回火等辅助工序较多，生产周期长。

对于大口径枪管和炮管膛线，则多在专门的拉线机床上制成。根据膛线数目，往往要分几次才能制成全部膛线，生产效率低，加工质量差，表面粗糙度更难以达到要求。

20世纪50年代中期，苏联、美国和我国相继开始了膛线电解加工工艺的试验研究，并于20世纪50年代末正式应用于小口径炮管膛线生产，随后又进一步推广用于大口径长炮管膛线加工。炮管膛线电解加工具有加工表面无缺陷，矩形膛线圆角很小等优点，可提高产品的使用寿命和可靠性。目前，膛线电解加工工艺已成熟，并成为枪、炮制造中的重要工艺方法。

(5) 整体叶轮加工

通常整体叶轮都工作在高转速、高压或高温条件下，制造材料多为不锈钢、钛合金或高温耐热合金等难切削材料；再加之其为整体结构且叶片型面复杂，使得其制造非常困难，成为生产过程中的关键。

目前，整体叶轮的制造方法有精密铸造、数控铣削和电解加工3种。其中，电解加工在整体叶轮制造中占有其独特地位。随着新材料的采用和叶轮小型化，结构复杂化，一个叶轮上的叶片越来越多，由几十片增加到百余片；叶间通道越来越小，小到相距只有几毫米。因此，精密铸造和数控铣削这类叶轮越来越困难，而相应地越来越显示出电解加工整体叶轮的优越性。

（6）电解去毛刺

20 世纪 80 年代初期，我国开始了对电解去毛刺的研究及应用，并首先用于气动阀体交叉孔去毛刺和油泵油嘴行业，如 A 型、P 型泵体、喷油器、柱塞套、长油嘴喷孔等，还参照国外的技术设计和制造了电解去毛刺机床。机床采用防腐材料、稳压电源、PC 机控制系统，实现了机电一体化，各项技术指标达到了 20 世纪 80 年代中期的国际水平。

与其他方法相比，电解去毛刺特别适合于去除硬、韧性金属材料以及可达性差的复杂内腔部位的毛刺。此法加工效率高，去刺质量好，适用范围广，安全可靠，易于实现自动化。

（7）数控展成电解加工

传统的电解加工需采用成形电极来加工复杂型面和型腔，且针对不同形状和尺寸的型面需设计不同的阴极，由于影响电解加工间隙的因素多而复杂，目前尚不能提出令人十分满意的阴极设计方案，使得阴极的制造仍然是一个反复修正的过程，周期很长，这也决定了传统电解加工工艺用于小量、单件加工时经济性差的缺点。另一方面，对具有复杂型面及较大加工面积的零件来说，影响加工精度的因素很多，加工精度难以进一步提高，特别是对于窄通道扭曲叶片叶轮类整体零件，由于空间狭小，采用机械加工刀杆刚性受到限制，而用普通拷贝式电解加工又难以通过一次进给加工成形。在这种背景下，在简化加工工艺过程、提高电解加工精度及适用性的目的驱使下，以简单形状电极加工复杂型面的柔性电解加工—数控展成电解加工的思想于 20 世纪 80 年代初开始形成，它结合数控加工的柔性，以控制软件的编制代替复杂的成形阴极的设计、制造，以阴极相对工件的展成运动来加工出复杂型面。

数控展成电解加工工具阴极形状简单（棒状、球状及条状），设计制造方便，且适用范围广，大大缩短了生产准备周期，因而可适应多品种、小批量产品研制、生产的发展趋势，可弥补电解加工小量、单件加工时经济性差的缺点。

（8）微精电解加工

从原理上而言，电化学加工技术中材料的去除或增加过程都是以离子的形式进行的。由于金属离子的尺寸非常微小（10^{-1} nm 级），因此，相对于其他“微团”去除材料方式（如微细电火花、微细机械磨削），这种以“离子”方式去除材料的微去除方式使得电化学加工技术在微细制造领域，以至于纳米制造领域存在着极大的研究探索空间。

从理论上讲，只要精细地控制电流密度和电化学发生区域，就能实现电化学微细溶解或电化学微细沉积。微细电铸技术是电化学微细沉积的典型实例，它已经在微细制造领域获得重要应用。微细电铸是 LIGA 技术一个重要的、不可替代的组成部分，已经涉足纳米尺寸的微细制造中，激光防伪商标模板和表面粗糙度样块是电铸的典型应用。

但电化学溶解加工的杂散腐蚀及间隙中电场、流场的多变性严重制约了其加工精度，其加工的微细程度目前还不能与电化学沉积的微细电铸相比。目前微精电解加工还处于研究和试验阶段，其应用还局限于一些特殊的场合，如电子工业中微小零件的电化学蚀刻加工（美国 IBM 公司）、微米级浅槽加工（荷兰飞利浦公司）、微型轴电解抛光（日本东京大学）已取得了很好的加工效果，精度已可达微米级。微细直写加工、微细群缝加工及微孔电液束加工，以及电解与超声、电火花、机械等方式结合形成的复合微精工艺已显示出良好的应用前景。

3.3.4 电铸及电刷镀加工

电解加工是利用电化学阳极溶解的原理去除工件材料的减材加工。与此相反的是利用电化学阴极沉积的原理进行的镀覆加工(增材加工),主要包括电镀、电铸及电刷镀3类。其中,电镀只用于表面加工、装饰,在此不作专门介绍。

1. 电　铸

(1) 电铸的原理

电铸技术的应用最早可以追溯到1840年,与电镀同时被运用于制造中。但因受限于相关的基础理论与技术发展,直至20世纪50年代,电铸技术的应用仍十分有限。直到近50年,得益于各相关技术领域的突破,电铸才逐渐广泛地应用于工业领域,直至高科技产业。这主要是因为精密电铸技术能做到极微小的尺寸,并且获得极佳的复制精度。

电铸的基本加工原理如图3-18所示,将电铸材料作为阳极,原模作为阴极,电铸材料的金属盐溶液做电铸液。在直流电源的作用下,阳极发生电解作用,金属材料电解成金属阳离子进入电铸液,再被吸引至阴极获得电子还原而沉积于原模上。当阴极原模上电铸层逐渐增厚达到预定厚度时,将其与原模分离,即可获得与原模型面凹凸相反的电铸件。

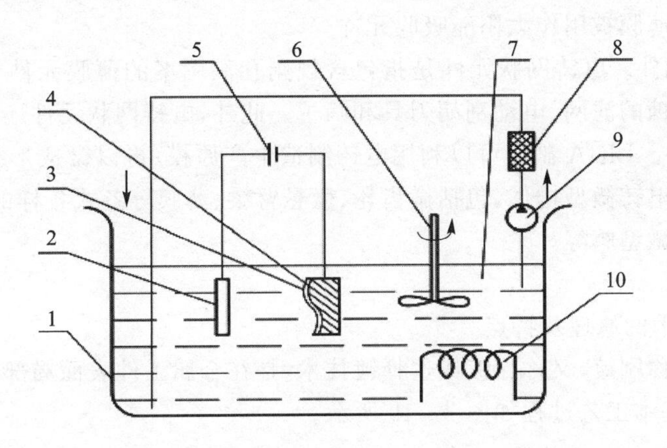

1—电铸槽;2—阳极;3—沉积层;4—原模;5—电源;
6—搅拌器;7—电铸液;8—过滤器;9—泵;10—加热器

图3-18　电铸加工原理示意图

(2) 电铸的特性与应用

电铸制造有其鲜明的优势特性。具体如下:

① 高复制精度。电铸是一种精密的金属零件制造技术,能获得到其他制造难以达到的复制精度。电铸产生的铸件可以成为其他制造所需要的原模,并且表面精度极佳。

② 原模可永久性重复使用。电铸加工过程对原模无任何损伤,所以原模可永久性重复使用,而同一原模生产的电铸件重复精度极高。

③ 借助石膏、石蜡、环氧树脂等作为原模材料,可把复杂零件的内表面复制为外表面,或外表面复制为内表面,然后再电铸复制。

电铸加工也存在一定局限性。具体如下:

① 生产率低。由于电流密度过大易导致沉积金属的结晶粗大,强度低。一般每小时电铸金属层为0.02～0.5 mm,加工时间长。

② 原模制造技术要求高。

③ 有时存在一定的脱模困难。

(3) 电铸的基本设备

电铸加工的基本设备有下列几种。

① 电铸槽。为避免腐蚀,常用钢板焊接,内衬铅板、橡胶或塑料等。小型槽可用陶瓷、玻璃或搪瓷制品;大型槽可用耐酸砖衬里的水泥制作。

② 直流电源。电压 3～20 V 可调,电流和功率能满足(条件电流密度达到)15～30 A/dm^2 即可。常用硅整流或可控硅直流电源。

③ 搅拌和循环过滤系统。其作用为降低浓差极化,加大电流密度,提高电铸质量。

④ 加热和冷却装置。常用蒸汽和通电加热,用电吹风或自来水冷却。

(4) 电铸加工的应用

① 激光视盘。目前,电铸加工是唯一能满足生产光盘原模所需复制精度的工艺技术。

② 电铸薄膜。电铸薄膜是生产厚度薄、面积广并且要求尺寸精度高元件的最经济的制造方法。电铸镍薄膜主要应用在抗腐蚀元件、PCB 板的焊接点、无石棉衬垫及防火薄膜。另外,一种电铸的墨化镍薄膜被用作太阳能吸收元件。

③ 电铸网状元件。电铸网状元件是指包含规则孔洞图案的薄膜元件。这种电铸制造被广泛地用在咖啡及糖的滤网、电动刮胡刀具和筛子。此外,电铸网状元件还常用在印刷业。

④ 微型电铸件。LIGA 制造可以利用电铸制造生产原模,再以微成形技术大量翻制微型构件。也可以直接电铸微型构件,包括微齿轮、微悬臂梁、薄膜等各式各样的元件,进一步组装微电机、微机械臂、微型阀等。

2. 电刷镀加工

(1) 电刷镀技术的原理及特点

电刷镀技术简称刷镀,又称涂镀或选择镀技术,是在金属工件表面局部快速电化学沉积金属的工艺技术,其基本工艺过程如图 3-19 所示。

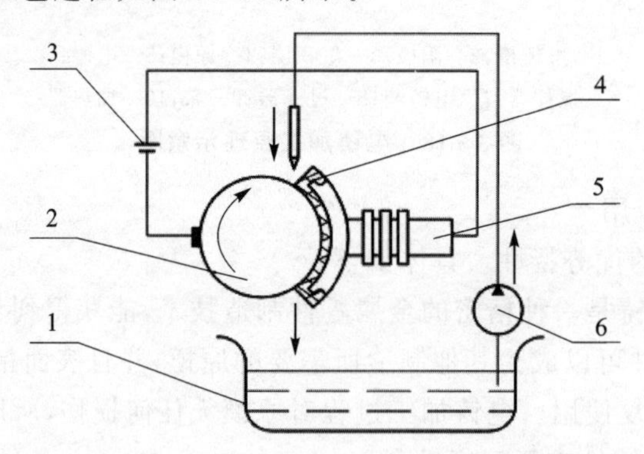

1—镀液盆;2—工件;3—电源;4—包套;5—刷镀笔;6—输液泵

图 3-19 电刷镀工艺过程示意图

电刷镀加工时,工件接电源的负极,刷镀笔接电源的正极。裹有绝缘包套,浸渍特种镀液的刷镀笔“贴合”在工件的被镀部位并作相对运动。在阴极工件上,镀液中的金属离子在电场作用下与电子结合,还原为金属原子而沉积形成镀层。

与有槽电镀相比,电刷镀加工有以下特点。

① 不需要镀槽,可以对局部表面直接刷镀,设备简单,操作方便,可在现场使用,不易受工件大小、形状的限制。

② 刷镀液的种类及可刷镀的金属多，易于实现复合镀层，一套设备可刷镀金、银、铜、铁、锡、镍、钨、铟等多种金属。

③ 目前可以使用电刷镀技术的基体材料几乎包括了所有的金属结构材料，如碳钢、合金钢、铸铁、不锈钢、镍基合金、铜基合金、铝基合金等，镀层与基体金属的结合牢固，刷镀速度快。

④ 刷镀笔与工件之间必须保持一定的相对运动，因而一般都须人工操作，难以实现大批量及自动化生产。

（2）电刷镀基本设备

电刷镀基本设备包括刷镀电源、刷镀笔、刷镀液。

1）刷镀电源目前使用的刷镀电源有直流电源及脉冲电源两种，以下重点介绍使用较多的直流电源，这种电源有硅整流、可控硅整流及开关电流等几种形式，为平流外特性，即随着负载电流增大，其电压下降不多，一般均具有以下功能。

① 设有安时计或镀层厚度计，显示和监控刷镀层的厚度。

② 可正负极转换，以满足刷镀、活化及电净不同工序的需要。

③ 过载保护和报警装置，保护电源在超过额定输出电流或两极短路时，快速切断电源。

2）刷镀笔由导电手柄和阳极组成，两者通常用螺纹连接，而对小功率刷镀笔可用紧配式连接。目前已生产供应的刷镀笔有五种型号，即 TDB-1～TDB-5。

① 阳极材料。刷镀通常都使用不溶性阳极，它要求阳极材料化学稳定性好，不污染镀液，工作时不形成高电阻膜而影响导电。常用的不溶性阳极材料有石墨阳极、铂—铱（含铱 10%）阳极、不锈钢（适用于中性或碱性溶液）和镀铂的钛-铂阳极。作阳极的石墨材料应致密而均匀，纯度高。含有铜粉的石墨和炼钢作电极用的石墨因质地疏松都不适用于做阳极。某些场合也可采用可溶性阳极，如刷镀铁、镍时，可用铁或镍作可溶性阳极，刷镀铜和锡也可采用可溶性阳极。

② 包套。阳极须包裹一层或两层涤纶绒布的包套，它起着储存溶液，防止阳极与镀件直接接触的作用（否则阴阳极短路，会产生电弧而烧伤镀件表面），并对阳极表面产生的石墨粒子或盐类起一定的过滤作用。

3）刷镀液。根据所镀金属和用途不同，刷镀液有很多种类，由金属络合物水溶液及少量添加剂组成。为了对待镀表面进行预处理，刷镀液中还包括电净液和活化液等。

对于小型工件表面或不规则工件表面，用刷镀笔蘸浸刷镀液即可进行刷镀；对于大型表面或回转体工件表面，常用小型离心泵把刷镀液浇注到刷镀笔与工件之间。

（3）电刷镀加工的应用

目前，电刷镀加工的应用范围几乎遍及国民经济建设和国防建设的各个行业，包括航空、军工、船舰、能源、石化、铁路、建筑、冶金、采矿、汽车、印刷及轻工等。具体应用如下：

1）修复失效的零部件表面，恢复尺寸和几何形状，设施超差品补救。例如各种轴、轴瓦、轴承座、缸体、活塞、套类零件、高强度紧固件、旋转叶片、枪或炮管膛线、紧配合组件，摩擦副组件等磨损后，或者在加工中尺寸超差时，均可用刷镀修复。

2）填补零件表面上的划伤、凹坑、点蚀等缺陷，例如机床导轨、活塞液压缸缸套及柱塞、密封部件、模具型腔、印刷辊及吸墨鼓、造纸辗光辊及烘缸等的修补。

3）大型、复杂、单件小批量工件的表面局部刷镀镍、铜、锌、镉、钨、金、银等防护层，改善表面性能。例如各种包装品、塑料和橡胶制品、玻璃器皿、食品及医药片剂、建筑砖料及饰面材料、有色金属压铸及挤压品、钢材冷冲成形及热锻件的模具表面刷镀后，提高模具耐腐蚀、抗冲刷性能的同时，产品的外形平整光滑，而且易于脱模、延长模具寿命。

3.4 超声波加工和超高压水射流加工

3.4.1 超声波加工

近十几年来，超声波加工与传统的切削加工技术相结合而形成的超声波振动切削技术得到迅速的发展，并且在实际生产中得到广泛的应用。特别是对于难加工材料的加工取得良好的效果，使加工精度、表面质量得到显著提高。尤其是有色金属、不锈钢材料、刚性差的工件的加工中，体现其独特的优越性。

超高压水射流加工又称液力加工、水喷射加工或液体喷射加工，是20世纪70年代发展起来的一门高新技术，开始时只是用在大理石、玻璃等非金属材料的加工，现在已发展成为切割复杂三维形状的工艺方法。该项技术是一种“绿色”加工方法，在国内外得到了广泛的应用。目前在机械、建筑、国防、轻工、纺织等领域，正发挥着日益重要的作用。

1. 超声波特性及其加工的基本原理

(1) 超声波及其特性

声波是人耳能感受的一种纵波，频率为16～16 000 Hz，当频率低于16 Hz的称为次声波，超过16 000 Hz的，就称为超声波。

超声波和声波一样，可以在气体、液体和固体介质中传播，主要具有下列性质：

① 超声波能传递很强的能量。超声波的作用主要是对其传播方向上的障碍物施加压力(声压)，以这个压力的大小来表示超声波的强度，传播的波动能量越强，则压力也越大。由于超声波的频率 f 很高，其能量密度可达100 W/cm^2 以上。在液体或固体中传播超声波时，由于介质密度 ρ 和振动频率都比空气中传播声波时高许多倍，因此同一振幅时，液体、固体中的超声波强度、功率、能量密度要比空气中的声波高千万倍。

② 当超声波经液体介质传播时，将以极高的频率压迫液体质点振动，在液体介质中连续地形成压缩和稀疏区域。由于液体基本上不可压缩，由此产生压力正、负交变的液压冲击和空化现象。由于这一过程时间极短，液体空腔闭合压力可达几十个标准大气压，并产生巨大的液压冲击。这一交变的脉冲压力作用在邻近的零件表面上会使其破坏，引起固体物质分散、破碎等效应。

③ 超声波通过不同介质时，在界面上发生波速突变，产生波的反射和折射现象。能量反射的大小决定于两种介质的波阻抗(密度与波速的乘积 ρc 称为波阻抗)。介质的波阻抗相差愈大，超声波通过界面时能量的反射率愈高。当超声波从液体或固体传入到空气或者从空气传入液体或固体的情况下，反射率都接近100%，此外空气有可压缩性，更碍阻了超声波的传播。为了改善超声波在相邻介质中的传递条件，往往在声学部件的各连接面间加入机油、凡士林作为传递介质以消除空气及因它引起的衰减。

④ 超声波在一定条件下，会产生波的干涉和共振现象。

(2) 超声波加工的基本原理

超声波加工是利用工具端面作超声频振荡，再将这种超声频振荡，通过磨料悬浮液传递到一定形状的工具头上，加工脆硬材料的一种成形方法。加工原理示意如图3-20所示。加工时，工具1的超声频振荡将通过磨料悬浮液6的作用，剧烈冲击位于工具下方工件的被加工表面，使部分材料被击碎成细小颗粒，由磨料悬浮液带走。加工中的振动还强迫磨料液在加工区工件和工具的间隙中流动，使变钝了的磨粒能及时更新。随着工具沿加工方向以一定速度移动，实现有控制的加工，逐渐将工具形状"复印"在工件上(成形加工时)。

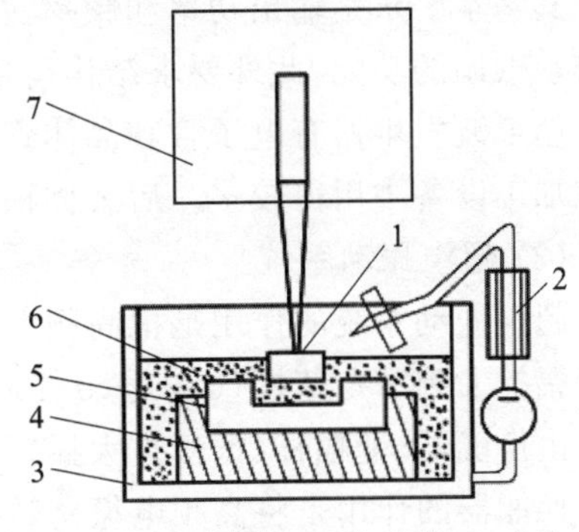

1—工具；2—冷却器；3—加工槽；4—夹具；5—工件；6—磨料悬浮液；7—振动头

图3-20　超声波加工原理示意图

在工作中，工具头的振动还使悬浮液产生空腔，空腔不断扩大直至破裂，或不断被压缩至闭合。这一过程时间极短，空腔闭合压力可达几百兆帕，爆炸时可产生水压冲击，引起加工表面破碎，形成粉末。同时悬浮液在超声振动下，形成的冲击波还使钝化的磨料崩碎，产生新的刃口，进一步提高加工效率。

由此可见，超声波加工是磨粒在超声振动作用下的机械撞击和抛磨作用以及超声空化作用的综合结果，其中磨粒的撞击作用是主要的。

既然超声波加工是基于局部撞击作用，因此就不难理解，越是脆硬的材料，受撞击作用遭受的破坏越大，越易超声加工。相反，脆性和硬度不大的韧性材料，由于它的缓冲作用而难以加工。根据这个道理，人们可以合理选择工具材料，使之既能撞击磨粒，又不致使自身受到很大破坏，例如用45钢作工具即可满足上述要求。

2. 超声波加工的特点

超声波加工的特点如下：

① 适合于加工各种不导电的硬脆材料，例如玻璃、陶瓷(氧化铝、氮化硅等)、石英、锗、硅、玛瑙、宝石、金刚石等。对于导电的硬质金属材料如淬火钢、硬质合金等，也能进行加工，但加工生产率较低。对于橡胶则不可进行加工。

② 加工精度较高。由于去除加工材料是靠磨料对工件表面撞击作用，故工件表面的宏观切削力很小，切削应力、切削热很小，不会引起变形及烧伤，表面粗糙度也较好，公差可达0.008 mm之内，表面粗糙度 Ra 值一般在0.1～0.4 μm之间。

③ 由于工具和工件不做复杂相对运动，工具与工件不用旋转，因此易于加工出各种与工具形状相一致的复杂形状内表面和成形表面。超声波加工机床的结构也比较简单，只需一个方向轻压进给，操作、维修方便。

④ 超声波加工面积不大，工具头磨损较大，故生产率较低。

3. 超声波加工设备

超声波加工设备又称超声波加工装置，它们的功率大小和结构形状虽有所不同，但其组成部分基本相同，一般包括超声波发生器、超声振动系统、磨料工作液及循环系统和机床本体4部分组成。

(1) 超声波发生器

超声波发生器也称超声或超声频发生器，其作用是将50 Hz的交流电转变为有一定功率输出的16 000 Hz以上的超声高频电振荡，以提供工具端面往复振动和去除被加工材料的能量。其基本要求是输出功率和频率在一定范围内连续可调，最好能具有对共振频率自动跟踪和自动微调的功能，此外要求结构简单、工作可靠、价格便宜、体积小等。

超声波发生器有电子管和晶体管两种类型。前者不仅功率大，而且频率稳定，在大中型超声波加工设备中用得较多。后者体积小，能量损耗小，因而发展较快，并有取代前者的趋势。

(2) 超声振动系统

超声振动系统的作用是把高频电能转变为机械能，使工具端面作高频率小振幅的振动，并将振幅扩大到一定范围(0.01～0.15 mm)以进行加工。它是超声波加工机床中很重要的部件。由换能器、变幅杆(振幅扩大棒)及工具组成。

换能器的作用是将高频电振荡转换成机械振动，目前实现这一目的可利用压电效应和磁致伸缩效应两种方法。

变幅杆又称振幅扩大棒。超声机械振动振幅很小，一般只有 0.005～0.01 mm，不足以直接用来加工，因此必须通过一个上粗下细的棒杆将振幅加以扩大，此杆称为振幅扩大棒或变幅杆。通过变幅杆可以增大到 0.01～0.15 mm，固定在振幅扩大棒端头的工具即产生超声振动。变幅杆的形状如图 3-21 所示。

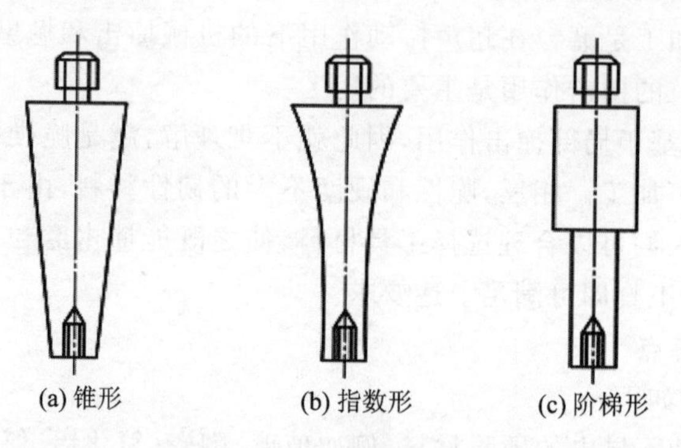
(a) 锥形　(b) 指数形　(c) 阶梯形

图 3-21　几种变幅杆的形状

变幅杆之所以扩大振幅，是由于通过它的每一截面的振动能量是不变的(略去传播损耗)、截面小的地方能量密度大，能量密度 J 正比于振幅 A 的平方，即

$$A^2=\frac{2J}{\rho c\omega^2}$$

所以

$$A^2=\sqrt{\frac{2J}{k}}$$

式中，ω 为振动的频率(Hz)；A 为振动的振幅(mm)；ρ 为弹性介质的密度(kg/m^3)；c 为弹性介质中的波速(m/s)；$K=\rho c\omega^2$ 是常数。

由上式可知，截面越小，能量密度就越大，振动振幅也就越大。

为了获得较大的振幅，也应使变幅杆的固有频率和外激振动频率相等，处于共振状态。为此，在设计、制造变幅杆时，应使其长度 L 等于超声波振动的半波长或其整数倍。

超声波的机械振动经变幅杆放大后即传给工具，使磨粒和工作液以一定的能量冲击工件，并加工出一定的尺寸和形状。

工具安装在变幅杆的细小端。机械振动经变幅杆放大之后即传给工具，而工具端面的振动将使磨粒和工作液以一定的能量冲击工件，并加工出一定的形状和尺寸。因而工具的形状和尺寸决定于被加工表面的形状和尺寸，两者只相差一个加工间隙。为减少工具损耗，宜选有一定弹性的钢作工具材料。工具长度要考虑声学部分半个波长的共振条件。

工具的形状和尺寸决定于被加工表面的形状和尺寸，它们相差一个“加工间隙”(略大于平均的磨粒直径)。当加工表面积较小时，工具和变幅杆做成一个整体，否则可将工具用焊接或螺纹连接等方法固定在变幅杆下端。当工具不大时，可以忽略工具对振动的影响，但当工具较重时，会减低声学头的共振频率。工具较长时，应对变幅杆进行修正，使满足半个波长的共振条件。

(3) 磨料工作液及循环系统

对于简单的超声波加工装置，其磨料是靠人工输送和更换的，即在加工前将悬浮磨料的工作液浇注堆积在加工区，加工过程中定时抬起工具并补充磨料。也可利用小型离心泵使磨料悬浮液搅拌后注入加工间隙中去。对于较深的加工表面，应将工具定时抬起以利于磨料的更换和补充。大型超声波加工机床采用流量泵自动向加工区供给磨料悬浮液，且品质好，循环也好。

效果较好而又最常用的工作液是水，为了提高表面质量，有时也用煤油或机油当作工作液。磨料常用碳化硼、碳化硅或氧化铝等。其粒度大小是根据加工生产率和精度等要求选定的，颗粒大的生产率高，但加工精度及表面粗糙度则较差。

(4) 机床本体

超声波加工机床一般比较简单，机床本体就是把超声波发生器、超声波振动系统、磨料工作液及其循环系统、工具及工件按照所需要位置和运动组成一体。还包括支撑声学部件的机架及工作台、使工具以一定压力作用在工件上的进给机构及床体等部分。图 3-22 所示是国产 CSJ-2 型超声波加工机床简图。图中，4、5、6 为声学部件，安装在一根能上下移动的导轨上，导轨由上下两组滚动导轮定位，使导轨能灵活精密地上下移动。工具的向下进给及对工件施加压力依靠声学部件自重，为了能调节压力大小，在机床后部有可加减的平衡重锤 2，也有采用弹簧或其他办法加压的。

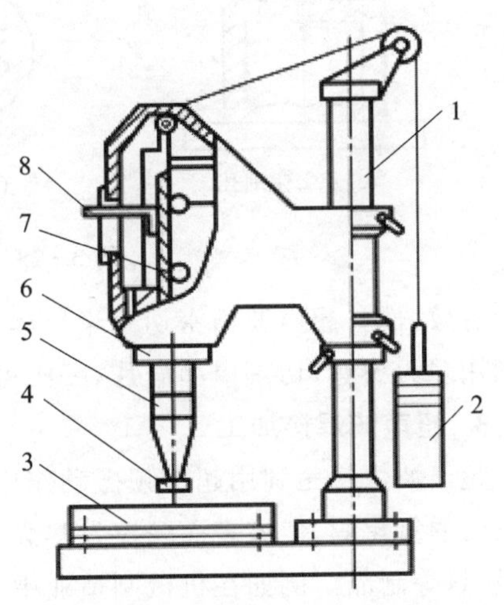

1—支架；2—平衡重锤；3—工作台；4—工具；
5—变幅杆；6—换能器；7—导轨；8—标尺

图 3-22　CSJ-2 型超声波加工机床简图

3.4.2　超声波加工的应用

超声波加工从 20 世纪 50 年代开始研究以来，其应用日益广泛。随着科技和材料科学的发展，将发挥更大的作用。目前，生产上主要有以下用途。

1. 成形加工

超声波加工目前在各工业部门中主要用于对脆硬材料加工圆孔、型孔、型腔、套料、微细孔、弯曲孔、刻槽、落料、复杂沟槽等，部分举例如图 3-23 所示。

2. 切割加工

一般加工方法用于普通机械加工切割脆硬的半导体材料是很困难的，采用超声波切割则

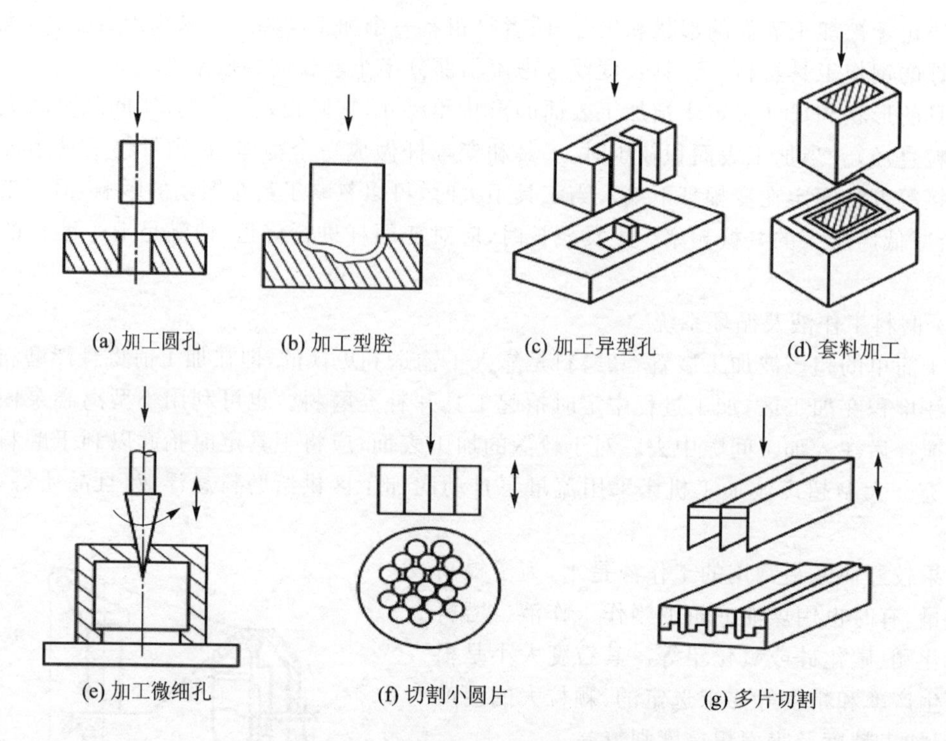

图 3-23　超声加工的型孔、型腔类型

较为有效，而且超声波精密切割半导体、氧化铁、石英等，精度高、生产率高、经济性好，并且可以利用多刃刀具，切割单晶硅片，一次可以切割加工 10～20 片。

3. 超声波焊接加工

超声波焊接是利用超声频振动作用，使被焊接工件的两个表面在高速振动撞击下，去除工件表面的氧化膜，使该表面摩擦发热黏结在一起。因此它不仅可以加工金属，而且可以加工尼龙、塑料等制品。例如在机械制造业中，利用超声波焊接加工的双联齿轮。由于该种加工方法不需要外加热和焊剂，热影响小、外加压力也小，不产生污染，工艺性和经济性也好。因此，该种方法可焊接直径或厚度很小的材料（可达 0.015～0.03 mm），焊接材料不仅仅限于金属，还可以焊接塑料、纤维等制品。目前在大规模的集成电路制造中已广泛采用该中加工方法。

4. 超声波清洗

超声波清洗的原理主要是基于清洗液在超声波的振动作用下，使液体分子产生往复高频振动，引起空化效应的结果。空化效应使液体中急剧生长微小空化气泡并瞬时强烈闭合，产生的微冲击波使被清洗物表面的污物遭到破坏，并从被清洗表面脱落下来。在污物溶解于清洗液的情况下，空化效应加速溶解过程，即使是被清洗物上的窄缝、细小深孔、弯孔中的污物，也很易被清洗干净。所以，超声波清洗主要用于形状复杂、清洗质量高的中、小精密零件，特别是深孔、弯曲孔、盲孔、沟槽等特殊部位，采用其他方法效果差，采用该方法清洗效果好，生产率高，净化程度也高。因此，超声波加工在半导体、集成电路元件、光学元件、精密机械零件、放射性污染等的清洗中得到了较为广泛的应用。图 3-24 所示为超声波清洗装置示意图。

另外，超声波还可以用来雕刻、研磨、探伤和进行复合加工。图 3-25 所示是超声波电解复合加工深孔示意图。工件加工表面除了发生阳极溶解以外，超声振动的工具和磨料会破坏阳极钝化膜，空化作用会加速钝化，从而使阳极加工速度和加工质量大大提高。

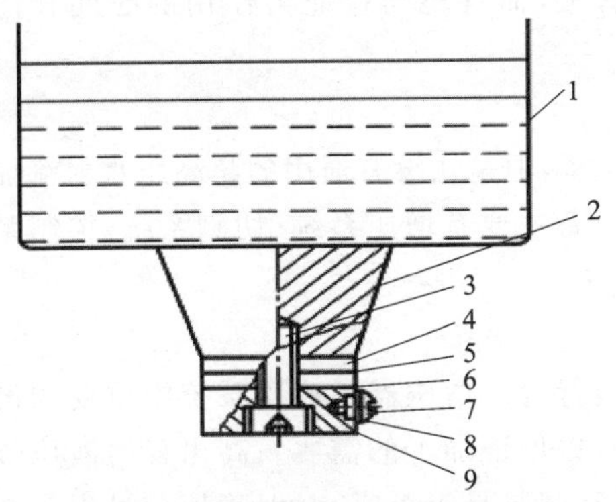

1—清洗槽；2—变幅杆；3—压紧螺钉；
4—压电陶瓷换能器；5—镍片(+)；
6—镍片；7—接线螺钉；8—垫圈；9—钢垫块

图 3-24　超声波清洗装置图

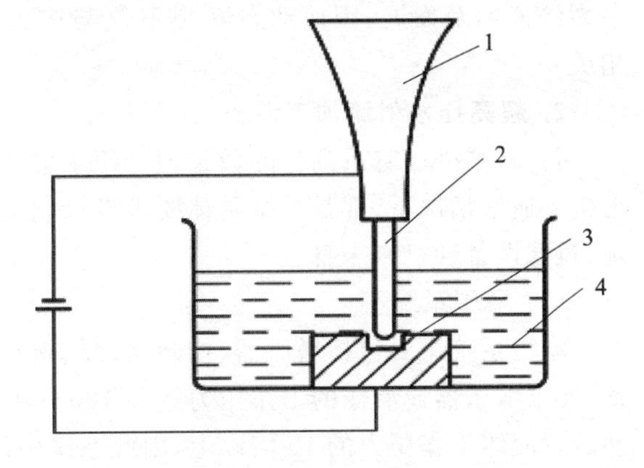

1—变幅杆；2—工具头；
3—工件；4—电解液

图 3-25　超声波电解复合加工深孔示意图

3.4.3　超高压水射流加工

1. 超高压水射流加工原理

超高压水射流加工是利用高速水流对工件的冲击作用来去除材料的，如图 3-26 所示。储存在水箱 1 中的水或加入添加剂的水液体，经过过滤器 2 处理后，由水泵 3 抽出送至蓄能器 5 中，使高压液体流动平稳。液压机构 4 驱动增压器 10，使水压增高到 70～400 MPa。高压水经控制器 6、阀门 7 和喷嘴 8 喷射到工件 9 上的加工部位，进行切割。切割过程中产生的切屑和水混合在一起，排入水槽。

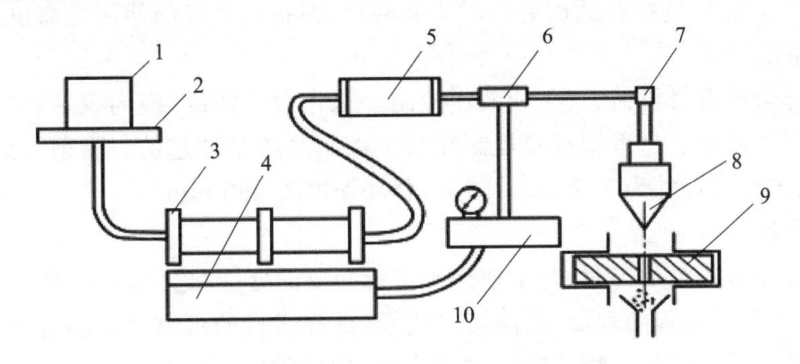

1—水箱；2—过滤器；3—水泵；4—液压机构；5—蓄能器；
6—控制器；7—阀门；8—喷嘴；9—工件；10—增压器

图 3-26　超高压水射流加工原理图

超高压水射流本身具有较高的刚性，流束的能量密度可达 1 010 W/mm^2，流量为 7.5 L/min，在与工件发生碰撞时，会产生极高的冲击动压和涡流，具有固体的加工作用。

材料被加工的过程是一个动态断裂过程。对于脆性材料(如石材)，主要是以裂纹破坏及扩散为主；而对于塑性材料(如钢板)，遵循最大的拉应力瞬时断裂准则，即一旦材料中某点的法向拉应力达到或超过某一临界值时,该点即发生断裂。根据弹塑性力学理论,动态断裂强度与静态断裂强度相比,要高出一个数量级左右。主要原因是动态应力作用时间短,材料中裂纹来不及发展,因而动态断裂不仅与应力水平有关,而且还与拉应力作用的时间长短相关。

2. 超高压水射流加工设备

目前,国外已有系列化的数控超高压水射流加工设备,但是还没有通用的超高压水射流加工机。通常情况下,都是根据具体要求设计制造的。设备主要有增压系统、切割系统、控制系统、过滤设备和机床床身。

(1) 增压系统

增压系统主要包括增压器、控制器、泵、阀及密封装置等。增压器是液压系统中重要的设备,要求增压器使液体的工作压力达到100~400 MPa,以保证加工的需要。高出普通液压传动装置液体工作压力的10倍以上,因此系统中的管路和密封是否可靠,对保障切割过程的稳定性、安全性具有重要意义。对于增压水管采用高强度不锈钢厚壁无缝管或双层不锈钢管,接头处采用金属弹性密封结构。

(2) 切割系统

喷嘴是切割系统最重要的零件。喷嘴应具有良好的射流特性和较长的使用寿命。喷嘴的结构取决于加工要求、常用的喷嘴有单孔和分叉两种。

喷嘴的直径、长度、锥角及孔壁表面质量对加工性能有很大影响,通常要根据工件材料性能合理选择。喷嘴的材料应具有良好的耐磨性、耐腐蚀性和承受高压的性能。常用的喷嘴材料有硬质合金、蓝宝石、红宝石和金刚石。其中,金刚石喷嘴的寿命最高,可达1 500 h,但加工困难、成本高。此外,喷嘴位置应可调,以适应加工的需要。

影响喷嘴使用寿命的因素较多,除了喷嘴结构、材料、制造、装配、水压、磨料种类以外,提高水介质的过滤精度和处理质量,将有助于提高喷嘴寿命。通常,水的pH值为6~8,并精滤到0.1 μm以下。另外,选择合适的磨料种类和粒度,对提高喷嘴的使用寿命也至关重要。

(3) 控制系统

可根据具体情况选择机械、气压和液压控制。工作台应能纵、横向灵活移动,适应大面积和各种型面加工的需要。当采用程序控制和数字控制系统是理想的。目前,已出现程序控制液体加工机,其工作台尺寸为1.2 m×1.5 m,移动速度为380 mm/s。

(4) 过滤设备

在进行超高压水射流加工时,对工业用水进行必要的处理和过滤有着重要意义:延长增压系统密封装置、宝石喷嘴等的寿命,提高切割质量,提高运行的可靠性。因此要求过滤器很好的滤除液体中的尘埃、微粒、矿物质沉淀物,过滤后的微粒应小于0.45 μm。液体经过过滤以后,可以减少对喷嘴的腐蚀。切削时摩擦阻尼很小,夹具简单。当配有多个喷嘴时,还可以采用多路切削,提高切削速度。

(5) 机床床身

机床床身结构通常采用龙门式或悬臂式机架结构,一般都是固定不动的。为了保证喷嘴与工件距离的恒定,以保证加工质量,因此要在切削头上安装一只传感器。为了实现加工三维复杂形状零件,切削头和关节式机器人手臂或三轴的数控系统控制结合,可以加工出复杂的立体形状。

3. 超高压水射流加工的工作参数及其对加工的影响

超高压水射流加工的工作参数(见图3-27)主要包括:流速与流量、水压、能量密度、喷射距离、喷射角度,喷嘴直径。以下分别介绍这些参数对加工的影响。

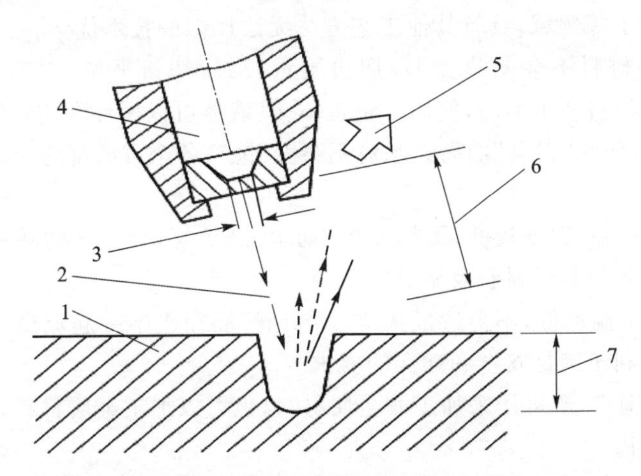

1—工件;2—射流速度;3—喷嘴直径;4—出口压力;
5—进给方向;6—喷射距离;7—穿透深度

图3-27 超高压水射流加工的有关工作参数

① 流速与流量。水喷射加工采用高速水流,速度可高达每秒数百米,是声速的2～3倍。超高压水射流加工的流量可达7.5 L/min。流速和流量越大对,加工效率越大。

② 水压。加工时,在由喷嘴喷射到工件加工面之前,水的压力经增压器作用变为超高压,可高达700 MPa。提高水压,将有利于提高切割深度和切割速度。但会增加超高压水发生装置及超高压密封的技术难度,增加设备成本。目前,常用超高压水射流切割设备的最高压力一般控制在400 MPa以内。

③ 能量密度。即高压水从喷嘴喷射到工件单位面积上的功率,也称功率密度,可达1 010 W/m^2。

④ 喷射距离。指从喷嘴到加工工件的距离,根据不同的加工条件,喷射距离有一个最佳值。一般范围为2.5～50 mm,常用范围为3 mm。

⑤ 喷射角度。喷射角度可用正前角来表示。水喷射加工时喷嘴喷射方向与工件加工面的垂线之间的夹角称为正前角。超高压水喷射加工时一般正前角为0°～30°。喷射距离与切割深度有密切关系,在具体加工条件下,喷射距离有一个最佳值,可经过试验来寻求。

⑥ 喷嘴直径。用于加工的喷嘴直径一般小于1 mm,常用的直径为0.05～0.38 mm。增大喷嘴直径可以提高加工速度。

切缝质量受材料性质的影响很大。软质材料可以获得光滑表面,塑性好的材料可以切割出高质量的切边。水压对切缝质量影响很大,水压过低,会降低切边质量,尤其对于复合材料,容易引起材料离层或起鳞,这时需要选择合适的加工前角。

加工厚度较大的工件,需要采用高压水切割。此时,断面质量随切割深度发生变化:上部断面平整、光洁,质量好;中间过渡区域存在较浅的波纹;在断面的下部,由于切割能量降低,由于弯曲波纹的产生,质量降低。

4. 超高压水射流加工的特点

超高压水射流使用廉价的水作为工作介质，是一种冷态切割新工艺，属于“绿色”加工范畴，是目前世界上先进的加工工艺方法之一。它可以加工各种金属、非金属材料，各种硬、脆、韧件材料，在石材加工等领域，具有其他工艺方法无法比拟的技术优势。

① 切割时工件材料不会受热变形，切边质量较好：切口平整，无毛刺，切缝窄，宽度为0.075～0.40 mm。材料利用率高，使用水量也不多(液体可以循环利用)，降低了成本。

② 加工过程中，作为“刀具”的高速水流不会变“钝”，各个方向都有切削作用，因而切割过程稳定。

③ 切割加工过程中，温度较低，无热变形、烟尘、渣土等，加工产物随液体排除，故可以用来切割加工木材、纸张等易燃材料及制品。

④ 由于切割加工温度低，不会造成火灾。“切屑”混在水中一起流出，加工过程中不会产生粉尘污染，因而有利于满足安全和环保的要求。

⑤ 加工材料范围广，既可用来加工非金属材料，也可以加工金属材料，而且更适宜于加工切割薄的和软的材料。

⑥ 加工开始时不需退刀槽、孔，工件上的任何位置都可以作为加工开始和结束的位置，与数控加工系统相结合，可以进行复杂形状的自动加工。

⑦ 液力加工过程中，“切屑”混入液体中，故不存在灰尘，不会有爆炸或火灾的危险。对某些材料，夹裹在射流束中的空气将增加噪声，噪声随压射距离的增加而增加。在液体中加入添加剂或调整到合适的正前角，可以降低噪声，噪声分贝值一般低于标准规定。

目前，超高压射水流加工存在的主要问题是：喷嘴的成本较高，使用寿命、切割速度和精度仍有待进一步提高。

5. 超高压水射流加工的应用

超高压水射流加工的流束直径为0.05～0.38 mm，可以加工很薄、很软的金属和非金属材料，也可以加工较厚的材料，最大厚度达125 mm。如今，该技术在国内外许多工业部门得到了广泛应用。以下举例说明。

在建筑装潢方面，可以用于切割大理石、花岗岩，雕刻出精美的花鸟虫鱼、生肖艺术拼花图案，呈现出五彩缤纷的图案而进入千家万户。

在汽车制造方面，用于切割仪表盘、内外饰件、门板、窗玻璃，不需要模具，可提高生产线的加工柔性。

在航空航天工方面，用于切割纤维、碳纤维等复合材料，切割时不产生分层，无热聚集，工件切割边缘质量高。

在食品方面，用于切割松碎食品、菜、肉等，可减少细胞组织的破坏，增加存放期。

在纺织工方面，用于切割多层布条，可提高切割效率，减少边端损伤。

总之，超高压水射流加工技术的应用范围在日益扩展，潜力巨大。随着设备成本的不断降低，其应用的普遍程度将进一步得到提高。

3.5　高能束加工技术

3.5.1　激光加工技术

1. 激光原理与特点

(1) 激光的产生原理

激光最初被译作“镭射”，即英语“Laser”，在 20 世纪 60 年代初期，由钱学森建议，把光受激发射器改称为“激光”或“激光器”。

世界上第一台红宝石激光器由美国科学家梅曼于 1960 年发明成功，随后各种激光器不断涌现，我国科学家王之江也于 1961 年在长春光机所研究成功我国第一台激光器。激光器作为 20 世纪四大发明之一，它为人们科学研究、生产提供一个新的方法，也给人类的生活提供了很大方便，特别在是进入 20 世纪 80 年代以来，激光加工技术在工业上获得广泛的应用，成为工业上不可缺少的一种方法。

1) 光的自发辐射

由于电子在原子外层的不同分布，具有不同的内部能量，从而形成所谓的能级。若原子处于内部能量最低的状态，则称原子处于基态。其他比基态能量高的状态，都称激发态。在热平衡情况下，绝大多数原子都处于基态。处于基态的原子，从外界吸收能量以后，将跃迁到能量较高的激发态。当原于被激发到高能级 E_2 时，它在高能级上是不稳定的，即使在没有任何外界作用的情况下，它也有可能从高能级 E_2 跃迁到低能级 E_1，并把相应的能量释放出来，如图 3-28 所示。这种在没有外界作用的情况下，原子从高能级向低能级的跃迁过程中释放的能量是通过光辐射形式放出，这种跃迁过程称为自发辐射。

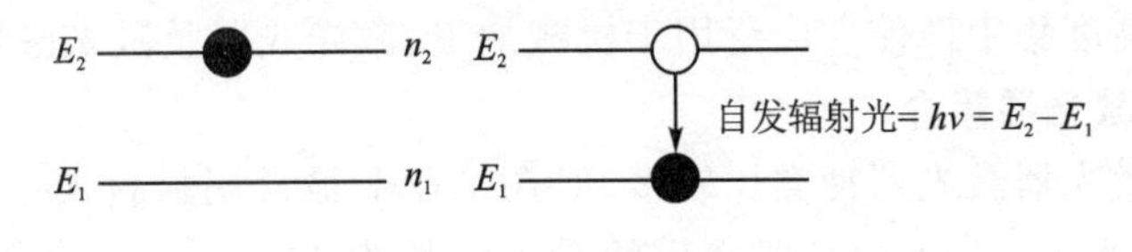

图 3-28　光的自发辐射

2) 光的受激吸收

当原子受到外来的能量为 $h\nu_{21}$ 的光子作用(激励)下，处于低能级 E_1 上的原子由于吸收一个能量为 $h\nu_{21}$ 的光子而受到激发，跃迁到高能级 E_2 上去，这种过程称为光的受激吸收，如图 3-29 所示。

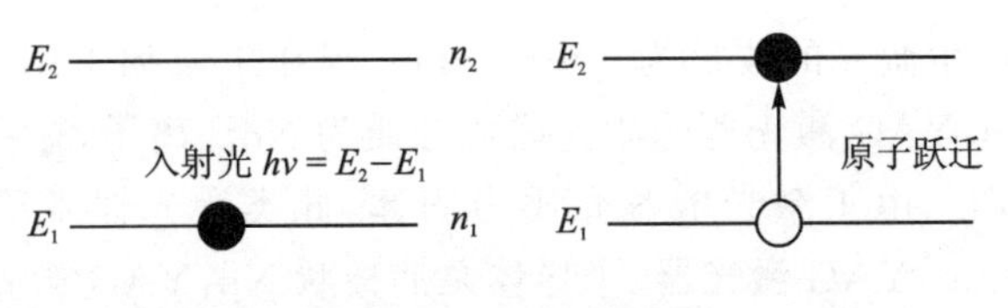

图 3-29　光的受激吸收

3) 光的受激辐射

当原子受到外来的能量为 $h\nu$ 的光子作用(激励)时，处在高能级 E_2 上的原子也会在能量为 $h\nu$ 的光子诱发下，从高能级 E_2 跃迁到低能级 E_1，这时原子发射一个与外来光子一模一样的光子，这种过程称为光的受激辐射，如图 3－30 所示。

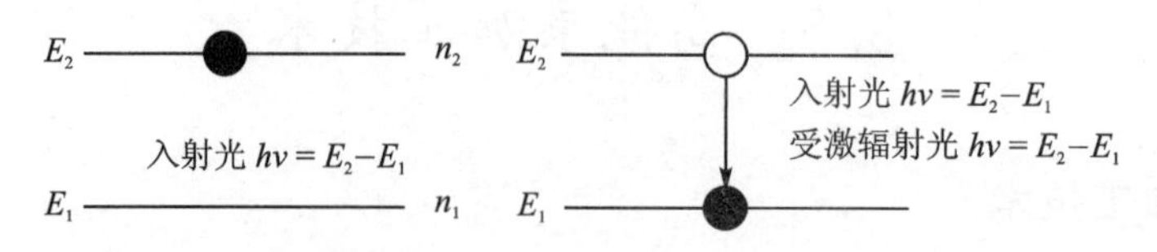

图 3－30　光的受激辐射

（2）激光特性

激光器具有与普通光源很不相同的特性，一般称为激光的四性：方向性好、单色性好、相干性好以及高亮度。激光的这些特性不是彼此独立的，它们相互之间有联系。实际上，正是由于激光的受激辐射本质决定了它是一个相干光源，因此其单色性和方向性好，能量集中。

① 方向性：光源的方向性由光束的发散角 θ 来描述的，普通光源发出的光是各向传播的，发散角很大。激光的发散角却很小，它几乎是一束平行光。在各类激光器中，气体激光器的方向性最好，固体激光器次之，半导体激光器最差。

② 单色性：光源的单色性由光源谱线的绝对线宽 $\Delta\upsilon$ 来描述。一般光源的线宽是相当宽的，即使是单色性好的氖灯，线宽也有 104～106 Hz。而激光的线宽相当窄，如氦氖激光器的线宽极限可以达到约 10^{-4} Hz 的数量级，显然这是极高的单色性。

③ 相干性：激光器的相干性能比普通光源要强得多，一般称激光为相干光，普通光为非相干光。

④ 高亮度：光的辐射亮度是指单位立体角内光的强度。普通光源所发出的光是连续的，并且射向四面八方，能量非常分散，故亮度不高。激光器发出的激光方向性好，能量在空间高度集中。因此，激光器的光亮度远比普通光源要高得多。此外，激光还可以用透镜进行聚焦，将全部的激光能量集中在极小的范围内，产生几千摄氏度乃至上万摄氏度的高温。激光的高亮度也就是能量的高度集中性使它广泛用于机械加工、激光武器及激光医疗等领域中。

2. 材料加工用激光器简介

激光加工常用激光器激光器种类比较多，但在工业上最常用材料加工的激光器是 CO_2 激光器和 Nd：YAG 激光器。CO_2 激光器产生的激光波长为 10.6 μm，电光转换效率为 10％～15％。目前工业加工用 CO_2 激光器输出功率可达 10 kW 以上。CO_2 激光器有快速横流 CO_2 激光器、RF 激励轴流 CO_2 激光器等，这些 CO_2 激光器经聚焦后都能达到金属材料激光加工的功率密度，但它们的光束质量不同，聚焦后腰斑直径和束腰长度不同，加工能力和加工质量有较大的差别。CO_2 激光器轴流激光器光束质量高；CO_2 激光器横流激光器输出功率高，但光束质量受限。

Nd：YAG 激光器产生激光的波长为 1.061 μm。现在工业加工用 Nd：YAG 激光器的功率可达 5 kW 以上。Nd：YAG 激光器的激光增益介质为 Nd^{3+} 离子，存在于掺钕的钇铝石榴石（YAG）固体晶体材料内。由于激光增益介质为固体，此类激光器常称为固体激光器。Nd：YAG 激光器有灯泵浦 Nd：YAG 激光器、半导体泵浦棒状 Nd：YAG 激光器，这些 Nd：YAG 激光器经聚焦后都能达到金属材料激光加工的功率密度，它们的光束质量不同，半导体泵浦棒状 Nd：YAG 激光器光束质量高。工业加工用 Nd：YAG 激光器有连续和脉冲两类。脉冲 Nd：YAG 激光器产生的脉冲功率高，此类激光器运行在 500 W 的平均功率，而峰值功率可高达 10 kW，可用于高反射率材料和厚材料的加工。比较 CO_2 激光器和 Nd：YAG 激光器，固体激光器具有结构简单、便于使用与维护和寿命长等特点，但气体激光器的电光转换效率约为20%，固体激光器的电光转换效率小于5%。对金属材料进行激光加工，Nd:YAG激光波长更利于材料的吸收，固体激光的使用效率比气体激光高；固体激光器输出的激光可以在光纤中传输，可用机械手控制光纤输出头，实现柔性大范围、立体三维加工，激光传输系统简单。气体激光器输出的激光只能在空气中传输，激光束的控制只能通过沿光路的光学元件完成，光学传输系统复杂，不利于大范围、立体三维的加工，另外，气体激光器在使用过程中需消耗多种气体，有的气体由于纯度高，非常昂贵。

3. 激光加工基本设备的组成

激光加工的基本设备包括激光器、电源、光学系统及机械系统等4大部分。

① 激光器：是激光加工的核心设备，它是把电能转换成光能，产生激光束。

② 激光器电源：为激光器提供电能以及实现激光器和机械系统自动控制。

③ 光学系统：主要包括聚焦系统和观察瞄准系统。

④ 机械系统：包括床身、数控工作台和数控系统等。

图3-31是固体激光器结构示意图。

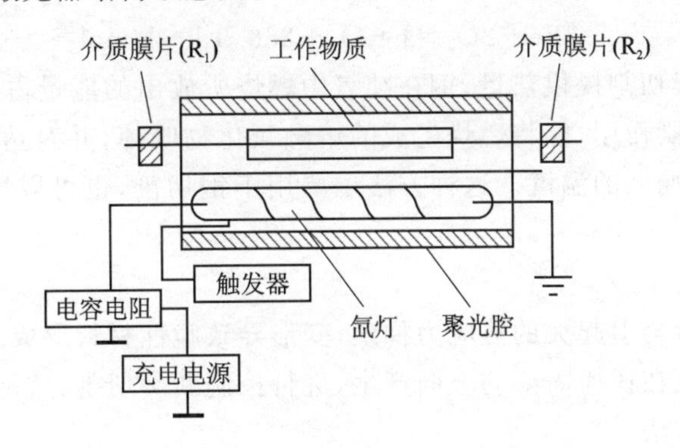

图3-31　固体激光器结构示意图

4. 激光切割

(1) 激光切割的基本原理与分类

图3-32展示了激光切割的原理。激光切割是一个热加工的过程，在这一过程中，激光束经透镜被聚焦于材料表面或以下，聚焦光斑的直径大小为0.1～0.3 mm，聚焦光斑处获得的

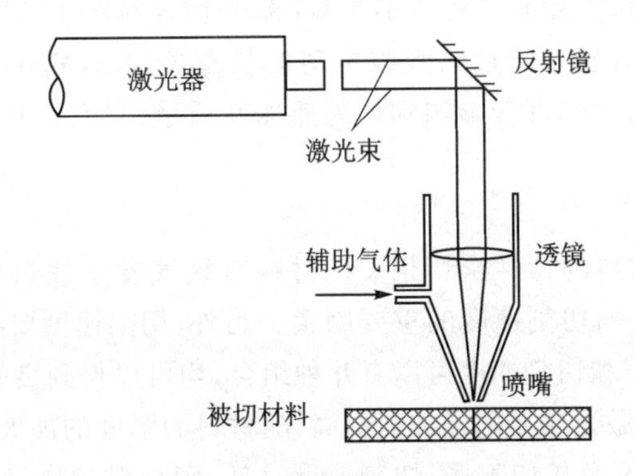

图3-32　激光切割原理示意图

能量密度很高，焦点以下的材料瞬间受热后部分汽化、部分熔化，与激光束同轴的辅助气体经切割喷嘴将熔融的材料从切割区域去除掉。随着激光束与材料相对移动，形成宽度很窄的切缝。

根据激光切割过程的本质不同，除汽化切割外通常有以下 3 种形式：熔化切割、氧化助熔切割和控制断裂切割。

1）熔化切割

当激光将材料熔化后，用惰性辅助气体吹除。金属材料的熔化切割机制可概括为：当入射的激光束功率密度超过某一阈值时，光束照射点处材料内部开始蒸发，形成孔洞，然后与光束同轴的辅助气流把孔洞周围的熔融材料去除。熔化切割机制所需的激光功率密度大约在 107 W/cm^2。熔化切割主要应用切割铝合金、钛合金、不锈钢等材料。

2）氧化助熔切割

如果使用氧气辅助气体，材料在激光照射下被点燃，与氧气发生激烈放热反应，如在切割钢时，发生下述反应：

$$Fe + 0.5O_2 = FeO + 64.3\ \text{kcal/mol}$$

$$2Fe + 1.5O_2 = Fe_2O_3 + 198.5\ \text{kcal/mol}$$

$$3Fe + 2O_2 = Fe_3O_4 + 266.9\ \text{kcal/mol}$$

放出的热量为后续切割提供热量，钢在纯氧中燃烧所放出的能量占全部热量的 60%。另外，氧气流对切口起冲刷作用，能将燃烧生成的熔融氧化物吹掉，并对达不到燃烧温度的部分起冷却作用，降低热影响区的温度。这种方法主要用于钢切割，也可以用于不锈钢的切割，是应用最广的切割方法。

3）控制断裂切割

激光束加热材料后会引起大的热应力梯度，变形导致脆性材料形成裂纹。利用这一特点，激光束就可以引导裂纹在任何需要的方向产生，进行控制断裂切割，这是切割玻璃之类具有高膨胀系数材料的基本方法。

（2）影响激光切割质量的主要因素

影响激光切割质量的因素有很多，现在简单介绍最重要的因素如下。

1）激光的波长和输出功率

波长是影响激光束聚焦特性的因素之一。在激光切割中聚焦光斑越小在焦点处得到的能量密度越高，高能量密度小聚焦光斑是获得最佳切割质量的保证。短波长的激光比长波长的激光具有更好的聚焦能力，因此脉冲的 Nd：YAG 激光比连续的 CO_2 激光更适合于切割精密、细小的工件。另外，材料对激光能量的吸收也与波长有关，Nd：YAG 激光比 CO_2 激光更容易被材料吸收。激光的输出功率直接影响到切割速度和质量，只有选择合适的激光输出功率，才能保证激光切割质量。

2）切割速度

切割速度与被切割材料的特性密切相关。材料与氧气发生放热反应的能力、对激光的吸收率及其热扩散性都是影响切割速度的重要因素。另外，切割速度要与激光功率相对应。对于相同厚度的材料，激光功率和切割速度可以有几种组合，均可以得到良好的切割质量。通常在一定范围内切割速度可以随激光功率的增加而提高，随材料的厚度的加大而降低（见图 3－33）。切割速度过高，则切口清渣不净或切不透；切割速度过低，则材料过烧，切口宽度和材料热影响区过大。

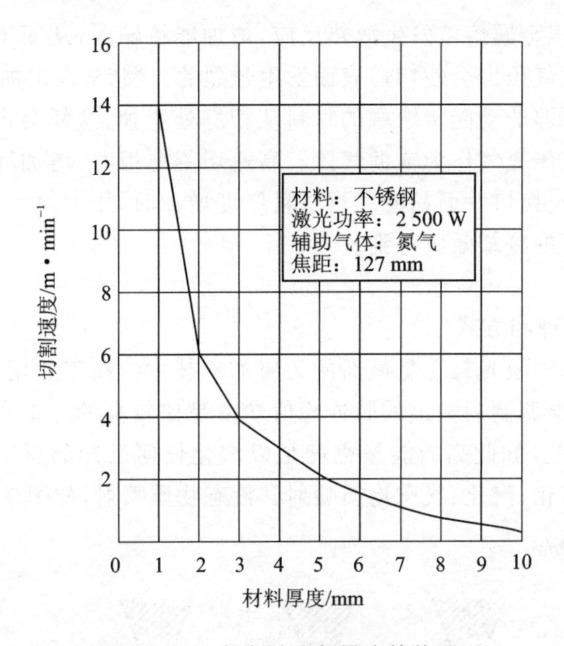

图3-33 切割速度与厚度的关系

3）焦点位置

焦点位置对激光加工质量有很大的影响，与焦点位置紧密相关的是焦深，焦深是描述聚焦光斑特性的一个参数，定义为聚焦光斑直径 d 增加5%是在焦距方向上相应的变化范围，如图3-34所示，图3-34中 Z 即为焦深。在聚焦光斑直径 d 变化5%的范围内也即在焦深范围内，功率密度减小不超过9.3%，可以看出，焦深随焦距的变小而变小，也随入射激光束直径的增加而减小，焦深是影响激光加工零件定位要求的主要因素之。对于切割质量来说，焦点位置是一个非常重要的参数。然而在实际的加工中对于正确的焦点位置并没有一个通用的设置规则。在实际应用中需要通过试验找到被切割材料的最佳焦点位置。焦点位置位于工件表面或略低于工件表面时，可以获得最大的切割深度和较小的切缝宽度。切割低碳钢时一般将焦点置于距材料表面等于材料厚度1/3～1/2的位置，高压切割不锈钢时焦点位置则在材料的下表面之下。

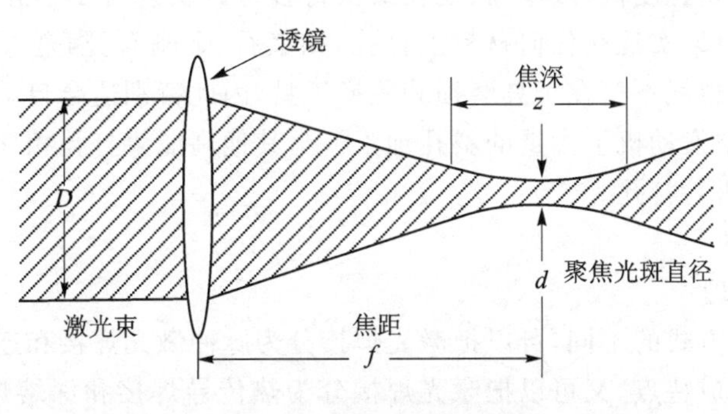

图3-34 激光焦深示意图

4）辅助气体

辅助气体包括气体种类和压力。辅助气体在激光切割的过程中扮演着不同的角色，要根据被切割材料的种类和所要求的切割质量选择不同种类的气体。氧气一般用于低碳钢的切割，在切割过程中与高温金属熔液发生放热反应，增加能量输入，从而可以提高最大切割速度或切割厚度。过高的氧气压力会使切口表面发生强烈的自燃，从而增加切口表面的粗糙度；压力太小又不足以获得足够的动能将熔融的材料从切缝处吹掉，这样会产生黏渣。钛合金和铝合金的切割通常使用高压氮气作为辅助气体。高速切割薄板时，增加气体压力可以在一定范围内提高切割速度，防止切口背面黏渣。当材料厚度增加时，压力过大会引起切割速度下降，这是因为气体对加工区的冷却效应得到。

5. 激光打孔

(1) 激光打孔的原理和方式

在所有的打孔技术中激光打孔是最新的无屑加工技术。在工业用脉冲激光器中，光泵浦的 Nd:YAG 固体激光器调制后输出的脉冲峰值功率是比较高的。聚焦后焦点处的功率密度达到 107 W/cm^2 的量级。如此高的能量密度足以汽化任何已知的材料。激光打孔分为五个阶段：表面加热、表面熔化、汽化、气态物质喷射和液态物质喷射，如图 3-35 所示。

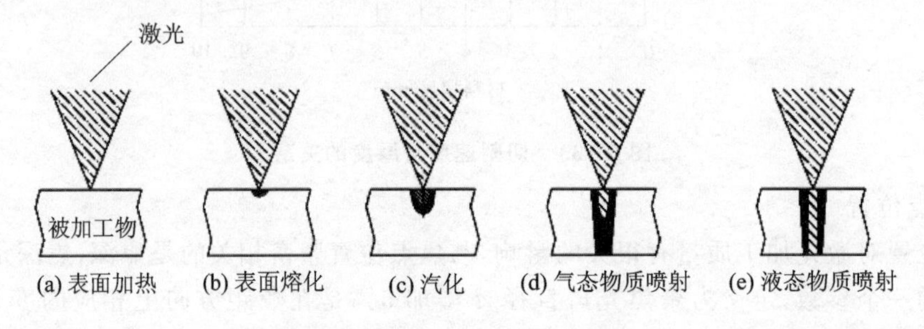

图 3-35 激光打孔过程示意图

根据加工过程的不同，激光打孔可以分为 3 类：

① 单脉冲打孔。孔是由单个脉冲产生的。

② 多脉冲打孔。这种方式比单脉冲制孔可以获得更大的孔深。

③ 套料制孔。为了获得比聚焦光斑直径更大孔径的孔或非圆孔，激光束与工件要做相对运动，或者移动聚焦透镜。

(2) 激光打孔的特点及应用

激光打孔的特点是速度快、效率高，现在最快每秒可以实现打 100 孔；打孔的孔径可以从几微米到任意孔径；可以实现在任何材料上打孔，如宝石、金刚石、陶瓷、金属、半导体、聚合物和纸等；不需要工具，也就不存在工具磨损和更换工具，因此特别适合自动化打孔。另外，激光还可以打斜孔，如航空发动机上大量的斜孔加工。与其他高能束打孔相比，激光打孔不需要抽真空，能够在大气中进行打孔。

6. 激光焊接技术

(1) 激光焊接原理

按激光束的输出方式的不同，可以把激光焊接分为脉冲激光焊接和连续激光焊接；若根据激光焊接时焊缝的形成特点，又可以把激光焊接分为热传导焊接和深熔焊接。前者使用激光功率低，熔池形成时间长，且熔深浅，多用于小型零件的焊接；后者使用的激光功率密度高，激光辐射区金属熔化速度快，在金属熔化的同时伴随着强烈的汽化，能获得熔深较大的焊缝，焊缝的深宽比较大。图 3-36 表明了不同的辐射功率密度下熔化过程的演变。

激光焊接时，激光通过光斑向材料“注入”热量，材料的升温速度很快，表面以下较深处的

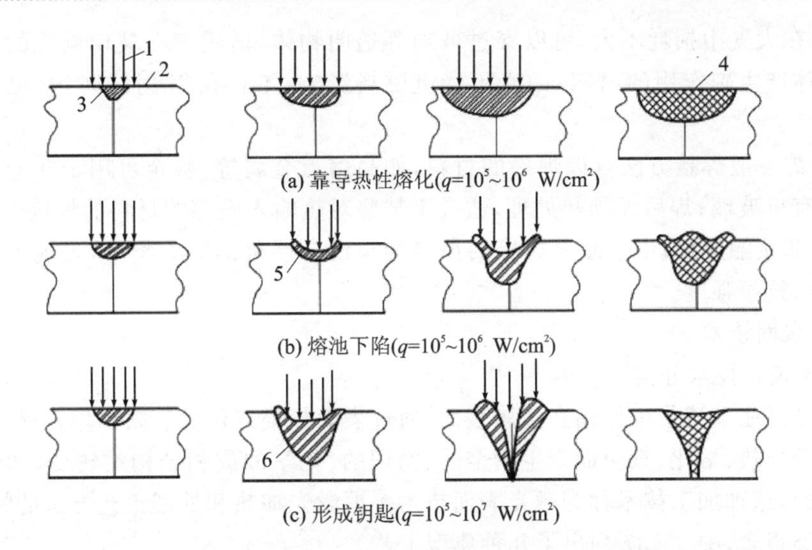

(a) 靠导热性熔化($q=10^5\sim10^6$ W/cm^2)

(b) 熔池下陷($q=10^5\sim10^6$ W/cm^2)

(c) 形成钥匙($q=10^5\sim10^7$ W/cm^2)

图 3－36　在不同的辐射功率密度下熔化过程的演变

材料能在极短的时间内达到很高的温度。焊件的穿透深度可以通过激光的功率密度来控制。激光焊输入的热量明显低于电弧焊和气焊，可以获得近似垂直的深而窄的焊缝，且热影响区窄，焊件变形小。对钢板的焊接，当功率密度为 104 W/mm^2 时焊接速度可以达到每分钟数十米。激光束斑的直径较小，可以准确地对准焊件上的焊点。

① 热传导热焊接。采用的激光光斑功率密度小于 105 W/cm^2 时，激光将金属表面加热到熔点和沸点之间。焊接时，金属材料表面将所吸收的激光能转变为热能，使金属表面温度升高而熔化，然后通过热传导方式把热能传向金属内部，使熔化区逐渐扩大，凝固后形成焊点或焊缝，这种焊接机理称为热传导热焊。其特点是：激光光斑的功率密度小，很大一部分光被金属表面反射，光的吸收率较低，焊接熔深浅，焊接速度慢。主要用于薄、小工件的焊接加工。

② 激光深熔焊接。当激光光斑上的功率密度大于 106 W/cm^2 时，金属在激光的照射下被迅速加热，其表面温度在极短的时间内升高到沸点，使金属熔化或汽化，产生的金属蒸汽以一定速度离开熔池，逸出的蒸汽对熔化液态金属产生一个附加压力，使熔池金属表面向下凹陷，在激光光斑下产生一个小凹坑。当光束在小孔底部继续加热时，所产生的金属蒸汽一方面压迫坑底的液态金属使小坑进一步加深；另一方面，坑外飞出的蒸汽将熔化的金属挤向熔池四周，此过程连续进行下去，便在液态金属中形成一个细长的孔洞而进行焊接，因此称之为激光深熔焊。

（2）激光焊接的特点

激光焊接以高能量密度的激光作为光源，对金属进行熔化形成焊接接头。与一般焊接方法相比激光焊接具有以下特点。

① 激光加热范围小，在同等功率和焊接厚度条件下，焊接速度高，热输入小，热影响区小，焊接应力和变形小。

② 激光可通过光导纤维、棱镜等光学方法弯曲传输、偏转、聚焦，特别适合于微型零件和远距离或一些难以接近的部位的焊接。

③ 一台激光器可供多个工作台进行不同的工作，既可用于焊接，又可用于切割、合金化和热处理，一机多用。

④ 激光在大气中损耗不大，可以穿过玻璃等透明物体，适用于在玻璃制成的密封容器里焊接能对人体产生副作用的材料；激光不受电磁场影响，不存在 X 射线防护，也不需要真空保护。

⑤ 可以焊一般焊接方法难以焊接的材料，如高熔点金属等，甚至可用于非金属材料的焊接，如陶瓷、有机玻璃；焊后无须热处理，适合于某些对热输入敏感的材料的焊接。

⑥ 属于非接触焊接；由于激光焊接的焊接接头没有严重的应力集中，表现出良好的抗疲劳性能和高的抗拉强度。

7. 激光表面技术

(1) 激光表面技术分类

采用激光高能束流集中作用在金属表面，通过表面扫描或伴随有附加填充材料的加热，使金属表面由于加热、熔化、汽化而产生冶金的、物理的、化学的或相结构的转变，达到了金属表面改性的目的，这种加工技术称为激光表面技术。据激光加热和处理工艺方法的特征，激光表面处理的种类很多，图 3-37 列出了几种典型工艺。

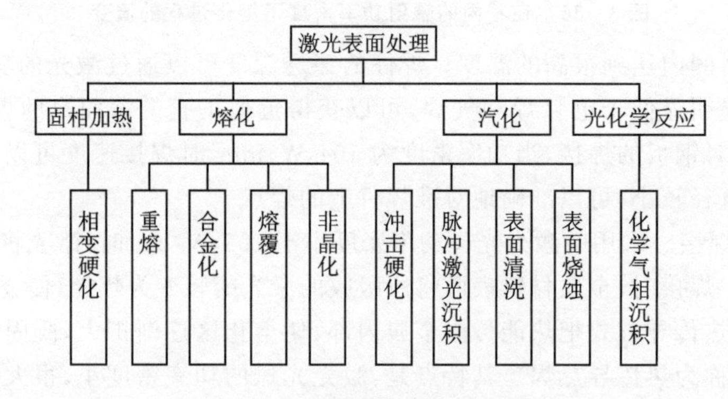

图 3-37 激光表面技术的分类

常用的表面处理方法有 4 种，即相变硬化、激光重熔、激光合金化和激光熔覆。图 3-38(a)是表面硬化示意图，这种工艺仅适用于黑色金属，并且在工件的处理过程中，表面的温度必须低于其熔点。图 3-38(b)是表面重熔示意图，是要把材料表面加热到熔点以上，并在材料表面生成一个重熔层。图 3-38(c)所示是激光熔覆的示意图，其特点是激光加热是在伴随有新材料的填充所进行的，激光表面合金化从机理上也是属于这个范畴。

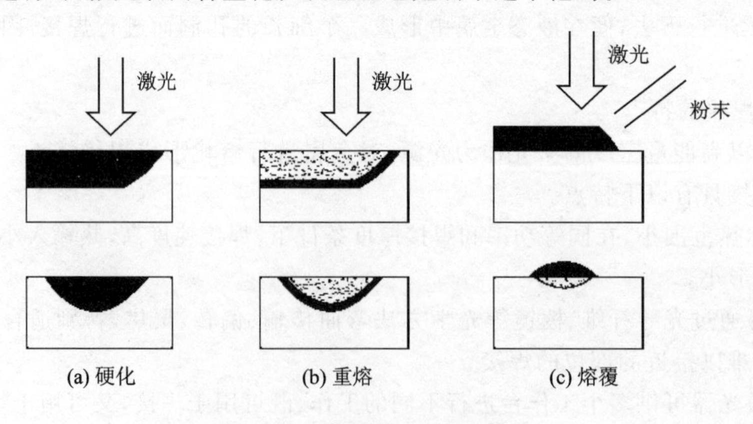

图 3-38 激光表面处理示意图

(2) 激光相变硬化

1) 激光相变硬化的原理

激光相变硬化也称为激光淬火,是利于激光辐照的能量把金属材料表面快速加热至相变温度与熔点温度之间,然后利用材料本身对加热表面进行快速冷却使其发生固态相变产生硬化层的一种工艺方法。当高功率密度聚焦激光束作用于金属表面时,金属表面吸收激光能量并以极高的加热速度(可以高达1 010 K/s)被加热。由于热效应只是集中在材料表面很薄的局部区域内,因此在被加热的表层与金属基体之间将形成极高的温度梯度。当激光停止作用时,金属的良好导热性将导致表面以高达104～108 K/s的速度冷却。其原理是在激光作用下使材料表面快速加热至奥氏体化温度,随后通过热量往基体内部的传导,使被加热表面以很快的速度冷却,从而获得细小的马氏体组织,提高材料表面的硬度,提高零件表面的耐磨性,它还可以通过在材料表面产生压应力来提高表面的疲劳强度。

激光硬化从本质上讲与传统的高频感应线圈加热硬化(高频淬火)类似。材料表面吸收激光束辐照的光能,并在瞬间把它转变成为热能,通过将热量在基材上的快速传导实现被处理材料表面的自淬火。激光硬化是自淬火,它与传统淬火的最大不同点是在整个激光硬化的过程中不需要使用任何的冷却介质。

2) 激光相变硬化的特点

激光相变硬化是快速进行材料表面局部淬火的一种新技术,主要用于强化材料的表面,可以提高金属材料及零件的表面硬度、耐磨性、耐蚀性以及强度和高温性能;并且在强化的同时,可以使零件心部保持较好的韧性,所以,激光硬化可以大幅度提高产品的质量,成倍提高产品的使用寿命,具有显著的经济效益,受到国内外的普遍重视,得到比较广泛的应用。

3) 激光相变硬化的应用

激光相变硬化的应用很多,如平面类零件,导轨、刀片、叶片以及板状零件;圆环类零件,活塞环、汽缸涨圈、汽室涨圈、油封座、进气门、排气门、缸盖座口、各类轴承环等,以提高硬度和耐磨性为目的;套筒类零件,有汽车、拖拉机、船舶等发动机缸套或缸体、汽阀导管、电锤套筒、各类衬套和泵筒等;各种轴类、长杆导柱等,异型类零件,如齿轮、模具、针布、钟表的擒纵叉、发动机飞锤、刀具、离合器连接件、花键套等。

(3) 激光重熔

1) 激光表面重熔的原理和特点

激光重熔是在激光作用下使材料表面局部区域快速加热至熔化,随后借助于冷态的金属基体的热传导作用,使熔化区域快速凝固,形成结构极其细小的非平衡铸态组织的工艺技术。经激光重熔的零件表面硬度高,耐磨抗蚀性好。

重熔的主要目的是改善材料的原始组织,特别是获得弥散细化效应。通过激光重熔,材料表面层可获得细晶组织,并使显微组织中的沉淀相等,诸如炭化物、石墨或氧化物,部分或全部溶解,快速结晶使它们不再沉淀,因而得到过饱和的固溶体。后一效应对抗腐蚀性特别重要。而有色金属一般以重熔硬化的方式有效地实现表面硬化。当扫描速度很快或激光作用时间很短时,对于有些合金,熔化层快速凝固后将得到非晶表面,具有极好的耐磨损和抗腐蚀性能,这就是激光非晶化,有时也称激光玻璃化。

2) 激光表面重熔的应用

激光重熔硬化在含有铬的碳钢、工具钢、包括高速钢以及结构不锈钢和轴承钢的应用上具有明显的优越性。激光重熔硬化对改善材料性能具有明显的效果,工作寿命可相应延长数倍。在特殊情况下,这种工作寿命的延长可达10倍。经预热处理后激光重熔硬化的高速钢其耐磨损性能是原来的1.5～3倍。激光重熔硬化可以对铸态合金零部件做表面处理,如灰铸铁、球墨铸铁、铸态铝合金等。灰铸铁重熔硬化广泛应用于汽车工业,用以强化滑动环和发动机汽缸、汽轮机部件、凸轮和齿轮,使得工作寿命延长数倍。

铝合金的激光重熔硬化主要应用于铸态铝合金组织细化。目前,采用激光重熔硬化处理的铸造铝合金主要是铝-硅系合金。一方面是这类合金综合性能好,应用广泛;另一方面是由于这些近共晶成分的合金经激光重熔后可以获得显著的强化效果。

(4) 激光合金化

1) 激光合金化的原理和特点

激光合金化是在激光重熔的基础上通过向熔化区内添加一些合金元素,熔化的基体材料和添加的合金元素由于激光熔池的运动而得到混合,凝固后形成以基体成分为基础而又不同于基体成分的新的合金层,以达到所要求的使用性能的工艺技术。通常按合金元素的加入方式将其分成3大类,即预置式激光合金化、送粉式激光合金化和气体激光合金化。

预置式激光合金化就是把要添加的合金元素先置于基材合金化部位,然后再激光辐照熔化。预置式合金化的方法主要有:热喷涂法,化学黏结法,电镀法,溅射法,离子注入法。一般来说,前两种方法适于较厚层合金化,而最后两种方法则适合薄层或超薄层合金化。激光合金化工艺具有以下的特点:没有改变基体材料的性质;激光合金化具有很高的冷却速度,这种快速冷却的非平衡过程可使合金元素在凝固后的组织达到极高的过饱和度,形成普通合金化方法很难获得的化合物,且晶粒极其细小;激光合金化既可以在合金元素用量很小的情况下获得具有高性能的合金化表层,也可以获得合金含量高、常规方法无法获得或不可逆转获得的具有特殊性能的合金层。因此,激光合金化为创造新的合金表层提供了广泛的可能性。

2) 激光合金化的应用

有资料表明,为了提高中碳低合金钢的耐腐蚀性能,可以采用Cr-Mo粉末进行激光合金化处理。将Cr粉与Mo粉按Cr∶Mo=4∶1比例混合,用等离子喷涂在基材表面,形成约200 μm厚的预置涂层。采用2 kW CO_2横流激光器,光斑直径1.75 mm,功率密度6.25×104 W/cm^2,扫描速度5～45 mm/s,进行多道搭接扫描。钛和钛合金的激光气体表面氮化是一种提高材料耐腐蚀性能的常用技术。采用5 kW横流CO_2激光器,同轴送N_2合金化气并加N_2保护激光熔池。激光合金化层厚度达0.5 mm,合金层的组织为富氮的基体,并分布TiN枝晶。

(5) 激光熔覆

1) 激光熔覆的原理

激光熔覆是利用高能密度激光束将具有不同成分、性能的合金与基材表面快速熔化,在基材表面形成与基材具有完全不同成分和性能的合金层的工艺技术,是材料表面改性技术的一种重要方法。根据合金供应方式的不同,激光熔覆可以分为两种(见图3-39),即合金预置法和合金同步供应法。

合金预置法是指将待熔覆的合金材料以某种方法预先覆盖在基材表面,然后采用激光束在合金预覆层表面扫描,使整个合金预覆层及一部分基材熔化,激光束离开后,熔化的金属快速凝固而在基材表面形成冶金结合的合金熔覆层。合金同步供应法是指采用专门的送料系统

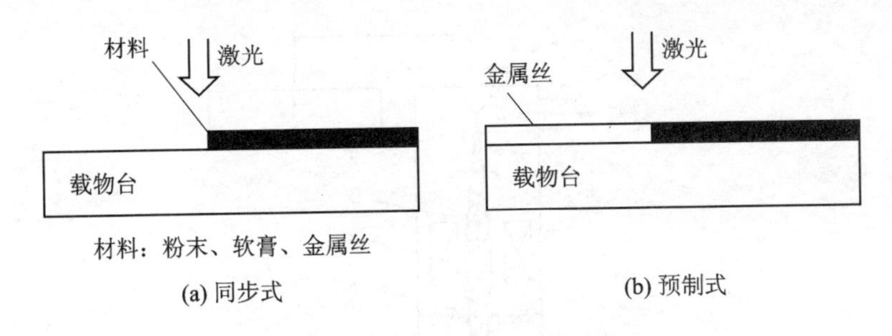

(a) 同步式　　(b) 预制式

图 3－39　激光熔覆的原理示意图

在激光熔覆过程中将合金材料直接送入激光作用区，在激光的作用下合金材料和基体材料的一部分同时熔化，然后冷却结晶形成合金熔覆层。合金同步供应法工艺过程简单，合金材料利用率高，可控性好，可以熔覆甚至直接成形复杂三维形状的部件，是熔覆技术工业应用的首选方法。激光熔覆所使用的合金材料也可以是粉末、丝材或板材。

2）激光熔覆的特点与应用

激光熔覆的主要目的是在廉价金属材料表面形成高性能的合金层，达到降低成本、提高零件表面耐磨、耐蚀及耐高温抗氧化等的综合性能。激光熔覆的合金材料包括自熔性合金材料、炭化物弥散或复合材料、陶瓷材料等。这类材料具有优异的耐磨、耐蚀等性能，通常以粉末的形式使用。在激光熔覆工艺中还有单道、多道、单层、多层等多种形式。通过多道搭界和多层叠加，可以实现宽度和厚度的增加。激光熔覆时常出现气孔和裂纹等现象，应尽量防止。激光熔覆目前已经广泛用于各种大型轴类零件、大型轧辊、大型铸件和汽轮机叶片的修复。

3.5.2　电子束加工

1. 电子束加工的基本原理

如图 3－40 所示，在真空条件下，电子枪射出高速运动的电子束，电子束通过一极或多极汇聚形成高能束流，经电磁透镜聚焦后轰击工件表面，由于高能束流冲击工件表面时，电子的动能瞬间大部分转变为热能。由于光斑直径极小（其直径在微米级或更小），在轰击处形成局部高温，可使被冲击部分的材料在几分之一微秒内，温度升高到几千摄氏度以上，使材料局部快速汽化、蒸发而实现加工目的。所以电子束加工是通过热效应进行的。

电磁透镜实质上只是一个通直流电流的多匝线圈，其作用与光学玻璃透镜相似，当线圈通过电流后形成磁场。利用磁场，可迫使电子束按照加工的需要作相应的偏转。

电子束的加工过程是一个热效应过程。这是因为电子是一个非常小的粒子（半径为 2.8×10^{-12} mm），质量很小（9×10^{-29} kg），但其能量很高，可达几千电子伏。电子束可以聚焦到直径为 1～2 μm，因此有很高的能量密度，可达 10^9 W/cm^2。高速高能量密度的电子束冲击到工件上时，在几分之一微秒的瞬时，入射电子与原子相互作用（碰撞），在发生能量变换的同时，有些电子向材料内部深入，有些电子发生弹性碰撞被反射出去，成为反射电子。在电子与原子的碰撞中，使原子振动产生发热现象，虽然还产生二次电子、荧光、X 射线等，占用了一部分能量，但可以认为几乎所有的能量变成了热能。由于电子束的能量密度高、作用时间短，所产生的热量来不及传导扩散就将工件被冲击部分局部熔化、汽化、蒸发成为雾状粒子而飞散，这是电子束的热效应。

图 3－41 所示为利用电子束热效应进行的各种加工。在低功率密度时，电子束中心部分

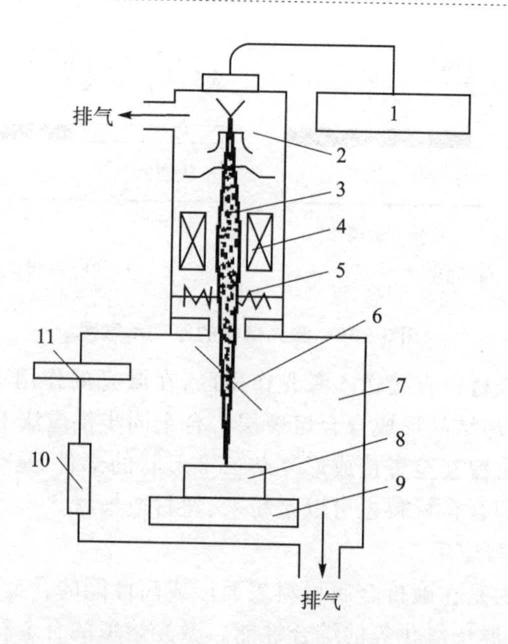

1—高速加压;2—电子枪;3—电子束;4—电磁透镜;5—偏转器;6—反射镜;
7—加工室;8—工件;9—工作台及驱动系统;10—窗口;11—观察系统

图 3-40 电子束加工原理示意图

的饱和温度在熔化温度附近,这时熔化坑较大,可作电子束熔凝处理。中等功率密度照射时,出现熔化、汽化和蒸发,可用于电子束焊接。用高功率密度照射时,电子束中心部分的饱和温度远远超过蒸发温度,使材料从电子束的入口处排除出去,并有效地向深度方向加工,这就是电子束打孔加工。高功率密度电子束除打孔、切槽外,在集成电路薄膜元件制作中,利用蒸发可获得高纯度的沉积薄膜。

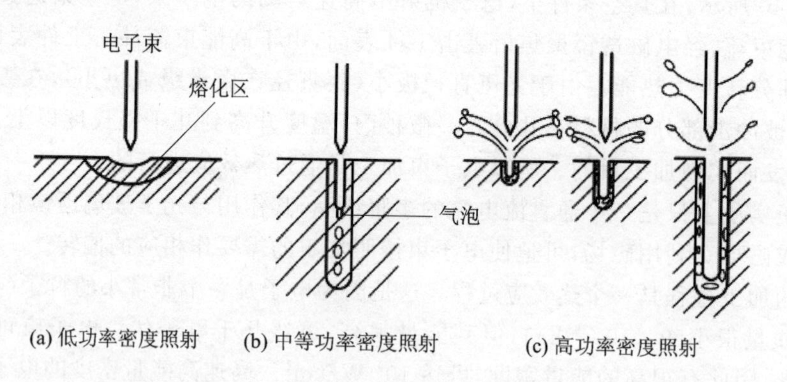

(a) 低功率密度照射 (b) 中等功率密度照射 (c) 高功率密度照射

图 3-41 利用电子束热效应的加工

2. 电子束加工的特点

电子束加工有如下特点:

① 束斑极小。由于电子束能够极其微细地聚焦,甚至聚焦到 0.1 μm,加工面积可以很小,是一种精密微细的加工方法。微型机械中的光刻技术,可达到亚微米级宽度。

② 能量密度很高。能达到 $10^7 \sim 10^9$ W/cm²,使照射部分的温度超过材料的熔化和汽化温度。去除材料主要靠瞬时蒸发,是一种非接触式加工。适合于加工精微深孔和狭缝等,速度

快,效率高。

③ 可控性好。可以通过磁场或电场对电子束的强度、位置、聚焦等进行直接控制,可加工出斜孔、弯孔及特殊表面,便于实现自动化生产。位置控制精度能准确到 0.1 μm 左右,强度和斑束尺寸可达到 1%的控制精度。

④ 生产率很高。电子束的能量密度高,而且能量利用率可达 90%以上,所以加工生产率很高。

⑤ 无污染。由于电子束加工是在真空中进行,因而污染少,加工表面不氧化,特别适用于加工易氧化的金属及合金材料,以及纯度要求极高的半导体材料。

⑥ 电子束加工有一定的局限性,一般只用来加工小孔、小缝及微小的特形表面,且需要一套专用设备和数万伏的高压真空系统,价格较贵,生产应用有一定局限性。

3. 电子束加工设备

电子束加工设备的基本结构如图 3-42 所示,它主要由电子枪、真空系统、控制系统和电源等部分组成。

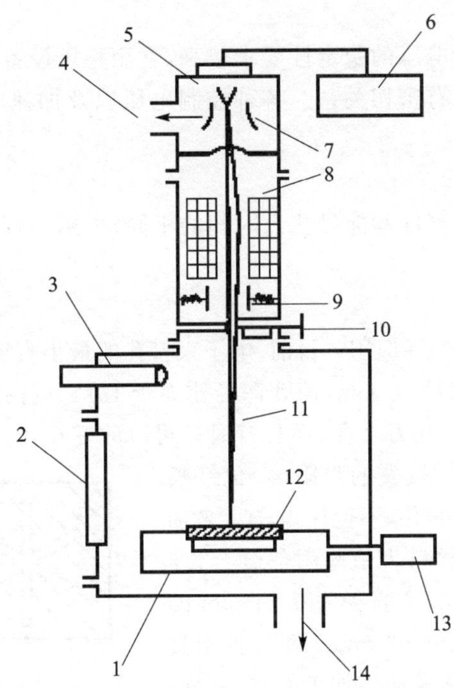

1—移动工作台;2—带窗真空室门窗;3—观察筒;4—抽气;5—电子枪;
6—加速电压控制;7—束流强度控制板;8—束流聚焦控制;9—束流位置控制;
10—更换工件用截止阀;11—电子束;12—工件;13—驱动电动机;14—抽气

图 3-42　电子束加工设备基本结构示意图

(1) 电子枪

电子枪(见图 3-43)是获得电子束的装置,它包括电子发射阴极、控制栅极和加速阳极等。阴极经过加工电流加热发射电子,带负电荷的电子高速飞向高电位的阳极,在飞向阳极的过程中,经过加速极加速,又通过电磁透镜把电子束聚焦成很小的束斑。

发射阳极一般用钨或钽制成,在加热状态下发射大量电子。控制栅极为一中间有孔的圆筒形,在其上加以较阴极更强的负偏压,既能控制电子束的强弱,又有初步的聚焦作用。加速阳极通常接地，而阴极为很高的负电压，所以能驱使电子的加速。

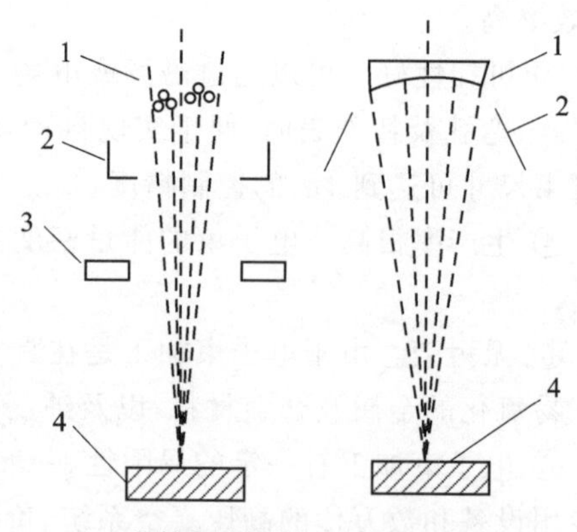

1—发射电子的阴极；2—控制栅极；
3—加速阳极；4—工件
图 3-43　电子枪

(2) 真空系统

为避免电子与气体分子之间的碰撞，确保电子的高速运动，电子束加工时应维持 $1.33\times10^{-4}\sim1.33\times10^{-2}$ 真空度。此外加工时金属蒸汽会影响电子发射，产生不稳定现象，因此需要不断地把加工中产生的金属蒸汽抽出去。

(3) 控制系统

控制系统的作用是控制流通断时间、束流强度、束流聚焦、束流位置、束流电流强度、束流偏转、电磁透镜以及工作台位置，从而实现所需要的加工。

(4) 电源系统

电子束加工装置对电源电压的稳定性要求较高，常用稳压设备，这是因为电子束聚焦以及阴极的发射强度与电压波动有密切关系。各种控制电压以及加速电压，由升压整流或超高压直流发电机供给。

4. 电子束加工应用

电子束加工按其加功率密度和能量注入时间的不同，可用于打孔、焊接、热处理、刻蚀等多方面。

(1) 打　孔

电子束打孔已在生产中实际应用。目前，电子束打孔的最小直径已达 1 μm。孔径在 0.5～0.9 mm 时，其最大孔深已超过 10 mm，即孔深径比大于 15:1。打孔的速度主要取决于板厚和孔径，通常每秒可加工几十至几万个孔，而且有时还可以改变孔径。

在喷气发动机燃烧室罩、机翼的吸附屏、化纤喷丝头、人造革透气孔、塑料上的孔，不但用电子束来加工，而且效率高。例如零件材料为钴基耐热合金，厚度 4.3～6.3 mm。共有11 766个直径为 0.81 mm 的化纤喷丝头通孔，孔径公差±0.03 mm。零件置于真空室中，安装在夹具上作连续转动。加工时以 16 ms 的单脉冲方式工作，脉冲频率 5 Hz。打孔过程中电子束随工件同步偏转，每打一个孔，电子束跳回原位。加工一件只需要 40 min，而用电火花加工则需要 30 h，用激光加工也要 3 h 才能完成，而且公差要优于激光加工，且无喇叭孔。图 3-44 所示为电子束加工的喷丝头异型孔截面的一些实例。

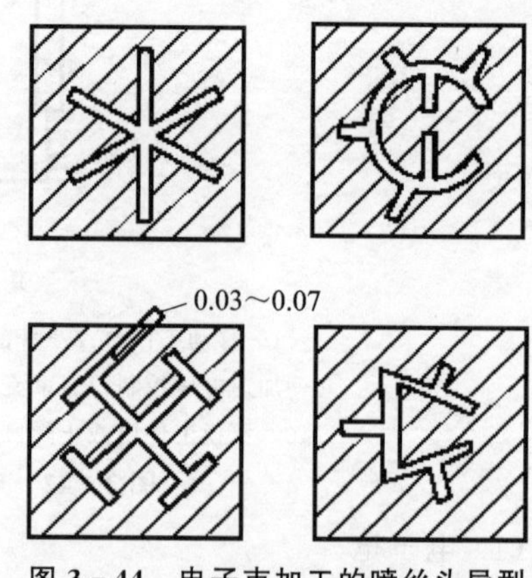

图 3-44　电子束加工的喷丝头异型孔截面的实例

电子束不仅可以加工各种直的型孔和型面，而且也可以加工弯孔和曲面，如图 3-45 所示。这是利用磁场对电子束方向进行偏转，控制合适的曲率半径，从而得到所需的弯孔或弯缝。

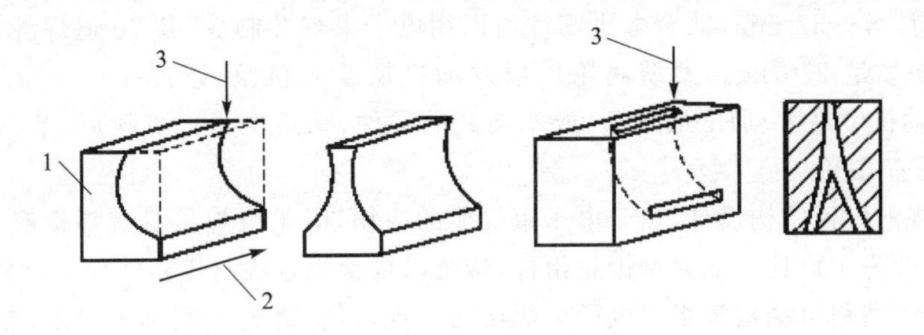

1—工件；2—工件运动方向；3—电子束

图 3-45　电子束加工曲面、弯缝

再举一个与人们生活直接有关的例子就是电子束加工在人造革上的应用。现在人造革已很普及，但人造革透气性很差，穿着很不舒服。用电子束在人造革上打孔可以达到相当好的效果。如以天然革穿着的舒适度为 100，微孔聚氨酯革只有 55，而用电子束打孔的 PVC 革可达 85。电子束打孔成本比天然革成本低，可替代天然革。加工时，用一组钨杆将电子枪产生的单个电子束分割为 200 个孔，效率非常高。因为对孔型无严格要求，人造革在滚筒上旋转时，电子束无须随之转动。如 1.5 mm 厚革加工时，脉冲频率为 25 Hz，打孔速率为 5 000 个/s，滚筒转速为 6 r/min。

(2) 焊　接

电子束焊接是电子束加工技术中发展最快、应用最广的一种，已经成为工业生产中不可缺少的焊接方法。电子束焊接是利用电子束作为热源的一种焊接工艺，焊接过程不需要填充物(焊条)，焊接过程又是在真空中完成。因此焊缝中的化学成分纯净，焊接接头的强度往往高于母材。

电子束焊接可以焊接普通的金属如碳钢、不锈钢等，也能焊接难熔金属如铜、钼、铝等，还可以焊接钛、铀等化学性质活泼的金属。焊接接头形式有各种各样(见图 3-46)。在焊接厚度较大的金属件时，其真空室的真空度对熔透深度有较大的影响。当真空度发生变化时，熔透深度也随之波动，因此焊接过程中，焊室的真空度应保持不变。

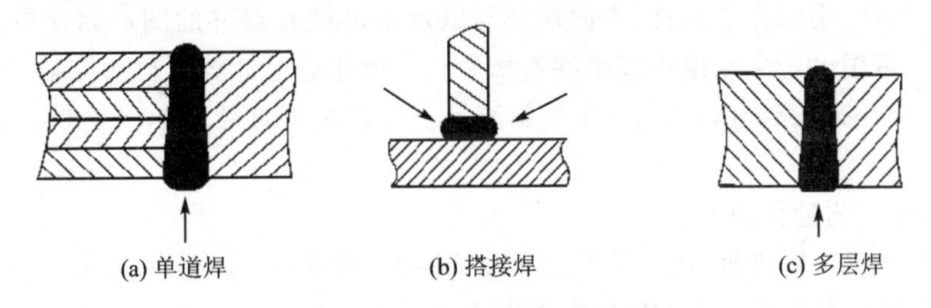

图 3-46　电子束焊接接头形式

对于异种金属的焊接，一般焊接无法实现，但是电子束焊接能够实现加工。如在航空航天业，需要将 GH4169 和 GH907 两种高温合金零件焊接在一体。因两种材料线膨胀系数相差极大，GH4169 是镍基高温合金，而 GH907 是铁基高温合金。常温下 GH4169 无磁性，而 GH907 有磁性，可能影响焊接对中。通过适当工艺参数和工艺措施，能够满足这两种异种材料的焊接。

利用电子束焊接，还能够降低工件的质量和加工成本。如可变后掠翼飞机的中翼盒长达

6.7 m,壁厚 12.7～57 mm,钛合金小零件可以用电子束焊接制成,共 70 道焊缝,仅此一项工艺就减轻飞机质量 270 kg。大型涡轮风扇发动机钛合金机匣,壁厚 1.8～69.8 mm,外径 2.4 m,是发动机中最大、加工最复杂、成本最高的部件,采用电子束焊接后,节约了材料和工时,成本降低了 40%。

对于常规的机械结构设计,由于电子束焊接的应用,电子束焊接具有焊接应力小、变形小等优点,大大改进了设计。如大型齿轮组件,传统结构常规方法是用整体加工或分体加工再用螺栓组合,费工费料且结构笨重。电子束焊接的出现,可将齿轮分别加工出来,然后用电子束焊接总成。不仅组件精度提高,而且啮合好、噪声小,传输扭矩大。

图 3-47 所示是某种设备的传动鼓轮,材料为 40Cr。常规方法焊接加工时,切削量很大,成品质量仅为毛坯的 1/4。采用分解为两个零件加工时,而后用电子束焊接的方法可以省工省料。

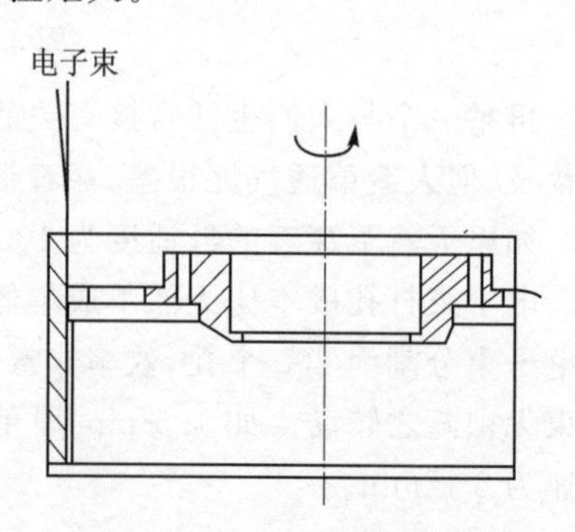

图 3-47 电子束焊传动鼓轮

另外,电子束焊接还常用于传感器以及电器元件的连接和封接,尤其一些耐压、耐腐蚀的小型器件在特殊环境工作时,电子束焊接有很大优越性。电子束焊接在厚壁压力容器、造船工业等也有良好的应用前景。

(3) 热处理

电子束热处理也是把电子束作为热源,但适当控制电子束的功率密度,使金属表面加热而不熔化,达到热处理的目的。电子束热处理的加热速度和冷却速度都很高,在相变过程中,奥氏体化时间很短,只有几分之一秒乃至千分之一秒,奥氏体晶粒来不及长大,从而能获得一种超细晶粒组织,可使工件获得用常规热处理不能达到的硬度,硬化深度可达 0.3～0.8 mm。焊接时,可以在金属熔化区加入适当的元素,使焊接区形成合金层,从而得到比原来金属更好的物理力学性能。如铝、钛、镍的各种合金几乎全可进行添加元素处理,从而得到很好的耐磨性能。所以电子束热处理工艺很有发展前途。

(4) 刻　蚀

集成电子器件、集成光学器件、表面声波器以及微机械元器件的图形制作技术中,为制造多层固体组件,可用电子束刻出许多微细沟槽和孔。例如通过计算机自动控制,可以完成在硅片上加工 2.5 μm,深 0.25 μm 的槽;在铜制滚筒上可以刻出直径为 70～120 μm,深度为 5～40 μm 的凹坑。

电子束刻蚀工艺过程如下:

① 工件预处理。刻蚀前,在工件表面涂上抗蚀剂,厚度≤0.01 μm,此图层为掩模层。

② 电子束扫描曝光。即用聚焦后电子束斑直径为 0.3～1 μm,可在 0.5～5 mm 范围内扫描。由于照射区与未照射区化学性质及相对分子质量的差异,故在掩模层上形成“潜图”。

③ 显影。将曝光后的掩模层放入显影液中,则可得到电子束扫描的图形。随着电子束加工设备、工艺的进一步研究、应用和完善,电子束加工的应用前景将更加广阔。

3.5.3 离子束加工

离子束加工的基本原理离子束加工的原理与电子束加工类似,也是在真空条件下,将氩、氪、氙等惰性气体,通过离子源产生离子束并经过加速、集束、聚焦后,以其动能轰击工件表面的加工部位，实现去除材料的加工。该方法所用的是氩(Ar)离子或其他带有10 keV数量级动能的惰性气体离子。图3-48所示为离子束加工原理示意图。惰性气体在高速电子撞击下被电离为离子，离子在电磁偏转线圈作用下，形成数百个直径为0.3 mm的离子束。调整加速电压可以得到不同速度的离子束，进行不同的加工。该种方法所用的离子质量是电子质量的千万倍，例如氢离子质量是电子质量的1 840倍，氩离子质量是电子质量的7.2万倍。由于离子的质量大，故离子束轰击工件表面，比电子束具有更大的能量。

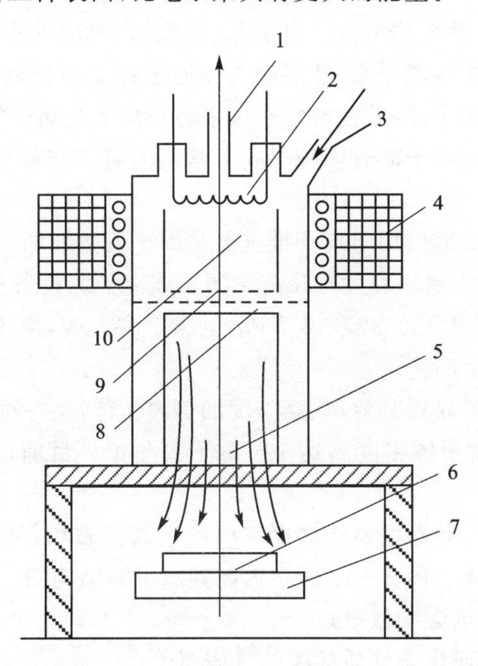

1—真空抽气孔；2—灯丝；3—惰性气体注入口；4—电磁线圈；
5—离子束流；6—工件；7、8—阴极；9—阳极；10—电力室

图3-48　离子束加工原理示意图

实验表明，离子束加工主要是一种无热过程。当入射离子碰到工件材料时，撞击原子、分子，由于核制动作用使离子失去能量。因离子与原子之间的碰撞接近于弹性碰撞，使离子所损失的能量传递给原子、分子。其中一部分能量使工件产生溅射、抛出，其余能量转变为材料晶格的振动能。

1. 离子束加工的特点

离子加工技术是作为一种微细加工手段出现，成为制造技术的一个补充，随着微电子工业和微机械的发展获得了成功的应用，其特点如下：

① 易于精确控制，加工精度高。离子束可通过离子光学系统进行聚焦扫描，使微离子束的聚焦光斑直径在1 μm以内进行加工，并能精确控制离子束流密度、深度、含量等，以获得精密的加工效果，可以对材料实行“原子级加工”或“微毫米加工”。

② 加工应力小、变形小。离子束加工是依靠离子撞击工件表面的原子而实现的，是一种微观作用，其宏观作用力极小，加工应力、变形也极小，故对脆件、极薄、半导体、高分子等各种材料、低刚度工件进行微细加工，加工的适应性好。

③ 加工所产生的污染少。因为离子束加工是在较高真空中进行的，所以污染少，特别适

合易氧化的金属、合金材料及半导体材料的精密加工。但是，要增加抽真空装置，不仅投资费用较大，而且维护也麻烦。

④ 离子束加工是靠离子轰击材料表面的原子来实现的，它是一种微观作用，宏观应力很小，所以加工应力、变形等极小，加工质量高，适合于各种材料和低刚度零件的加工。

2. 离子束加工装置

离子束加工装置可分为离子源系统、真空系统、控制系统和电源系统。其中离子源系统与电子束加工装置不同，其余系统均类似。离子源(又称离子枪)的作用是产生离子束流。其基本工作原理是将气态原子注入离子室，然后使气体原子经受高频放电、电弧放电、等离子体放电或电子轰击被电离成等离子体，并在电场作用下将正离子从离子源出口引出而成为离子束。根据离子产生的方式和用途离子源有多种形式。常用的有考夫曼型离子源、双等离子体离子源、高频放电离子源。

考夫曼型离子源已成功地应用于离子推进器和离子束微细加工领域。它是发射的离子源束流直径可达 50～300 mm，是一种大口径离子源。该离子源设备虽然束径但是尺寸紧凑，结构简单。工作参数时：真空度 133.32×10^{-4} Pa，电压 1 000 eV，束流强度 0.85 mA/cm^2，束流直径 50 mm，离子入射角为 75°。

双等离子体型离子源可获得高效率、高密度的等离子体，是一种高亮度的离子源。其电离效率高达 50%～90%，等离子体密度高达 10^{14} 离子数/cm^3。目前，双等离子体源的应用比较广泛。

高频放电离子源是由高频振荡器在放电室内产生高频磁场，加速自由电子与气体原子进行碰撞电离而产生等离子体。图 3-49 所示为高频离子源结构图。该种离子源特点是：

① 采用高频电场或磁场激励放电；

② 可以获得金属离子或化学性质活泼的气体离子；

③ 束流强度低，一般在 100 μA～100 mA 之间，当采用高频脉冲放电时，束流强度可达 1 A。

3. 离子束加工的应用

离子束加工的应用范围正在日益扩大。目前用于改变零件尺寸和表面物理力学性能的离子束加工，用于从工件上做去除加工的离子刻蚀加工，用于给工件表面添加的离子镀膜加工，用于表面改性的离子注入加工等。

(1) 离子刻蚀

离子刻蚀是从工件上去除材的溅射过程。当离子束轰击工件，入射离子的动量传递到工件表面的原子，传递能量超过了原子间的镀合力时，原子就从工件表面撞击溅射出来，达到刻蚀的目的。该种方法是一种微细加工，可完成多种加工。如加工致薄材料镍箔(厚度仅有 10 μm)，可加工出直径为 20 μm 的孔；在厚度为 0.04～0.3 μm 的钼、铜、金、铝、铬、银等薄膜上加工直径为 30～10 μm 的孔。

又如，采用一种带有机械摆动机构的离子束微细加工装置的等离子体型离子源，可实现非球面透镜的加工。透镜加工时，用电子计算机控制整个加工过程，既可绕自身轴线回转，又要摆动一个角度 θ，并用光学干涉仪对加工表面形状进行检测，已加工出最大直径为 61 cm 的抛物镜面，其精度是其他加工方法无法达到的。离子刻蚀用于加工陀螺仪空气轴承和动压发动机上的沟槽，分辨率高，精度好。

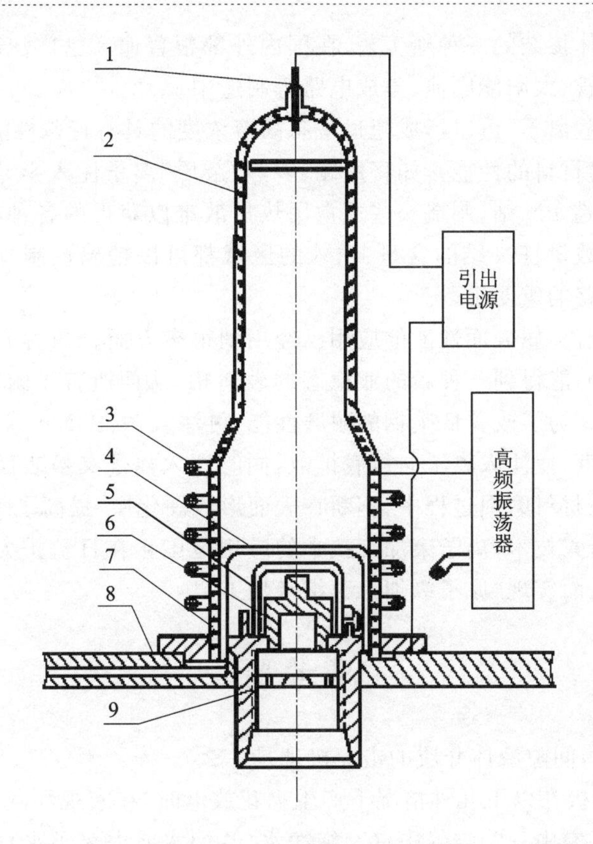

1—阴极探针；2—放电管；3—感应线圈；4—大屏蔽罩；5—小屏蔽罩；
6—引出电极；7—引出电极座；8—进气管道；9—光栅

图3-49 高频放电离子源

离子束刻蚀应用的另一个方面是刻蚀高精度的图形，如集成电路、声表面波器件、磁泡器件、光电器件和光集成器件等微电子学器件亚微米图形。

在半导体工业中，把所需的图形曝光、显像并制成抗蚀膜后，可用氩离子束代替化学腐蚀进行离子束蚀刻，可大大提高刻蚀精度。

用离子束抛光超声波压电晶体，可以大大提高其固有频率。用离子束抛光并减薄探测器的探头，可大大提高其灵敏度。

(2) 离子镀覆

离子镀覆时工件不仅接受靶材溅射来的原子，同时还受到离子的轰击，这使离子镀覆有许多独特的优点：镀覆面积大(所有被暴露在外的表面均能被镀覆)、镀膜附着力强、膜层不易脱落、提高或改变材料的使用性能。可在金属或非金属、各种合金、化合物、某些合成材料、半导体材料、高熔点材料均可镀覆，使用广泛，如工具上覆盖高硬度的碳化钛、可以大大提高其使用寿命。钢的表面热处理，进行离子氮化，以强化表面层，可以大大提高耐磨性。

(3) 离子注入

离子注入是将所需要的元素进行电离，并进行加速，把离子直接注入工件表面，它不受热力学限制，可以注入任何离子，且注入量可以精确控制，注入的离子是固溶在工件材料中，含量可达10%～40%，注入深度可达1 μm甚至更深。

离子注入是半导体掺杂的一种新工艺，在国内外都很普遍。已广泛应用于微波低噪声晶体管、雪崩管、场效应管、太阳能电池、集成电路等制造中。

金属表面注入某些离子，可以形成超过常态固溶浓度的具有特殊性能的表面层，或在表面形成新的结构，以改善材料的性能。如将用硼、磷等“杂质”离子注入半导体，用以改变导电形式(P 型或 N 型)和制造 PN 结，制造一些通常用热扩散难以获得的各种特殊要求的半导体器件。由于离子注入的数量、PN 结的含量、注入的区域都可以精确控制，所以成为制作半导体器件和大面积集成电路的重要手段。

离子注入加工改善金属表面性能的应用已经用到很多方面。如为了提高材料 Cu 的耐腐蚀性能，把 Cr 注入 Cu，能得到一种新的亚稳态的表面相，从而改善了耐蚀性能。同时还能改善金属的抗氧化性能。为了改善低碳钢的耐磨性能，可注入 N、B、Mo 等，在磨损过程中，表面局部温升形成温度梯度，使注入离子向衬底扩散，同时注入离子又被表面的位错网络普及，不能推移很深。这样，在材料磨损过程中，不断在表面形成硬化层，提高了耐磨性。

总之，作为一种新兴技术，离子束加工技术的应用范围正在日益扩大，可将材料的原子一层一层地铣削下来，从而实现“原子级加工”“纳米加工”。

思考题

1. 电火花加工时，间隙液体介质的击穿机理是什么？

2. 试述两金属电极在以下几种情况下产生火花放电时，在宏观和微观过程以及电蚀产物有何异同之处？(1)真空中；(2)空气中；(3)纯净水(蒸馏水或去离子水)中；(4)线切割乳化液中；(5)煤油中。

3. 电火花机床有哪些主要用途？

4. 电火花穿孔加工中常采用哪些加工方法？

5. 电火花成形加工中常采用哪些加工方法？

6. 试比较常用电极(如纯铜、黄铜、石墨等)的优缺点及使用场合。

7. 电火花线切割加工的零件有何特点？

8. 试论述线切割加工的主要特点。

9. 按其作用原理，电化学加工分为哪几类？各包括哪些加工方法？有何用途？

10. 电解加工中电解液的作用如何？对电解液有哪些基本要求？

11. 超声波有何特性？

12. 试述超声波加工、超高压水射流加工原理、工艺特点及其应用。

13. 超声波和超高压水射流加工设备各有哪几部分组成？

14. 超声波为什么能“强化”工艺过程？

15. 试述电子束加工和离子束加工的基本原理、加工特点及其应用场合？两者分别有什么不同？为什么？

16. 激光产生的原理和加工的特性？

17. 查相关文献了解激光器的发展过程与应用现状。

第4章　精密加工与超精密加工

精密加工与超精密加工技术是适应现代高技术需要而发展起来的现代制造技术，它综合应用了机械技术发展的新成果以及现代电子、传感技术、光学和计算机等高新技术，是高科技领域中的基础技术，在国防科学技术现代化和国民经济建设中发挥着至关重要的作用，已经成为在国际竞争中取得成功的关键技术，也是衡量一个国家科学技术水平的重要标志。

4.1　概　述

4.1.1　精密加工和超精密加工的概念

精密加工和超精密加工主要是根据加工精度和表面质量两项指标来划分的。一般来说，精密加工是指加工精度在 0.1～1 μm、加工表面粗糙度 *Ra* 在 0.02～0.1 μm 之间的加工方法，如金刚石车、高精密磨削、研磨、珩磨、冷压加工等，用于精密机床、精密测量仪器等制造业中的关键零件如精密丝杠、精密齿轮、精密导轨、微型精密轴承、宝石等的加工。超精密加工是指加工精度在高于 0.1 μm、加工表面粗糙度 *Ra* 小于 0.01 μm 之间的加工方法，如金刚石精密切削、超精密磨料加工、电子束加工、离子束加工等，用于精密组件、大规模和超大规模集成电路及计量标准组件制造等方面。

随着科学技术的不断发展，精密加工和超精密加工的划分是相对的、不固定的。过去的超精密加工对今天来说，就是一般精密加工。

现代制造技术之所以要致力于提高加工精度，主要是由于提高制造精度后可提高产品的性能和质量，提高其稳定性和可靠性；促进产品的小型化；增强零件的互换性、提高装配生产率，并促进自动化装配。

4.1.2　精密和超精密加工的特点及分类

与一般加工相比，精密加工和超精密加工具有以下特点：

① 蜕化和进化加工原则一般加工时，工作母机（机床）的精度总要比被加工零件的精度高，这一规律称为蜕化原则。对于精密加工和超精密加工，有时无法用高精度的母机来加工精度要求很高的零件，这时可利用精度低于工件精度要求的机床设备，通过工艺手段和特殊工艺及装备，直接加工出精度高于母机的工件，这种方法称为直接式进化加工，是一种创成式、生成式、创造式的加工原则，体现了人、技术、组织的三结合，也是当前行之有效的一种加工机理。但这种加工方法，效率低、技艺要求高，不适宜批量生成。借助直接式进化加工，生成出第二代工作母机，用它来加工所需高精度零件，形成间接式进化加工，可用于批量生产。上述两者统称为进化加工，或称为创造性加工，这一规律称为进化原则。

② 微量切削精密加工和超精密加工时，吃刀量极小，属于微量切除和超微量切除，因此对刀具刃磨、砂轮修整和机床都有很高的要求。

③ 形成了综合制造工艺系统在精密加工和超精密加工中，要达到高加工精度和高表面质量要求，需综合考虑加工方法、加工设备与工具、测试手段、工作环境等多种因素，因此，精密加工和超精密加工是一个系统工程，不仅复杂，而且难度较大。

④ 与自动化技术联系紧密精密加工和超精密加工中采用了计算机控制、在线检测、适应控制、误差补偿等技术，以减少人为因素的影响，可提高加工质量。

⑤ 特种加工和复合加工应用越来越多精密加工和超精密加工中，不仅有传统加工方法，如超精密车削、磨削等，而且有特种加工和复合加工方法，如精密电加工、激光加工、电子束加工等。

⑥ 加工检测一体化精密加工和超精密加工中，加工和检测紧密相连，有时采用在线检测和在位检测(工件加工完毕后不卸下，在机床上直接进行检测)，甚至进行在线检测和误差补偿，以提高加工精度。

根据加工机理和特点，精密加工和超精密加工的方法可分为四大类：刀具切削加工、磨料加工、特种加工及复合加工，如图 4-1 所示。由图可见，精密加工和超精密加工方法中，有些是传统加工方法的精密化，有些是特种加工方法的精密化，有些是传统加工方法和特种加工方法的复合加工。

4.2 精密、超精密加工方法

4.2.1 精密与超精密切削加工

1. 精密切削加工的概念

所谓精密切削加工，是指加工精度和表面质量达到极高程度的加工工艺。不同的发展期，其技术指标有所不同。目前，在工业发达国家中，一般工厂能稳定掌握的加工精度是 1 μm，而精密切削加工可将加工精度控制在 0.1～1 μm 范围内，加工表面粗糙度 Ra 在 0.1～0.02 范围内。目前主要有精密车削、精密铣削和精密镗削等。

2. 精密切削的加工机理

(1) 微量切削条件

精密切削与普通切削本质是相同的，都是材料在刀具作用下，产生剪切断裂、摩擦挤压和滑移的过程，但在精密切削加工中，采用的是微量切削方法，切削深度小，切屑形成的过程有其特殊性。

在精密切削过程中，切削功能主要由刀具切削刃的刃口圆弧承担，能否从被加工材料上切下切屑，主要取决于刀具刃口圆弧处被加工材料质点受力情况。如图 4-2 所示，分析正交切削条件下，切削刃口圆弧处任一质点 i 的受力情况。由于是正交切削，质点 i 仅有两个方向的切削力，即水平力 F_{zi} 和垂直力 F_{yi}。水平力 F_{zi} 使被切削材料质点向前移动，经过挤压形成切屑，而垂直力 F_{yi} 则将被切削材料压向被切削零件本体，不能构成切屑形成条件。最终能否形成切屑，取决于作用在此质点上的切削力 F_{yi} 和 F_{zi} 的比值。

根据材料的最大切应力理论可知，最大剪切应力应发生在与切削合力 F_i 成 45°角的方向上。此时，若切削合力 F_i 的方向与切削运动方向成 45°角，即 $F_{yi} = F_{zi}$，则作用在材料质点 i 上的最大切应力与切削运动方向一致，该质点 i 处材料被刀具推向前方，形成切屑，而质点 i

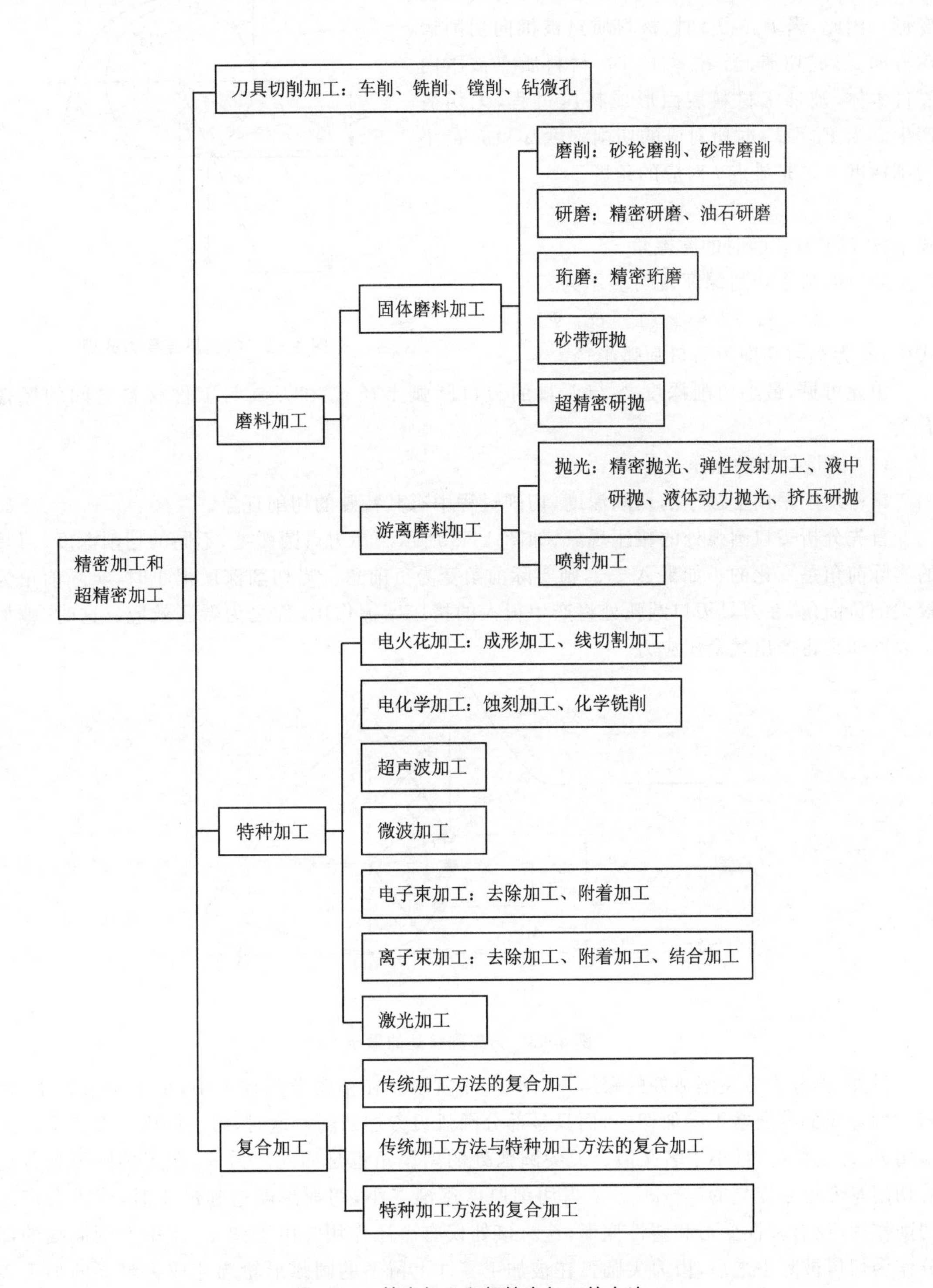

图 4－1　精密加工和超精密加工的方法

处位置以下的材料不能形成切屑，只产生弹、塑性变形。因此，当 $F_{yi}>F_{zi}$ 时，材料质点被推向切削运动方向，形成切屑；当 $F_{yi}<F_{zi}$ 时，材料质点被压向零件本体，被加工材料表面形成挤压过程，无切屑产生。当 $F_{yi}=F_{zi}$ 时所对应的切削深度 Δ 就是最小切削深度。这是质点 i 对应的角度

$$\Psi = 45^\circ - \beta$$

式中：β 为车刀切削时的摩擦角。

对应的最小切削深度 Δ 可表示为

$$\Delta = r_n - h = r_n(1-\cos\Psi)$$

式中：r_n 为车刀切削刃刃口圆弧半径。

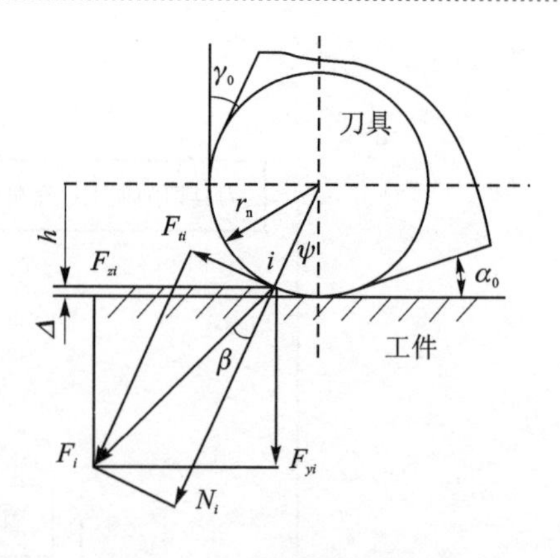

图 4-2　材料质点受力分析

由此可见，最小切削深度 Δ 与刀具的刃口圆弧半径 r_n 和刀具与工件材料之间的摩擦有关。

(2) 微量切削的碾压过程

精密切削采用了极小的切削深度，切削过程中有其特殊的切削现象。

首先分析刃口圆弧处的碾压现象，如图 4-3 所示。在刃口圆弧处，不同的切削深度，刀具的实际前角是变化的。如果 $\Delta<r_n$，则实际前角变为负前角。当切削深度很小时，实际前角为较大的负前角，在刀具刃口圆弧处将产生很大的挤压摩擦作用，称之为碾压效应。这时，被加工表面通常将产出残余压应力。

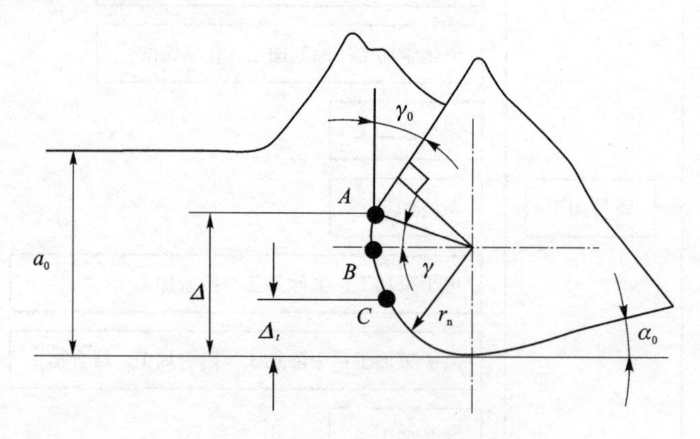

图 4-3　刃口圆弧处的碾压

另外，再分析刀尖圆弧处的碾压，如图 4-4 所示。在精密车削加工中，加工余量很小，切削刃的直线部分通常不参加切削，而只是部分圆弧刃参加切削。这时，刀尖圆弧上各点上的主偏角 kr 是变化的，且小于名义值。刀尖圆弧处的副偏角也是如此。另外，在刀尖圆弧上各点的切削厚度也是变化的($0\sim a_{max}$)。当切削厚度逐渐变小，切削深度达到最小时，将不会产生切削作用，仅有弹性变形和塑性变形，这时该处仅有碾压作用。由于图 4-4 中有剖面线的部分作为切屑被除去之后，由刀尖圆弧在被加工零件上留下的圆弧形轮廓才成为最终的加工表面，其中大部分将在后续的加工中被切除，仅在刀尖附近留下的圆弧形轮廓才成为最终的加工表面，因此，在形成加工表面的刀尖处所对应的切屑有极小的厚度，甚至接近零。由此可看到，在被加工表面形成过程中伴随的碾压作用占很大的比例，可以认为，被加工表面的质量在很大

程度上受碾压效果的影响。

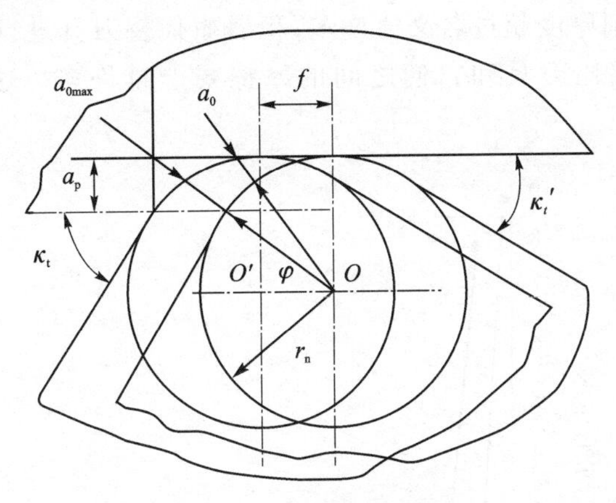

图 4-4　刀尖圆弧处的碾压

(3) 切削力变化

精密切削时，采用微量切削，各种因素对切削力的影响与普通切削有所不同。

1) 切削速度的影响

不考虑积屑瘤的存在，采用硬质合金车刀和采用天然金刚石车刀进行精密切削，切削速度对切削力的影响规律是不一样的。用硬质合金车刀进行精密切削时，切削速度对切削力的影响不明显。这是因为在微量切削时，前刀面部切削区的变形及摩擦在整个切削中所占比例较小，如图 4-5(a)所示。因此当切削速度 v_c 增加时，这部分变形及摩擦减小很不明显；同时由于硬质合金车刀刃口半径 r_n 较大，刃口圆弧部分对加工面的挤压所占的比例较大，切削速度的增加，对其影响很小。因此，用硬质合金车刀精密切削时，切削速度对切削力的影响不明显。可是用天然金刚石车刀时，情况就不一样，它的刃口圆弧半径比硬质合金小得多。虽然切削用量相同，切下的切屑要从前刀面流出，如图 4-5(a)所示。但因为前刀面的切削区的变形及摩擦所占的比例加大，当切削速度增加时，这部分变形及摩擦要减少，所以用天然金刚石车刀精密切削时，切削力随切削速度的增加而下降。

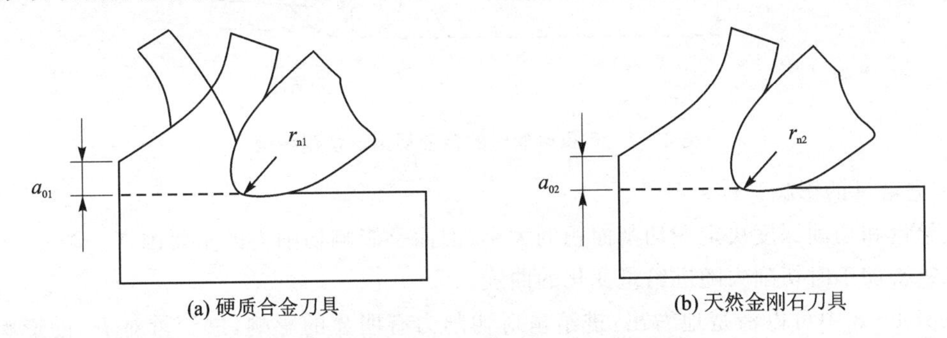

(a) 硬质合金刀具　　(b) 天然金刚石刀具

图 4-5　刃口圆弧半径对切屑流出的影响

若考虑积屑瘤的影响，情况有所不同。如图 4-6 所示，精密切削铝合金和紫铜时，低速时切削力大，随着切削速度增加，切削力急剧下降。当切削速度达到 200～300 m/min 后，切削力基本保持不变，这规律和积屑瘤高度随切削速度的变化规律一致。积屑瘤大时，切削力大，积屑瘤小时，切削力也小。图 4-7 所示是有积屑瘤时精密切削模型，根据此模型分析积屑瘤造成切削力增加的原因如下：积屑瘤的存在，使刀具的刃口半径增大；积屑瘤呈鼻形并自刀刃前伸出，这导致实际切削厚度超过名义值许多；积屑瘤代替刀具进行切削，积屑瘤和切屑及已加工表面之间的摩擦比刀具和它们之间的摩擦要严重许多。这些因素都将使切削力增加。

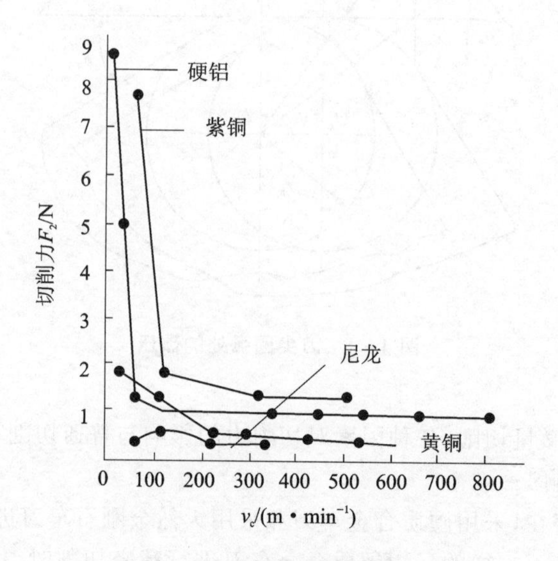

图 4-6　精密切削时的切削力

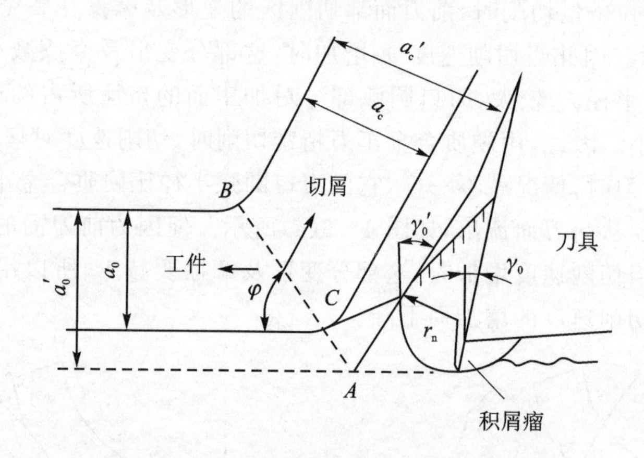

图 4-7　有积屑瘤时的精密切削的切削模型

2）进给量的影响

进给量和切削深度决定着切削面积的大小，因而是影响切削力的重要因素。图 4-8 表示的是在精密加工时切削力随进给量变化的曲线。

从图 4-8 中可以清楚地看出：进给量对切削力有明显的影响，进给量对 F_z 的影响比对 F_y 及 F_x 的影响大。另外，由图 4-8(b)可以看出，在用硬质合金刀具切削时，当进给量小于一定值时，$F_y > F_z$，这是精密切削时切削力变化的特殊规律，掌握这一规律，有利于合理设计刀具。

3）切削深度的影响

图 4-9 表示的是在精密加工时切削力随切削深度变化的曲线。由图可知，切削深度对切

削力有明显的影响。使用天然金刚石车刀时，$F_z > F_y$；使用硬质合金刀具时，切削深度小于一定值时，$F_y > F_z$。

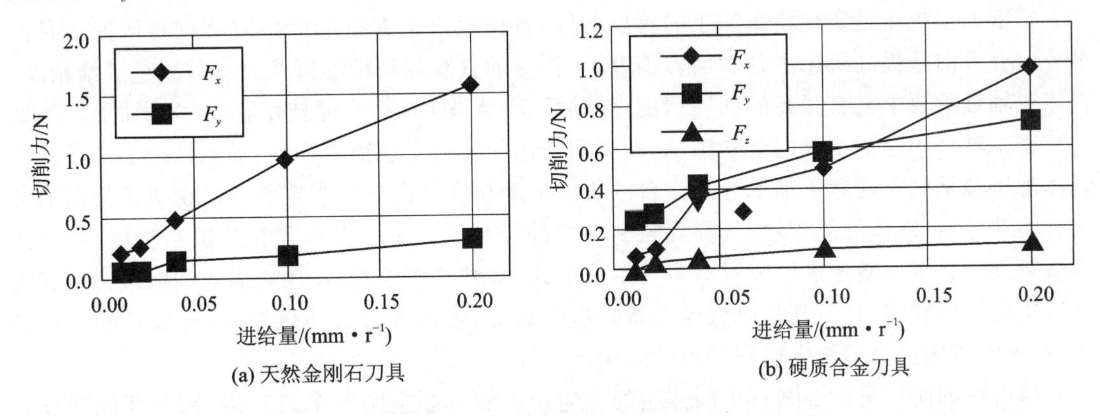

(a) 天然金刚石刀具　　(b) 硬质合金刀具

图 4-8　进给量对切削力的影响

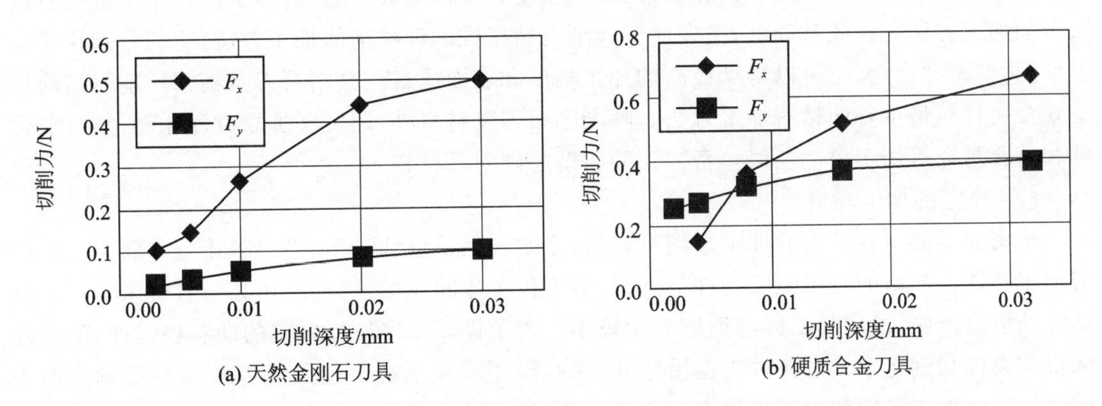

(a) 天然金刚石刀具　　(b) 硬质合金刀具

图 4-9　切削深度对切削力的影响

切削用量(f,a_p)对切削力影响的原因是切削用量直接影响 F_z 的大小。切削刃口半径的大小决定后刀面上正压力大小，直接影响着 F_y 的大小。当切削用量减小时，F_z 随之减小，由于切削刃口半径是一固定值，所以当切削用量减小到一定值之后，F_y 才能大于 F_z；但是由于天然金刚石车刀可以磨得很锋利，切削刃口半径可以比硬质合金的小许多倍，因此由刀口圆弧部分产生的挤压小，后刀面上的正压力小，从而 F_y 小，虽然是微量切削，F_z 仍然大于 F_y。

由上可知：一半切削时，F_z 与 F_y 的比值总是大于 1。而精密切削时的情况不一定是这样的，它取决于切削用量同刀具刃口半径的比值。当切削用量同刃口半径之比值减小到一定数值时，F_z 与 F_y 的比值可以小于 1。

另外，在一般切削时，切削深度 a_p 对切削力的影响大于进给量 f 对切削力的影响。在精密切削时，恰恰相反，进给量对切削力的影响大于切削深度的影响。这与精密切削时通常采用进给量 f 大于切削深度 a_p 的切削方式有关。

4）刀具材料的影响

天然金刚石对金属的摩擦系数比其他刀具材料要小得多，而且天然金刚石能刃磨出极小的刃口半径，所以在精密切削时，采用金刚石刀具所产生的切削力要比其他材料刀具小。

其他有关刀具几何角度、切削液等对切削力的影响同一般切削相似，故不再叙述。

3. 精密切削加工的关键技术

(1) 精密加工机床

精密加工机床是实现精密加工的首要条件,各国投入了大量的资金对其进行研究。目前主要研究方向是提高机床主轴的回转精度,工作台的直线运动精度以及刀具的微量进给精度。机床主轴轴承要求具有很高的回转精度,转动平衡,无振动,其关键技术在与主轴轴承。早期的精密主轴采用超精密级的滚动轴承,而目前使用的精密主轴轴承是静、动态性能更加优异的液体静压轴承和空气静压轴承。工作台的直线运动精度是由导轨决定的。精密机床使用的导轨有滚动导轨、液体静压导轨、气浮导轨和空气静压导轨。为了提高刀具的进给精度,必须使用微量进给装置。微量进给装置有多种结构形式,多种工作原理,弹性变形式和电致伸缩式微量进给机构比较实用,尤其是电致伸缩微量进给装置,可以进行自动化控制,有较好的动态特性,在精密机床进给系统中得到广泛的应用。

精密切削研究是从金刚石车削开始的。应用天然单晶金刚石车刀对铝、铜和其他软金属及其合金进行切削加工,可以得到较高的加工精度和极低的表面粗糙度,从而产生了金刚石精密车削加工方法。在此基础上,又发展了金刚石精密铣削和镗削的加工方法,它们分别用于加工平面、型面和内孔,也可以得到极高的加工精度和表面质量。金刚石刀具精密切削是当前加工软金属材料最主要的精密加工方法。除金刚石刀具材料外,还发展了立方氮化硼、复方氮化硅和复合陶瓷等用于黑色金属精密加工的新型超硬刀具材料。

(2) 稳定的加工环境

精密加工必须在稳定的加工环境下进行,主要包括恒温、防振和空气净化三方面条件。精密加工必须在严格的多层恒温条件下进行,即不仅工作间应保持恒温,还必须对机床本身采取特殊的恒温措施,以使加工区的温度变化极小。为了提高精密加工系统的动态稳定性,除在机床机构设计和制造上采取各种减振措施外,还必须用隔振系统来消除外界振动的影响。由于精密加工的加工精度和表面粗糙度要求极高,空气中的尘埃将直接影响加工零件的精度和表面粗糙度,因此必须对加工环境的空气进行净化,对大于某一尺寸的尘埃进行过滤。目前,国外已研制成功了对 0.1 μm 的尘埃有 99%净化效率的高效过滤器。

(3) 精密测量技术和误差补偿

精密加工技术离不开精密测量技术,精密加工要求测量精度比加工精度高一个数量级。它应包括机床超精密部件运动精度的检测和加工精度的直接检测。要提高机床的运动精度,首先要能检测出运动误差。

目前,精密加工中所使用的测量仪器多以干涉法和高灵敏度电动测微技术为基础,如激光干涉仪,多次光波干涉显微镜及重复反射干涉仪等。国外广泛发展非接触式测量方法并研究原子级精度的测量技术。Johaness 公司生产的多次光波干涉显微镜的分辨率为 0.52 nm,最近出现的扫描隧道显微镑的分辨率为 0.01 nm,是目前世界上精度最高的测量仪之一。最新的研究证实,在隧道扫描显微镜下可移动原子,实现原子级精密加工。

当加工精度高于一定程度后,若仍然采用提高机床的制造精度,保证加工环境的稳定性等误差预防措施提高加工精度,这将会使所花费的成本大幅度增加。这时应采取另一种所谓的误差补偿措施,即是通过消除或抵消误差本身的影响,达到提高加工精度的目的。误差补偿可利用误差补偿装置对误差值进行动静态补偿,以消除误差本身的影响。使用在线检测和误差补偿可以突破超精密加工系统的固有加工精度。

4. 超精密切削加工

超精密切削加工是相对于精密切削加工而言的，其所能达到的加工精度和表面质量更高。目前，将加工精度为0.01 μm以下，加工表面粗糙度 *Ra* 小于0.01 μm的切削加工称为超精密切削加工。

超精密切削加工是20世纪60年代发展起来的新技术，它在国防和尖端技术的发展中起到了重要的作用。例如，导弹的命中精度是由惯性仪表的精度决定的。惯性仪表的关键零件是陀螺转子。若1 kg重的陀螺转子，其质心偏离其对称轴0.5 nm，则会引起100 m的射程误差和50 m的轨道误差；美国MX战略导弹命中精度的圆概率误差能达到50～150 m，比当时美国最先进的民兵Ⅱ型洲际导弹的命中精度提高了近一个数量级。这完全是由于采用了超精密加工技术，使其制导陀螺仪精度提高了近一个数量级。人造卫星的仪表轴承是真空无润滑轴承，其孔和轴的表面粗糙度达到1 nm，其圆度和圆柱度均以纳米为单位。雷达的关键元件波导管，内腔表面要求极小的表面粗糙度，其端面也要求很小的粗糙度、垂直度和平面度。采用超精密车削，波导管内腔表面粗糙度可达到0.02～0.01 μm或小于0.01 μm，端面粗糙度小于0.01 μm，平面度小于0.1 μm，垂直度小于0.1 μm，可使波导管的品质因数值达到6 000，而用其他方法生产只能达到2 000～4 000。红外线探测器中接收红外线的反射镜是红外导弹的关键性零件，其加工质量决定了导弹的命中率。该反射镜表面的粗糙度要求达到0.01～0.015 μm。只有采用超精密车削才能满足上述要求。

又如，已被美国航天飞机送入空间轨道，用来摄制亿万公里远星球的哈勃望远镜(HST)，其一次镜要求使用直径2.4 m、重达900 kg的大型反光镜，并且具有很高的分辨率。为此。专门研制了超精密加工(形状精度为0.01 μm)光学玻璃用6轴CNC研磨抛光机。由于HST计划的实施，大大促进了硬脆材料的超精密加工技术，发展了能反馈加工精度信号的CNC研磨加工技术。

另外，由于采用了超精密切削技术，一些民用产品，如计算机磁盘基片、录像机的磁鼓、激光打印机的多面棱镜等，生产成本降低，生产率提高，产品性能得到极大改善。

超精密切削加工在机床设备、金刚石刀具、在线检测与误差补偿技术以及加工环境控制等关键技术方面比精密加工要求更高。

5. 超精密切削对金刚石刀具的要求

超精密车削属微量切削，其机理和普通切削有较大差别。普通加工的精度在1 μm级，其加工深度一般远大于材料的晶格尺寸，切削加工以数十计的晶粒团为加工单位，在切应力的作用下从基体上去除。而超精密切削时要达到0.01 μm的加工精度和0.01 μm的表面粗糙度，刀具必须具有切除亚微米级以下金属层厚度的能力。由于切深一般小于材料晶格尺寸，切削是将金属晶体一部分一部分地去除的。因此，普通加工去除材料时起主要作用的晶格间位错缺陷在超精密切削中不起作用。超精密切削在切除多余材料时，刀具切削要克服的是晶体内部非常大的原子结合力，于是刀具上的切应力就急剧增大，刀刃必须能够承受这个比普通加工大得多的切应力。

从图4-10中可以看出，切削厚度与切应力成反比。切削厚度越小，切应力越大。当进行切削厚度为50～100 μm的普通车削时，其切应力只有500 MPa，与理论切应力相差20余倍；当进行切削厚度为0.8 μm的超精密切削时，切应力约为10 000 MPa，接近理论切应力。因此，超精密切削时，刀具尖端将会产生很大的应力和很高的热量，处于高应力高温的工作状态，这对于一般刀具材料是无法承受的。因为普通材料的刀具在高应力和高温下会快速磨损和软化，从而不能保证顺利完成镜面切削。

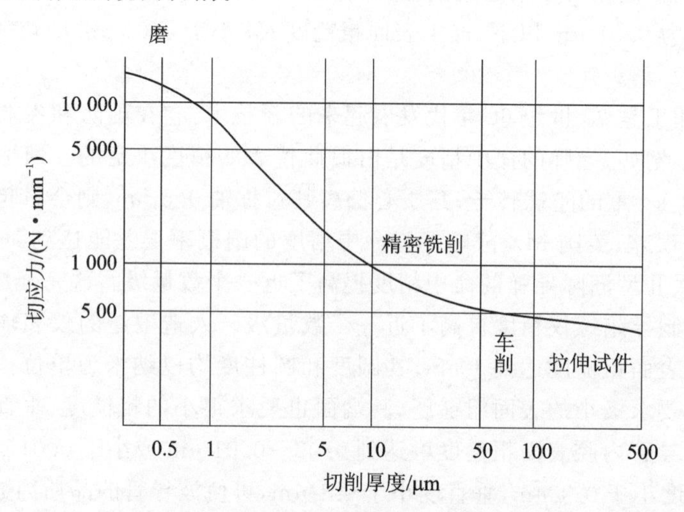

图 4-10　切应力与切削厚度的关系

要做到能在最后一道加工工序中切除微量表面层，最主要的问题是刀具的锋利程度。一般以刃口圆弧半径 r_n 的大小表示刀刃的锋利程度：r_n 越小，刀具越锋利，切除微小余量就越顺利。如图 4-11 所示，在加工余量很小的情况下，当 r_n 小于某一临界 r_c 时(见图 4-11(a))，切屑排出顺利、切屑变形小、厚度均匀。当刃口大于 r_c 时(见图 4-11(b))，刀具就在工件表面上产生“耕犁”，不能进行切削。因此，在加工余量只有几微米、甚至小于 1 μm 时，r_n 也应精研至微米级的尺寸，并要求刀具有足够的耐用度，以维持其锋利程度。表 4-1 即为超精密车削刀具应具备的主要条件。

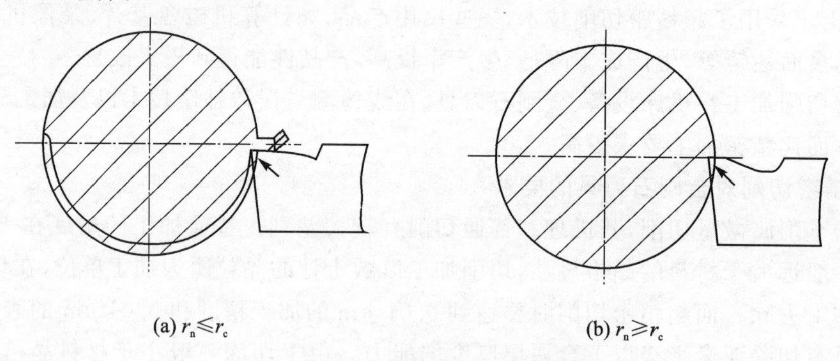

(a) $r_n \leq r_c$　　(b) $r_n \geq r_c$

图 4-11　刀具刃口半径的影响

表 4-1　超精密车削刀具应具备的主要条件

分　类	主要要求
刀具切削部分的几何形状	1. 刃口能磨得极其锋利，刃口圆弧半径 r_n 值极小，能实现超薄切削厚度； 2. 具有不产生走刀痕迹、强度高、切削力非常小的刀具切削部分几何形状； 3. 刀刃无缺陷，切削时刃形将复印在加工表面上，能得到超光滑的镜面
物理及化学性能	1. 和工件材料的抗黏结性好，化学亲和力小，摩擦系数低，能得到极好的加工表面完整性； 2. 极高的硬度、耐磨性和弹性模量，以保证刀具具有很长的寿命和很高的尺寸耐用度

金刚石刀具具有很好的高温强度和高温硬度，加工中不易被软化和磨损，能保持良好的切削性能。目前也只有金刚石刀具能满足上述超精密加工的要求。

6. 超精密切削加工的特点

超精密切削时，切削变形、切削力、切削温度、刀具磨损等物理现象对已加工表面的影响必须深入研究，特别是脆性材料的超精密切削更是如此。这些参数直接影响极薄切削的切削能力，它们与机床的性能、刀具性能（刀具几何参数）、加工材料、加工环境与边缘技术等有关。实现超精密切削的关键是极薄（超微量）去除技术，其难度比常规的大尺寸去除加工技术大得多，原因在于：一是由于刀具和工件表面微观的弹性变形和塑性变形是随机的，准确度难控制；二是工艺系统的刚度和热变形对加工准确度有很大影响；三是去除层越薄，被加工表面所受到的剪切应力越大，材料就越不易被去除。当去除厚度在 1 μm 以下时，就需在晶粒内进行加工，这时材料被去除的区域内产生的剪切应力急剧增大。故要实现纳米级超精密切削加工需要注意以下技术特点。

（1）材料微量加工性的影响

材料的去除过程不仅取决于切削刀具，同时也严格受制于被加工材料本身。超精密切削加工材料的选择以纳米级的表面质量为前提，称为材料的“微量加工性”。影响材料微量加工性的因素包括被切削材料对金刚石刀具的内部亲和性（化学反应）、材料本身的晶体结构、缺陷、分布和热处理状态等（如多晶体材料的各向异性对零件加工表面完整性具有较大影响）。

（2）单位切削力大

超精密切削是一种极薄切削，切削厚度可能小于晶粒的大小，故切削力的特征是切削力微小，但单位切削力非常大。实现纳米级超精密加工的物理实质是切断材料分子、原子间的结合，实现原子或分子的去除，因此切削力必须超过晶体内部的分子、原子结合力。当切削深度和进给量极小时，单位切削面积上的切削力将急剧增大，同时产生很大的热量，使刀刃尖端局部区域的温度升高，因此在微细切削时对刀具要求较高，需采用耐磨、耐热、高温硬度高、高温强度好的超硬刀具材料。在切削铝合金等有色金属时，最常用的是金刚石刀具。

（3）切削温度

由于超精密切削的切削用量极小以及金刚石刀具和工件材料具有高导热性，因此，与传统切削相比，超精密切削的切削温度相当低。但对于精度极高的超精密加工来说，加工温度的微小变化对加工精度的影响也是不可忽略的。同时，切削温度对刀具磨损影响较大，切削温度在金刚石刀具的化学磨损中的影响也极为显著。

（4）刃口圆弧半径对最小切削厚度的限制

刀具刃口半径限制了其最小切削厚度，刀具刃口半径越小，允许的最小切削厚度也越小。目前常用的金刚石刀具的刀刃锋利度约为 $r_n=0.2\sim0.5$ μm，最小切削厚度 0.03～0.15 μm；经过特殊刃磨的刀具可达 $r_n=0.1$ μm，最小切削厚度可达 0.014～0.026 μm。若需加工切削厚度为 1 nm 的工件，刀具刃口半径必须小于 5 nm，目前对这种极为锋利的金刚石刀具的刃磨和应用都比较困难。

（5）刀具的磨损和破损

由于金刚石刀具存在微磨损，在切削一段时间后，刀具磨损会逐渐加剧，有时甚至会突然恶化。金刚石刀具的失效有两种形式：崩刃和磨损。

金刚石刀具的机械磨损和微观崩刃是由刀刃处的微观解理造成的，其磨损的本质是微观解理的积累。积累的金刚石刀具磨损主要发生在刀具的前、后刀面上，在经过数百公里的切削长度之后，这种磨损变为亚微米级磨损。由于氧化、石墨化、扩散和碳化的作用，金刚石刀具也会产生热化学磨损。崩刃是当刀具刃口上的应力超过金刚石刀具的局部承受力时发生的，从工业及科学的角度来看，崩刃是所有的刀具问题中最难进行预测和控制的，而且对加工表面质量的影响比前、后刀面磨损的影响要大。

抗磨损的有效措施是降低切削温度。此外，在充满饱和碳气体中进行切削也可抑制金刚石刀具向碳化方向的转变。

(6) 切削过程中的微振动

加工表面粗糙度由刀具和工件之间相对运动的精度及刀具刃口形状决定。超精密切削时，由于切削深度常常小于材料的晶粒直径，所以相当于对一个个不连续体进行切削。这种微观上的断续切削及机床的动特性会引起切削过程中的微振动。超精密切削中的微振动对加工表面质量的影响也不容忽略。

(7) 积屑瘤对加工过程的影响

超精密切削时，积屑瘤的影响不容忽视。积屑瘤影响切削力和切削变形，冷焊在刀刃上的积屑瘤还会影响加工表面粗糙度。

除刀刃的微观缺陷对积屑瘤的产生有直接影响，切削速度和进给量对积屑瘤产生的影响也是显而易见的。超精密切削时，在所有切削速度范围内都有积屑瘤存在，但切削速度的大小将影响积屑瘤的高度：切削速度越低，积屑瘤越高(切削速度 v 对积屑瘤高度的影响如图 4-12 所示；进给量越小，积屑瘤也越高(进给量 f 对积屑瘤高度的影响如图 4-13 所示)。

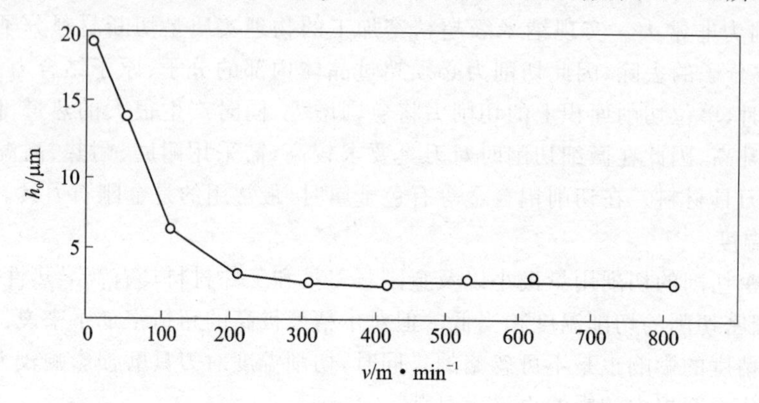

(工件硬铝 $f=0.0075$ mm/r，$a_p=0.02$ mm)

图 4-12 超精密切削时切削速度 v 对积屑瘤高度 h_0 的影响

7. 保证超精密切削加工质量的措施与方法

针对超精密切削加工的特点在加工中可以采取以下措施。

(1) 合理选择工件材料

为了提高超精密加工表面质量、应合理选择工件材料。选择微量加工性较好的工件材料(如非晶体材料或具有精细晶粒结构的材料)可以得到加工表面完整性较好的工件表面。

(2) 减小刃口圆弧半径

用金刚石刀具超精密切削加工有色金属和非金属材料，能获得 Ra 0.02～0.002 μm 的镜面，精细研磨刀具后可切出厚度达 1 nm 的切屑。目前金刚石刀具的刃口质量主要靠在旋转

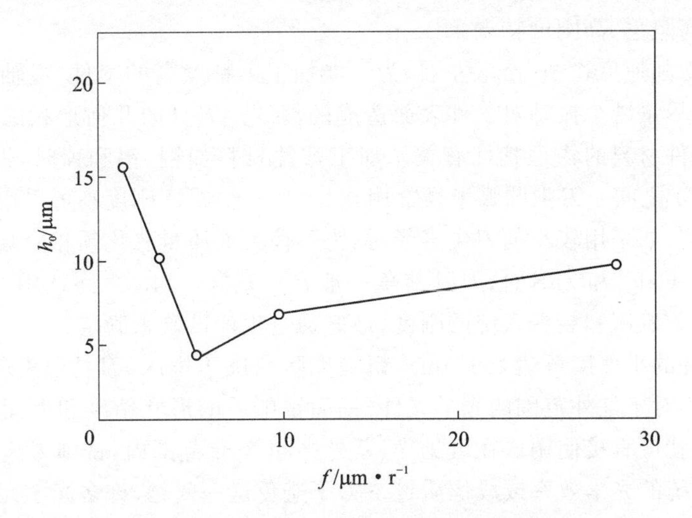

图 4-13　进给量 f 对积屑瘤高度 h_0 的影响
（硬铝 $v=314$ m/min，$a_p=0.02$ mm）

的铸铁盘上对金刚石刀具刃口进行精细研磨、抛光获得，现在有了离子束加工及化学机械抛光等加工方法，可使被加工刀具具有亚微米级的形状精度。对于金刚石刀具刃口半径的评价方法主要是利用 SEM，特别是原子力显微镜（AFM），可以对刃口半径进行更为有效的测量及分析。

（3）选择适当的刀具前、后刀面

天然金刚石具有硬度高、耐磨性强、高温强度高、导热性好、与有色金属间的摩擦系数低、能磨出极锋利的刀刃等一系列优异特性，因此，虽然天然金刚石价格昂贵，但仍是不可替代的超精密切削刀具材料。金刚石晶体具有强烈的各向异性，因此金刚石刀具前、后刀面的晶面选择显得尤为重要。通常用做刀具前、后刀面的金刚石晶面为(100)晶面和(110)晶面。用摩擦系数小的(100)晶面作为刀具的前、后刀面，可减小切削变形，减小刀具后刀面与加工表面间的摩擦及加工表面的残余应力。同时，用(100)晶面作为刀具的前、后刀面，耐磨性好，刀刃的微观强度高，不易产生微观崩刃，这对于保持刀刃锋利度、延长刀具使用寿命非常有利。

（4）稳定的机床动特性和加工环境

要实现超精密切削，合理选择机床动特性和保持加工环境的稳定性也非常重要。加工机床应配备高精度的微量进给装置，能够实现精确、稳定、可靠和快速的微位移；同时要求加工应具备超稳定的加工环境，以保证加工过程在严格的恒温、恒湿、防振、超净条件下进行，尽可能减小微振动对加工表面质量的影响。

（5）降低切削温度

由于切削用量通过切削温度的变化来影响刀具积屑瘤高度，因此使用切削液降低切削温度是抑制积屑瘤、减小刀具磨损的有效措施。

8. 超精密加工实例

（1）镜面铣技术及其应用

镜面铣床在超精密机床中属于最简单的一类。其关键部件为高精度主轴和低摩擦高平稳性的滑台。在现有的镜面铣床中，主轴多采用气体静压支撑，只有个别主轴采用液体静压支撑技术。滑台支撑多数为气体静压系统，但最近几年液体静压系统呈上升趋势，其主要原因是液体静压系统具有高阻尼、高刚度特点。

镜面铣削的切削速度在 30 m/s 左右，为了能加工出精度高的工件，主轴在换刀后必须进行动平衡实验，以尽量减少振动对工件表面造成的波纹。刀具的几何形状除与工件的几何形状有关外，还与工件材料的物理特性有关。加工塑性材料如铜、铝和镍时，刀具的前角为 0°，后角一般在 5°～10°之间。刀尖圆弧半径常用 0.5～5 mm，机床刚度高可采用较大的半径以降低工件表面粗糙度，如采用较小的刀尖半径时，为不使表面质量恶化须相应减少进给量。加工脆性材料如硅、锗、CaF_2 和 ZnS 时，刀具前角一般在 −15°～−45°之间选用，前角除取决于工件材料外，还取决于机床和装夹系统的刚度，最好通过生产试验来确定。

镜面铣削工件的平面度可达 0.1 μm。粗糙度除取决于机床、刀具因素外，还与工件材料本身的特性有关。对于红外范围的光学元件，镜面铣削后的形状精度和表面粗糙度完全可以满足要求，镀膜后就可直接使用。在可见光、紫外光和 X 光范围内，铣削刀痕有时会引起光的散射，从而减弱系统的光学效率或成像质量。为了避免这一问题，许多光学元件常选用镍作为材料，在镜面铣削后，再进行少量的抛光，使表面粗糙度 Ra 达到亚纳米级甚至纳米级。

(2) 金刚石车削技术及其应用

金刚石车床与镜面铣床相比，其机械结构更为复杂，技术要求更为严格。除了必须满足很高的运动平稳性外，还必须具有很高的定位精度和重复精度，镜面铣削时，对主轴只需很高的轴向运动精度，而对径向运动精度要求较低，金刚石车床则须兼备很高的轴向和径向运动精度，才能减少对工件的形状精度和表面粗糙度的影响。

目前市场上提供的金刚石车床的主轴大多采用气体静压轴承，轴向和径向的运动误差在 50 nm 以下，个别主轴的运动误差已低于 25 nm，金刚石车床的导轨在 20 世纪 90 年代以前绝大部分采用气体静压支撑。

用金刚石车削直径在 100 mm 以下的工件时，形状误差可控制在 0.1 μm 以下，工件表面粗糙度 Ra 可达纳米级。表面粗糙度除与切削参数及机床特性有关外，还取决于材料的特性，绝大多数可用金刚石车削的材料的表面粗糙度 Ra 可达到 1～5 nm。

金刚石车削的刀具参数与镜面铣的相似，金属材料多用零前角刀具加工，红外材料和脆性材料则多用负前角刀具加工。

金刚石车削的切削参数根据工件材料和机床特性而定，通常主轴转速低于 2 000 r/min，个别可达 5 000 r/min。隐形眼镜镜片车床较特殊，其转速可达 10 000 r/min。

金刚石车削早期主要用来加工有色金属如无氧铜和铝合金等，其产品主要是各种光学系统中的反射镜，如射电望远镜的主镜面，激光探测(LIDA)系统中的各种镜面以及激光切割机床中的反射镜等。在东西方军备竞赛时期，各种红外光学元件的需求量猛增，金刚石车削可加工各种红外光学材料如锗、硅、ZnS 和 ZnSe 等，工件的形状多为非球面，这样就可大大减少光学元件的数量。减少元件，可提高光学系统的透光性能，另外还可节约昂贵的红外材料。

在日常消费品中，金刚石车削常被用来加工有机玻璃和各种塑料，其应用实例有大型投影电视屏幕、照相机的塑料镜片以及树脂隐形眼镜镜片等。

在大批量生产的产品中，光学元件多采用挤压成形或压注成形。成形所用的型腔多采用金刚石车削来完成。型腔材料除超高强度镍钢外还有工具钢和陶瓷等。超高强度镍钢是模压成形时应用最广的材料，因为它既满足模具的强度要求，又可用金刚石车削加工出最佳的形状精度和表面质量。用金刚石刀具加工工具钢时，刀具易产生化学磨损，这是因为工具钢中碳元素与金刚石发生化学反应。所以此时要在刀架上附加一个超声振动装置，或者改用立方氮化硼刀具进行加工。

4.2.2　精密与超精密磨削加工

精密磨削是指在精密磨床上，选择细粒度砂轮，并通过对砂轮的精细修整，使磨粒具有微刃性和等高性，磨削后，使被磨削表面所留下的磨削痕迹极其微细、残留高度极小，再加上无火花磨削阶段的作用，获得加工精度为 1～0.1 μm 和表面粗糙度及 Ra 为 0.2～0.025 μm 的表面磨削方法。它是目前对钢铁等黑色金属和半导体等脆硬材料进行精密加工的主要方法之一，精密磨削又分为普通磨料砂轮精密磨削和超硬磨料砂轮精密磨削两大类，前者通常是指用普通磨料砂轮在普通工作环境下进行的精密磨削，一般用于机床主轴、轴承、液压滑阀、滚动导轨、量规等精密元件的加工，为论述方便，简称精密磨削。后者通常是指用金刚石或立方氮化硼等超硬磨料砂轮进行的精密磨削，一般用于硬质合金、高硬度合金钢、陶瓷、玻璃、半导体材料及石材等高硬度、高脆性材料的加工。

超精密磨削是指加工精度达到 0.1 μm 以下、表面粗糙度低于 0.025 μm 的砂轮磨削方法，是一种亚微米级的加工方法，并正向纳米级发展，适宜于对钢、铁材料及陶瓷、玻璃等硬脆材料的加工。近年来，超精密磨削的发展很快，出现了一些与超精密磨削有关的磨削加工，如镜面磨削、微细磨削和高速磨削等。

1. 精密与超精密磨削的机理

精密与超精密磨削主要是靠砂轮的精细修整，使磨粒具有微刃性和等高性，磨削后，被加工表面留下大量极微细的磨削痕迹，残留高度极小，加上无火花磨削阶段的作用，获得高精度和小表面粗糙度表面。因此其磨削机理可归纳为以下几点：

(1) 微刃的微切削作用

应用较小的修整导程(纵向进给量)和修整深度(横向进给量)对砂轮实施精细修整，从而得到如图 4-14 所示的微刃，其效果等效于砂轮磨粒的粒度变细。同时参加切削的刃口增多，深度减小，微刃的微切削作用形成了表面粗糙度值小的表面。

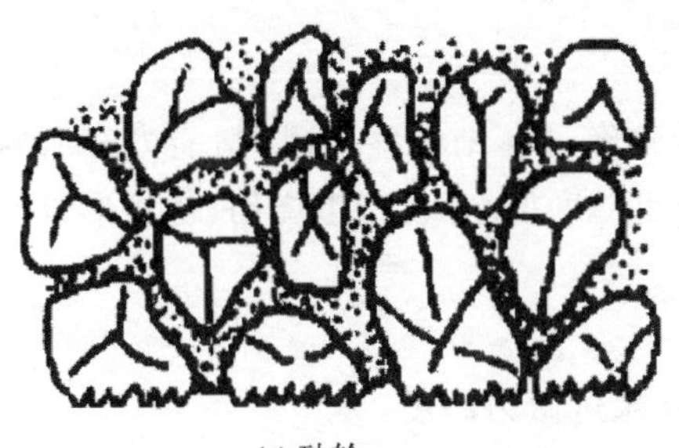

(a) 砂轮

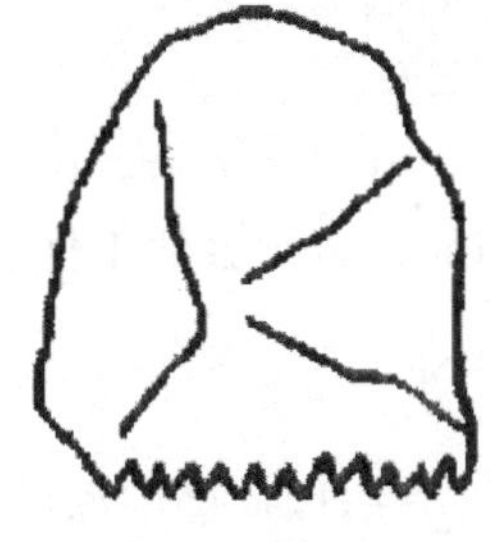

(b) 磨粒

(c) 微刃(锐利、半钝化、钝化)

图 4-14　磨粒微刃性和等高性

(2) 微刃的等高切削作用

由于微刃是在砂轮精细修整的基础上形成的，因此分布在砂轮表层的同一深度上的微刃数量多、等高性好，从而使加工表面的残留高度极小，因而形成了小表面粗糙度值。

(3) 微刃的滑挤、摩擦、抛光作用

修整得到的砂轮微刃比较锐利，切削作用强，随着磨削时间的增加微刃逐渐钝化，同时等高性得到改善，因而切削作用减弱，滑挤、摩擦、抛光作用加强。同时磨削区的高温使金屑软化，钝化微刃的滑擦和挤压将工件表面凸峰碾平，降低了表面粗糙度值。

(4) 弹性变形的作用

磨削时，法向分力是切向分力的两倍以上，由此产生的弹性变形所引起的切削深度变化对原有的微小切削深度来说是不能忽视的，因此需要反复进行无火花磨削以磨除该弹性变形的恢复部分。

2. 精密和超精密磨削的工艺

精密磨削和超精密磨削工艺参数对比如表 4-2 所列。

表 4-2　精密磨削和超精密磨削工艺参数

磨削参数	精密磨削	超精密磨削
砂轮速度/($m \cdot s^{-1}$)	15～30	15～30
工件速度/($m \cdot min^{-1}$)	6～12	4～10
纵向进给量/($mm \cdot r^{-1}$)	0.06～0.5	约 0.1
磨削深度/($\mu m \cdot str^{-1}$)	0.6～2.5	0.5～1
走刀次数/N	2～3	2～3

(1) 普通磨料砂轮磨削工艺

1) 砂轮速度

砂轮速度一般在 15～30 m/s 之间。当砂轮速度进一步提高时，其切削作用增强，摩擦抛光作用减弱，对表面粗糙度不利。同时，砂轮速度高时磨削热会增加，机床易产生振动，可能使被加工表面产生烧伤、波纹、螺旋形等缺陷，因此砂轮速度较低一些为好。

2) 工件速度

工件速度一般为 6～12 m/min。当工件速度较高时，易产生振动，工件表面可能有波纹，工件速度较低时，工件表面易产生烧伤和螺旋形磨痕等缺陷。砂轮速度与工件速度的比值与被加工材料有关，在 120～150 之间选取。

3) 工件纵向进给量

工件纵向进给量一般取 0.06～0.5 mm/r。由于砂轮经过精细修整，其切削能力有所减弱。因此，工件纵向进给量不宜过大，否则会使工件表面粗糙度值增大，产生烧伤、螺旋形以及多角形磨痕等缺陷。

4) 磨削深度

由于砂轮经过精细修整有微刃性，因此磨削深度不能超过微刃高度。

5) 走刀次数

由于磨削余量一般为 2～5 μm，故走刀次数一般为 2～3 个单行程。

(2) 超硬磨料砂轮磨削工艺

1) 磨削用量的选择

① 磨削速度。非金属结合剂金刚石砂轮的磨削速度一般为 12～30 m/s。磨削速度太低，单颗磨料的切削厚度过大，不但使工件表面粗糙度值增加，而且使金刚石砂轮磨损增加；磨削速度高，可使工件表面粗糙度值降低，但磨削温度随之升高，而金刚石的热稳性温度只有

700～800 ℃，因此金刚石砂轮的磨损也可能会增加。立方氮化硼砂轮的磨削速度可比金刚石砂轮高得多，可选 45～60 m/s，主要由于立方氮化硼磨料的热稳定性较好。

② 磨削深度。磨削深度一般为 0.001～0.01 mm，可根据磨削方式、磨粒粒度、结合剂和冷却状况等具体情况选择。

③ 工件速度。一般为 10～20 m/min，过高会使单颗磨粒的切削厚度增加，从而使砂轮磨损增加，可能会出现振动和噪声，影响加工表面粗糙度；工件速度低一些对降低表面粗糙度有利，但会降低生产率。

④ 纵向进给速度。一般为 0.45～1.5 m/min，纵向进给速度大时会使砂轮磨损增加；纵向进给速度对加工表面粗糙度影响较大，对表面粗糙度值要求较低时，易选用较小的纵向进给速度。

2）磨削液

磨削液对超硬磨料砂轮的寿命和磨削表面加工质量影响很大，如树脂结合剂超硬磨料砂轮湿磨可比干磨提高砂轮寿命 40%左右，因此一般多采用湿磨。由于超硬磨料组织紧密、气孔少、磨削过程中易被堵塞，故要求磨削液有良好的润滑性、冷却性、清洗性和渗透性。

金刚石砂轮磨削时常用以轻质矿物油为主体的油性液和水溶性液（乳化液、无机盐水溶液）为磨削液。树脂结合剂砂轮不宜使用苏打水。立方氮化硼砂轮磨削时一般采用油性液为磨削液，而不用水溶性液，因为在高温条件下立方氮化硼磨粒和水会发生水解作用，加剧砂轮磨损。

3. 精密和超精密磨削砂轮及其修整

砂轮的修整方法是影响精密和超精密磨削的主要因素之一。

（1）精密和超精密磨削砂轮

1）砂轮磨料

精密和超精密磨削时所用砂轮的磨料以易于产生和保持微刃及其等高性为原则。如磨削钢件及铸铁件，以采用刚玉磨料为宜。因为刚玉磨料韧性较高，能保持微刃性和等高性。在刚玉类磨料中，以单晶刚玉最好，白刚玉、铬刚玉应用最普遍。而碳化硅磨料韧性差，颗粒呈针片状，修整时难以形成等高性好的微刃。磨削时，微刃易产生细微碎裂，不易保持微刃性相等高性，主要应用于有色金属加工。

2）砂轮粒度

单从几何因素考虑，砂轮粒度越细，磨削的表面粗糙度值越小。但磨粒太细时，不仅砂轮易被磨屑堵塞，若导热情况不好。反而会在加工表面产生烧伤等现象，使表面粗糙度值增大，因此，精密磨削砂轮粒度常取 46＃～60＃，超精密磨削砂轮粒度为 $W5$～$W0.5$ 或更细。

3）砂轮结合剂

砂轮结合剂有树脂类、金属类、陶瓷类等，以树脂类应用为广。对粗粒度砂轮，可用陶瓷结合剂。金属类、陶瓷类结合剂是目前精密磨削领域中研究的重要方面。

（2）精密和超精密磨削砂轮修整

砂轮经过一定时间的磨削后会产生磨损，砂轮表面会有部分磨粒突出表面，如继续使用就会在工件表面形成划痕，严重影响工件的表面质量，所以需要对砂轮进行修整；另外外，磨削过程中产生的磨屑会堵塞砂轮，使微刃失去切创作用，这时也需要对砂轮进行修整。下面着重介绍金刚石笔和金刚石滚轮修整技术、ELID 磨削技术。

精密和超精密磨削中使用最广泛的是单颗粒金刚石笔修整，所用金刚石颗粒尺寸较大，一般要求大于1克拉。用金刚石笔修整砂轮时按车削法进行工作，修整器的切入量和进给速度都应该使修整出来的新磨粒刃口精细地排列在砂轮表面。金刚石笔修整器及其与砂轮的相对位置如图4-15所示。金刚石修整器一般安装在低于砂轮中心0.5～1.5 mm处，并向右上倾斜10°～15°，以减小受力。

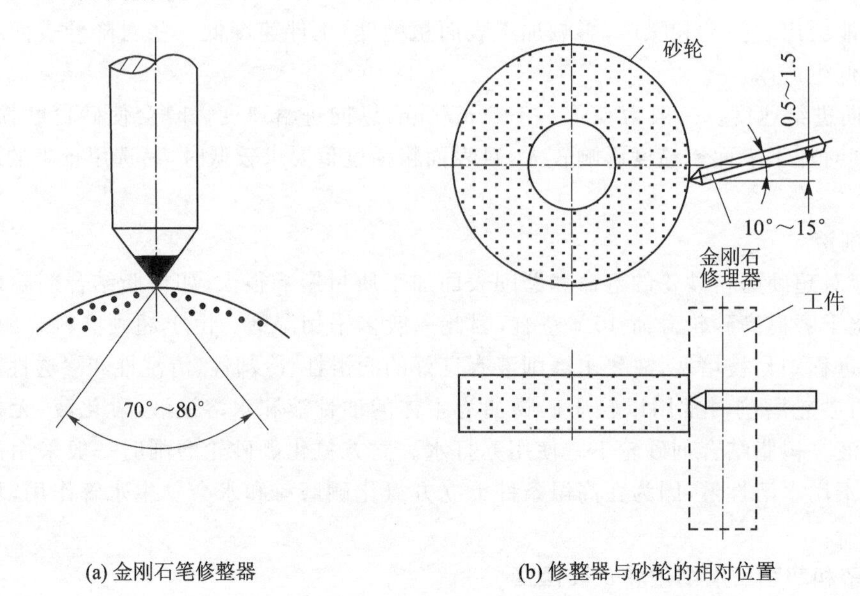

(a) 金刚石笔修整器　　(b) 修整器与砂轮的相对位置

图4-15　金刚石笔修整砂轮

砂轮的修整用量有修整导程、修整深度、修整次数和光修次数。修整导程一般为10～15 mm/min；修整深度为2.5 μm/str；修数导程(纵向进给)和修整深度越小，工件表面粗糙度值越低。但修整导程过小，容易烧伤工件，产生螺旋形等缺陷。修整深度一股为0.05 mm即可恢复砂轮的切削性能。修整一般分为初修与精修，精修一般为2～3次单行程。光修为无深度修整，一般为1次单行程，主要是为了去除砂轮表面个别突出微刃，使砂轮表面更加平整。

此外，比较常用的还有金刚石滚轮修整法。金刚石滚轮是用烧结或电镀的方法把金刚石固结在滚轮金属基体的圆周表面上制成的。金刚石滚轮本身像砂轮一样由电动机单独驱动，并可以正反转。用滚轮修整时的运动与用单颗粒金刚石笔修整时不同，用滚轮修整是类似切入磨削法的运动关系。滚轮按磨削法来修整砂轮，一般时间很短，几秒钟就可以完成。

ELID即电解在线砂轮修整技术(Electrolytic In-process Dressing)，ELID磨削是利用在线电解作用对金属基砂轮进行修整，即在磨削过程中在砂轮和工具电极之间浇注电解磨削液并加以直流脉冲电流，使作为阳极的砂轮金属结合剂产生阳极溶解效应而被逐渐去除，使不受电解影响的磨粒突出砂轮表面，随着电解过程的进行，逐渐在砂轮表面形成一层具有绝缘性质的氧化膜，阻止电解过程的继续进行。当砂轮的磨粒磨损后，钝化膜被工件刮擦去除，电解过程继续进行，周而复始，利用在线电解作用连续修整砂轮来获得恒定的磨粒突出高度。其基本原理如图4-16所示。

目前ELID磨削凭借其良好的稳定性、高可控性、容易实现镜面磨削并可大幅度减少超硬材料被磨零件的残留裂纹以及砂轮磨耗较慢等特点在精密、超精密磨削砂轮修整中使用越来

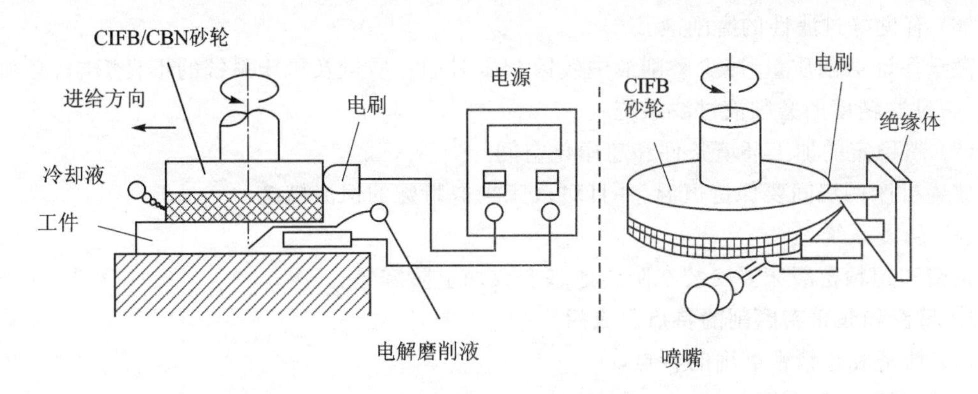

图 4-16　平面磨床的 ELID 磨削装置原理图

越广泛。

ELID 磨削主要适用于电子材料、磁性材料、光学材料、陶瓷材料、高硬度钢铁材料及其复合材料以及硬质合金的镜面磨削及难加工光学材料的研磨抛光前的镜面磨削等。

实现 ELID 磨削的必备装置主要有砂轮、电源装置(包括正负电极)和电解液(磨削液)等,具体要求如下:

① ELID 磨削对磨床的要求不是很高,只要具有较高主轴回转精度即可。

② ELID 磨削对砂轮有特殊要求:良好的导电性和电解性能,且砂轮结合剂元素的氧化物或氢氧化物不导电。

③ ELID 磨削的电源可以采用直流电源、交流电源或各种波形的脉冲电源及有直流基量的脉冲电源。

④ ELID 磨削时使用的磨削液,不仅用来降低磨削区的温度,减少砂轮磨损、冲刷磨屑,同时也作为电解修整的电解液。

4. 精密和超精密磨削对机床和环境的要求

(1) 高精度和超精密砂轮架轴承

主轴回转精度应小于 1 μm;滑动轴承的间隙应在 0.01～0.015 mm 之内;内圆磨具应选用 P2～P1 级精度的轴承,其径向圆跳动应小于 150 mm。

(2) 高刚度

精密和超精密磨削时切削力不会很大,但由于精度要求高,应尽量减小弹性让刀量,提高磨削系统刚度。

(3) 稳定性

为了保证磨削质量,磨床的传动系统、主轴和导轨等结构及温度控制和工作环境均应具有高稳定性。

(4) 微量进给装置

要进行微量切除,因此一般在横向进给(切深)方向都配有微量进给装置,使砂轮获得行程为 2～50 μm,位移精度为 0.02～0.2 μm,分辨率达 0.01～0.1 μm 的位移。

(5) 计算机数控

生产上要求稳定进行批量生产的超精密磨削,因此现代精密和超精密磨床多为计算机数控,使质量稳定,一致性好,且能提高工效。

（6）有良好过滤性的磨削液

微量保证磨削质量，减少磨削液中残留杂质对加工质量及机床系统的不良影响，必须采用高效、高过滤精度的磨削液过滤系统。

（7）超稳定的加工环境条件和超净化空间

放置机床的房间要保持恒温，并且对机床采取特殊的恒温措施。

（8）防震系统

精密和超精密磨床要安装在防震地基上或加上防震垫。

5. 精密和超精密磨削的特点及应用

（1）精密和超精密磨削的特点

1）精密和超精密磨削是一个系统工程

精密和超精密磨削不是一种单纯的加工方法，已经形成了一个系统工程，其组成部分有：被加工材料、精密和超精密磨削机理、精密和超精密磨床、砂轮及其修整、工件的定位与夹紧、检测及误差补偿、工作环境和人的技艺。其中精密和超精密磨床是超精密磨削的关键。

2）超硬磨料砂轮是精密和超精密磨削的主要工具

超硬磨削是一种极薄层的切削，磨削深度极小，要求磨料材料具有很高的高温强度和高温压力，因此采用金刚石和立方氮化硼超硬磨料；由于对表面粗糙度值要求很低，因此多采用超硬磨料微粉砂轮进行磨削。

3）精密和超精密磨削是一种超微量切除加工

精密和超精密磨削是一种极薄切削，是在晶体内部进行磨削，其去除的加工余量很小，很可能与工件所要求的精度数量等级相当。

（2）精密和超精密磨削的应用

① 磨削钢铁及其合金等金属材料，特别是经过淬火等处理的淬硬钢。

② 可用于磨削非金属的硬脆材料，例如陶瓷、玻璃、石英、半导体材料、石材等。

③ 目前主要有外圆磨床、平面磨床、内圆磨床、坐标磨床等超精密磨床，用于超精磨削外圆、平面、孔和孔系。

④ 精密、超精密磨削和其游离磨料加工是相辅相成的。

4.2.3 其他超精密加工

超精密加工中除了超精密切削、磨削技术外，还有表面光整加工技术、超精密特种加工技术等加工技术。超精密特种加工技术有电火花加工、电化学加工、超声加工、高能束加工等加工技术，由于本书第3章有详细介绍，此处不再赘述。

表面光整加工技术以获得高质量的表面为目的，通常作为机械加工的最终加工工序，是加工技术家族中比较年轻的一员，在工业发达国家制造业中已得到广泛应用。工件的表面质量对工件的使用性能、寿命和可靠性都有很大影响，如何获得高质量的工件加工表面是必须给予关注的重要问题。表面光整加工技术可以分为两大类，即基于表面形变的光整加工和基于微量去除的光整加工。本节主要介绍后者，着重介绍应用比较广泛的研磨加工、珩磨加工和抛光加工。

1. 研磨加工技术

研磨（lapping）是历史悠久、应用广泛而又在不断发展的加工方法。古代研磨用于擦光宝石、铜镜等;近代作为抛光的前道工序用于加工最精密的工件,如透镜和棱镜等光学工件。研磨可用于各种钢、铸铁、铜、铝、硬质合金等金属材料和玻璃、陶瓷、半导体、塑料等非金属材料工件的平面,内、外圆柱面,圆锥面,内、外球面及螺纹、齿轮等其他型面的加工。工件经研磨后,能获得很低的表面粗糙度和很高的尺寸精度、几何形状精度和一定的位置精度。但要获得高的研磨加工精度,一般均应先采用其他加工方法得到较高的预加工精度;否则,研磨效率较低。

(1) 研磨加工的定义

研磨是将研磨工具(以下简称研具)表面嵌入磨料或敷涂磨料并添加润滑剂,在一定的压力作用下,使工件和研具接触并做相对运动,通过磨料作用,从工件表面切去一层极薄的切屑,使工件具有精确的尺寸、准确的几何形状和很高的表面粗糙度,这种对工件表面进行最终精密加工的方法,叫做研磨。其加工模型如图 4-17 所示。

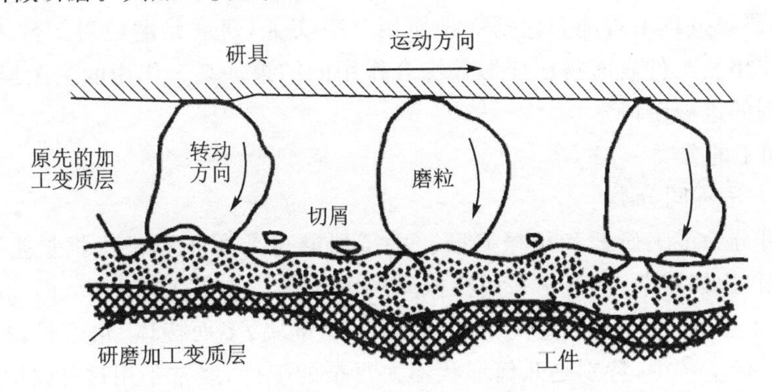

图 4-17　研磨加工模型

研磨的实质是用游离的磨粒通过研具对工件表面进行包括物理和化学综合作用的微量切削,其速度很低,压力很小,经过研磨的工件可获得 0.001 mm 以内的尺寸误差,表面粗糙度一般能达到 $Ra=0.4\sim0.1\ \mu m$,最小可达 $Ra=0.012\ \mu m$,表面几何形状精度和一些位置精度也可进一步提高。

(2) 研磨加工的机理

尽管研磨已广泛应用于机械加工中,并且获得了最佳的工艺效果,但人们对研磨过程的机理有多种观点。

1) 纯切削说

这种观点认为,研磨和磨削一样,是一种纯切削过程。最终精度的获得是由很多微小的硬磨粒对工件表面不断切削,靠磨粒的尖劈、冲击、刮削和挤压作用,形成无数条切痕重叠、互相交错、互相抵消的加工面。它与磨削的差别只是磨粒颗粒较细,切削运动不尽相同而已。

这种观点在实际过程中可以解释许多现象,也能指导工作。例如,研磨过程中使用的磨料粒度一序比一序细,而获得的精度则一序比一序高。但这种观点解释不了用软磨料加工硬材料,用大颗粒磨粒(如 W5 白刚玉磨粒)却能加工出低粗糙度表面的实例,显然这种观点不全面。

2) 塑性变形说

这种观点认为;在研磨时,表面发生了塑性变形。即在工件与研具表面接触运动中,粗糙高凸的部位在摩擦、挤压作用下被"压平",填充了低凹处,而后形成极低的表面粗糙度。

然而在研磨极软材料(如铅、锡等)时,产生塑性变形是有可能的;而用软基体抛光硬材料(如光学玻璃)时,则很难解释为塑性变形。实际上,工件在研磨前后有质量变化,这说明不是简单的压平过程。

3) 化学作用说

这种观点认为:被研磨表面出现了化学变化过程。工件表面活性物质在化学作用下,很快就形成了一层化合物薄膜;这层薄膜具有化学保护作用,但能被软质磨料除掉。研磨过程就是工件表面高凸部位形成的化合物薄膜不断被除掉又很快形成的过程,最后获得较低的表面粗糙度。

然而,显微分析表明,经研磨的表层约有微米程度的破坏层。这说明研磨不仅是磨料去除化合物薄膜的不断形成过程,并且对表面层有切削作用,而化学作用则加速了研磨过程。显然化学作用说也不全面。

综上所述,研磨过程不可能只包括一种作用。事实上,研磨是磨粒对工件表面的切削、活性物质的化学作用及工件表面挤压变形等综合作用的结果。某一作用的主次程度取决于加工性质及加工过程的进展阶段。

(3) 研磨加工的分类

1) 按操作方法不同分类

研磨加工可分为手工研磨和机械研磨。手工研磨主要用于单件小批量生产和修理工作中,但也用于形状比较复杂、不便于采用机械研磨的工件。在手工研磨中,操作者的劳动强度很大,并要求技术熟练,特别是某些高精度的工件,如量块、多面棱体、角度量块等。机械研磨主要应用于大批量生产中,特别是几何形状不太复杂的工件,经常采用这种研磨方法。

2) 按研磨剂使用的条件分类

研磨加工可分为湿研、干研和半干研三种。湿研又称敷科研磨。它是将研磨剂连续涂敷在研具表面,磨科在工件与研具问不停地滚动和滑动,形成对工件的切削运动。湿研金属切除率高,多用于粗研和半精研。

干研又称嵌砂(或压砂)研磨。它是在一定的压力下,将磨粒均匀地压嵌在研具的表层中进行研磨。此法可获得很高的加工精度和很小的表面粗糙度值,故在加工表面几何形状和尺寸精度方面优于湿磨,但效率较低。

半干研磨类似于湿研。它所使用的研磨剂是糊状的,粗、精研均可采用。

3) 按加工表面的形状特点分类

研磨加工可分为平面、外圆、内孔、球面、螺纹、成形表面和啮合表面轮廓研磨。

(4) 研磨加工的特点

研磨可以使工件获得极高的精度,其根本原因是这种工艺方法和其他工艺方法比较起来有一系列的特点。这些特点主要包括以下几个方面:

① 在机械研磨中,机床—工具—工件系统处于弹性浮动状态,这样可以自动实现微量进给,因而可以保证工件获得极高的尺寸精度和形状精度。

② 研磨时,被研磨工件不受任何强制力的作用,因而处于自由状态。这一点对于刚性比较差的工件尤其重要,否则,工件在强制力作用下特产生弹性变形,在强制力去除后,由于弹性恢复,工件精度将受到严重破坏。

③ 研磨运动的速度通常在 30 m/min 以下,这个数值约为磨削速度的 1%。因此,研磨时

工件运动的平稳性好，能够保证工件有良好的几何形状精度和相互位置精度。

④ 研磨时，只能切去极薄的一层材料，故产生的热量少，加工变形小，表面变质层也薄，加工后的表面有一定的耐蚀性和耐磨性。

⑤ 研磨表层存在残余压应力，有利于提高工件表面的疲劳强度。

⑥ 操作简单，一般不需要复杂昂贵的设备。除了可采用一定的设备来进行研磨外，还可以采用简单的研磨工具，如利用研磨心棒、研磨套、研磨平板等进行机械和手工研磨。

⑦ 适应性好。不仅可以研磨平面、内圆、外圆，而且可以研磨球面、螺纹；不仅适合手工单件生产，而且适合成批机械化生产；不仅可加工钢材、铸铁、有色金属等金属材料，而且可加工玻璃、陶瓷、钻石等非金属材料。

⑧ 研磨可获得很低的表面粗糙度。研磨属微量切削，切削深度小，且运动轨迹复杂，有利于降低工件表面粗糙度；研磨时基本不受工艺系统振动的影响。

(5) 研磨工艺

1) 研磨质量的影响因素

被研磨工件质量主要取决于所选用的研磨方法、研磨剂、研具、研磨时的压力、研磨运动和工件研磨前的预加工等方面的因素。下面简述研具和研磨剂。

① 研具。研具的主要作用一方面是把研具的几何形状传递给研磨工件，另一方面是涂敷或嵌入磨料。为了保证研磨的质量，提高研磨工作的效率，所采用的研磨工具应满足如下要求：研具应具有较高的尺寸精度和形状精度、足够的刚度、良好的耐磨性和精度保持性；硬度要均匀，且低于工件的硬度，组织均匀致密，无夹杂物，有适当的被嵌入性，表面应光整，无裂纹、斑点等缺陷，并应考虑排屑、储存多余磨粒及散热等问题。

研具的常用材料有：铸铁、软钢、青铜、黄铜、铝、玻璃和沥青等。研磨淬硬钢、硬质合金和铸铁时，可以使用铸铁研具；研磨余量大的工件、小孔、窄缝窄口、软材料时，可以使用黄铜、纯铜研具；研磨 M5 以下的螺纹及小尺寸复杂形状的工件时. 可以使用软钢研具，不能使用铸铁研具，由于工件外形尺寸较小，铸铁研具强度不能满足使用要求。此外，还有用淬硬合金钢、钡镁-锡、钡镁-铁合金及锡、铅等作研具的。也有用非金属作研具的，如沥青可研磨玻璃、水晶及单晶硅等脆性材料和精抛光淬硬工件。玻璃研具主要是在淬硬工件的最后精研磨时，为了得到良好的表面粗糙度而选用氧化铬作磨料时采用，如量针的最后精研磨。

通用的研具有研磨砖、研磨棒、研磨平板等。新型研具有含固定磨料的烧结研磨平板、铸金刚石油石及粉末冶金研具等。

② 研磨剂。研磨剂是很细(小于 W28)的磨料、研磨液(或称润滑剂)和辅助材料的混合剂。

磨料一般是按照硬度来分类的。硬度最高的金刚石，有天然金刚石和人造金刚石两种，主要用于研磨硬质合金等高硬材料；其次是碳化物类，如碳化硼、黑碳化硅、绿碳化硅等，主要用于研磨铸铁、有色金属等，再次是硬度较高的刚玉类(Al_2O_3)，如棕刚玉、白刚玉、单晶刚玉、铬刚玉、微晶刚玉、黑刚玉、锆刚玉和烧结刚玉等，主要用于研磨碳钢、合金钢和不锈钢等；硬度最低的氧化物类(又称软质化学磨料)，有氧化铬、氧化铁和氧化镁等，主要用于精研和抛光。

研磨液在研磨加工中，不仅能起调和磨料的均匀载荷、粘吸磨料、稀释磨料和冷却润滑作用，而且还可以起到防止工件表面产生划痕及促进氧化等化学作用。常用的研磨液有全损耗系统用油 L－AN15(机油)、煤油、动植物油、航空油、酒精、氨水和水等。

辅助材料是一种混合脂，在研磨中起吸附、润滑和化学作用。最常用的有硬脂酸、油酸、蜂蜡、硫化油和工业甘油等。

2）研磨工艺参数

① 研磨压力。研磨效率随研磨压力增加而增加；因为，研磨压力增加后，磨粒嵌入工件表面较深，切除的金属切屑较多，研磨作用加强。但当研磨压力过大时，研磨剂中颗粒会由于承受过大的载荷而被压碎，研磨作用反而减少，并使工件表面划痕加深，影响工件表面粗糙度。因此，研磨压力必须在合理的数值内。研磨压力和工件材料性质、研具材料性质以及外压力等因素有关。一般研磨压力为 0.05～0.3 MPa，粗研磨时宜用 0.1～0.2 MPa，精研磨时宜用 0.01～0.3 MPa。研磨压力的选择参见表 4-3。

表 4-3 研磨压力

单位：MPa

研磨类型	平 面	外 圆	内孔（孔径为 5～20 mm）	其 他
湿 研	0.1～0.25	0.15～0.25	0.12～0.28	0.08～0.12
干 研	0.01～0.1	0.05～0.15	0.14～0.16	0.03～0.04

总之，在研磨加工时，一般是选用较高的研磨压力和较低的研磨速度进行粗研磨加工；然后用较低的研磨压力和较高的研磨速度进行精研磨加工。

② 研磨速度。一般来说，研磨作用是随着研磨速度的增加而增加。当研磨速度增加后，较多的磨粒在单位时间内通过工件表面，而单个磨粒的磨削量接近常数，因此，能切除更多的金属，使研磨作用增加。研磨速度一般在 10～15 m/min 之间，不能超过 30 m/min。若研磨速度过高，产生的热量过大，则会引起工件表面退火。同时，工件热膨胀大，难于控制其尺寸，还会留下严重的磨粒划痕。合理的研磨速度必须通过实验方法获得。研磨速度的选择参见表 4-4。

表 4-4 研磨速度

单位：m/min

研磨类型	平 面		外 圆	内 孔	其 他
	单 面	双 面			
湿 研	20～120	20～60	50～75	50～100	10～70
干 研	10～30	10～15	10～25	10～20	2～8

注：工件材质较软或精度要求较高时，速度取小值。

③ 研磨时间。研磨时间和研磨速度是密切相关的。对粗研磨来说，为了获得较高的研磨效率，其研磨时间主要应根据磨粒的切削快慢来确定，对精研磨来说. 实验曲线表明，研磨时间在 1～3 min 范围内，研磨效果已经变缓，超过 3 min，对研磨效果的提高没有显著变化。

④ 研磨运动轨迹。对研磨运动轨迹的要求是：工件相对于研磨盘平面做平行运动，保证工件上各点的研磨行程一致，以获得良好的平面度精度；研磨运动力求平稳，尽量避免曲率过大的转角；工件运动应遍及整个研具表面，以利于研具均匀磨损：工件上任一点的运动轨迹，尽量不出现周期性的重复。常用的研磨运动轨迹为：直线、正弦曲线、无规则圆环线、外摆线、内摆线及椭圆线等。

2. 珩磨加工技术

珩磨(honing)产生于 20 世纪 20 年代初期,它利用可胀缩的磨头使磨粒颗粒很细(280＃～W20)的珩磨条压向工作表面以产生一定的接触面积和相应的压力(2～5 kg/cm^2),同时珩磨条在适当的冷却液作用下对被加工表面做旋转和往复进给的综合运动(使磨削纹路交叉角为 30°～60°),从而达到改善表面质量(使被加工工件表面粗糙度减小至 Ra＝0.1～0.012 μm),改善表面应力情况(产生残余压应力)和基本不产生变质层(变质层只有 0.002 mm 深)以及提高工件精度的目的。

(1) 珩磨加工特点及其要素

珩磨不但可以加工金属材料,而且还可以加工塑料等非金属材料。本节主要讲述珩磨加工的定义和特点以及珩磨油石、切削参数的选择。

1) 珩磨加工的特点

珩磨是在低切削速度下,以精镗、铰削或内孔磨削后的预加工表面为导向,对工件进行精整加工的一种定压磨削方法。

珩磨不仅可以降低加工表面的粗糙度,而且在一定的条件下还可以提高工件的尺寸及形状精度。珩磨加工主要应用于孔内表面,也可用于外圆面、平面、球面或齿形表面。珩磨时,有切削、摩擦和压光金属的作用,可以认为它是磨削加工的一种特殊形式,只是珩磨所用的磨具是由粒度很小的油石组成的珩磨头。

珩磨中,磨条工作面上随机分布的磨粒形成众多的刃尖,被加工金属表面层有一部分被磨粒磨刃切除,另一部分则被磨粒挤压,形成塑性变形,并隆起在磨痕两旁。虽与母体产生晶格滑移,但仍联结在母体上,结合强度却大为降低,故易被其他磨粒磨刃所切除。由于珩磨时的切削速度和单位压力较低,因而切削区温度不高,一般在 50～150 ℃范围内。珩磨也与常用磨削加工一样,磨条上的磨粒有自砺作用。人造金刚石和立方氮化硼磨料的应用,把珩磨技术推向了一个新的阶段。现在,珩磨已不仅用作高精度要求的终加工工序,还可作为切除较大余量的中间工序,成为一种能使被加工工件表面达到粗糙度参数值小、精度高、切削效率高的先进加工方法。

2) 珩磨原理

对于配合精度要求很高的轴或孔,常常采用研磨的方法进行加工。尽管研具本身精度不很高,但它在与工件做相对运动的过程中不断对工件进行微量切削,高点逐渐被磨掉,精度逐步提高,最终达到很高的精度。实际上,这种表面间的摩擦过程就是误差相互比较、相互抵消的过程。此方法称为"误差平均法",其实质就是利用有密切联系的表面相互比较、相互检查,从中找出其间的差异,然后进行相互修正或互为基准加工,使加工表面的原始误差不断缩小均化。珩磨是利用误差平均法的原理来提高加工表面精度,因此对珩磨头本身的精度要求不很高。但珩磨条必须以原有的加工表面为导向(因此对珩磨表面的前道工序有一定的加工要求),并要使珩磨条在加工表面上每一次往复运动的轨迹不重复,这样才能使珩磨达到理想的效果。

珩磨的工作原理如图 4－18(a)所示,珩磨加工时工件固定不动,珩磨头与机床主轴浮动连接,在一定压力下通过珩磨头与工件表面的相对运动,从加工表面上切除一层极薄的金属。珩磨加工时,珩磨头有三个运动,即旋转运动、往复运动和垂直于加工表面的径向加压运动。前两种运动是珩磨的主运动,它们的合成使珩磨油石上的磨粒在孔的表面上的切削轨迹呈交叉而不重复的网纹(见图 4 - 18(b)),因而易获得低表面粗糙度的表面。径向加压运动是油石的进给运动,加的压力越大,进给量就越大。

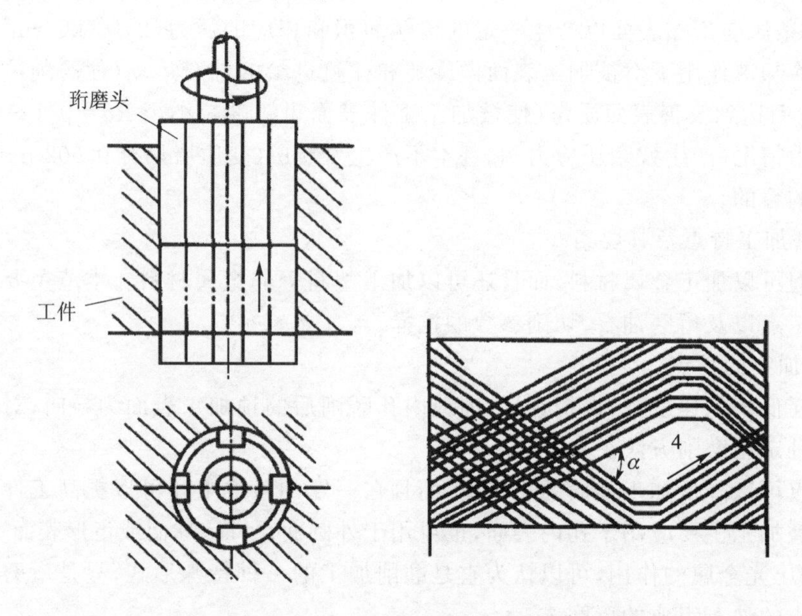

图 4 - 18 珩磨加工的工作原理

3) 珩磨的特点

珩磨加工是一种使工件加工表面达到高精度、高表面质量、高寿命的高效加工方法。在孔珩磨加工中,是以原加工孔中心来进行导向。珩磨加工孔径最小可达 5 mm,最大可达 1 200 mm 以上,而加工孔长可达 $L/D=10$ 或更高,这是一般磨床所不能相比的。珩磨加工用的珩磨机床,在珩磨头或夹具浮动的情况下,其机床精度和其他机床相比,加工同样精度的工件时,珩磨机床的精度可比其他机床低得多。

珩磨与研磨相比,珩磨劳动强度低,生产效率高,易于实现自动化,且加工表面易清洗。经珩磨加工的工件,使用寿命一般比研磨的高。

珩磨与挤压相比,珩磨加工精度主要靠切削本身来保证,而挤压加工精度受前道工序精度的影响;珩磨加工是把前道工序的刀痕磨削掉,而挤压加工是把前道工序的刀痕压倒;经珩磨加工的表面没有硬化层,而挤压加工出的表面有加工硬化层。因此,珩磨比挤压加工表面应力小、精度稳定、使用寿命高,适合与精密配件的配合。

从磨粒的切削过程来看,珩磨与磨削加工的区别在于珩磨加工时磨粒切削刃的自砺作用显著,而磨削加工中磨粒的切削方向经常是一定的,磨粒整体直接磨耗而容易形成变钝的状态。与之相反,在珩磨加工中,由于在每个冲程中作用于磨粒的切削力方向均发生变化,所以,破碎的机会增加了,磨具表面的锋利性得以长时间的维持。珩磨速度通常是磨削速度的 1/3~1/60,由于是以面接触的方式来弥补磨削效率的损失,所以磨削点数多,每个磨粒的垂直负荷仅是磨削情况的 1/50~1/100。因此,每一个切削刃的平均单位时间发热量是磨削的 1/1 500~1/3 000,产生的加工应变层以及残余应力层也薄,珩磨加工还可以除去前道工序的加工变质层。

珩磨加工一般具有以下特点:

① 加工表面质量好。

- 可达 $Ra=0.8\sim1$ μm；最低可达 $Ra=0.012$ μm。
- 工件表面形成有规则、均匀而细密的交叉网纹，有利于润滑油的储存和油膜保持，故珩磨表面能承受较大的载荷和具有较高的耐磨性。
- 加工热量小、工件表面不易产生烧伤、变质、裂纹、嵌砂和工件变性等缺陷，故特别适用于精密工件的加工。

② 加工精度高。

- 小直径孔时，孔的圆柱度可达 0.5～1 μm；直线度可达 1 μm。
- 中等直径孔时，孔的圆柱度可达 5 μm。
- 外圆柱面时，圆柱度最高可达 0.04 μm。
- 尺寸的分散性误差可在 1～3 μm 范围内。

③ 加工范围广。

- 可加工除铅以外的所有金属材料。
- 可加工各类圆柱及圆锥孔，也可加工各类外圆。
- 在极限情况下可加工孔径 1～2 000 mm，孔深 1～2 400 mm。

④ 切削效率高。

- 在单位切削时间内，珩磨参加切削的磨粒数为磨削的 100～1 000 倍，故具有较高的金属切除率。
- 珩磨阀套类工件孔时，金属切除率达 80～90 mm^3/s，其切削效率比研磨高 3～8 倍。
- 珩磨时以工件孔壁导向，进给力由中心均匀压向孔壁，故只需切除较少的余量，便可完成精加工。

⑤ 机床的糟度要求低，结构较简单。

- 珩磨对机床的精度要求低，与加工同等精度工件的磨床相比，珩磨机的主要精度可降低 1/2～1/7；动力消耗可下降 1/2～1/4；可大幅度降低成本。
- 机床结构较简单，除专用珩磨机外，也可用车床、钻床或镗床等设备改装。且机床较易实现自动化。

(2) 珩磨加工要素及用量

1) 珩磨头

珩磨头一端连接机床主轴接头，杆部镶嵌或连接珩磨油石。在加工过程中，珩磨头的杆部与珩磨油石进入工件的被加工孔内，并承受切削转矩；在机床进给结构的作用下，驱动珩磨油石作径向扩张，实现珩磨的切削进给，使工件孔获得所需的尺寸精度、形状精度和表面粗糙度。

不论对哪一种珩磨头，它必须具备以下几个基本条件：

① 珩磨头上的油石对加工工件表面的压力能自由调整，并能保持在一定范围内。

② 珩磨过程中，油石在轴的半径方向上可以自由均匀地胀缩，并具有一定刚度。

③ 珩磨过程中，工件孔的尺寸在达到要求后珩磨头上的油石能迅速缩回，以便于珩磨头从孔内退出。

④ 油石工作时无冲击、位移和歪斜。

图 4-19 所示是一种利用螺旋调节压力的较简单的珩磨头。

珩磨头本体用浮动装置与机床主抽相连接，油石黏结剂(或用机械方法)与油石座固结在

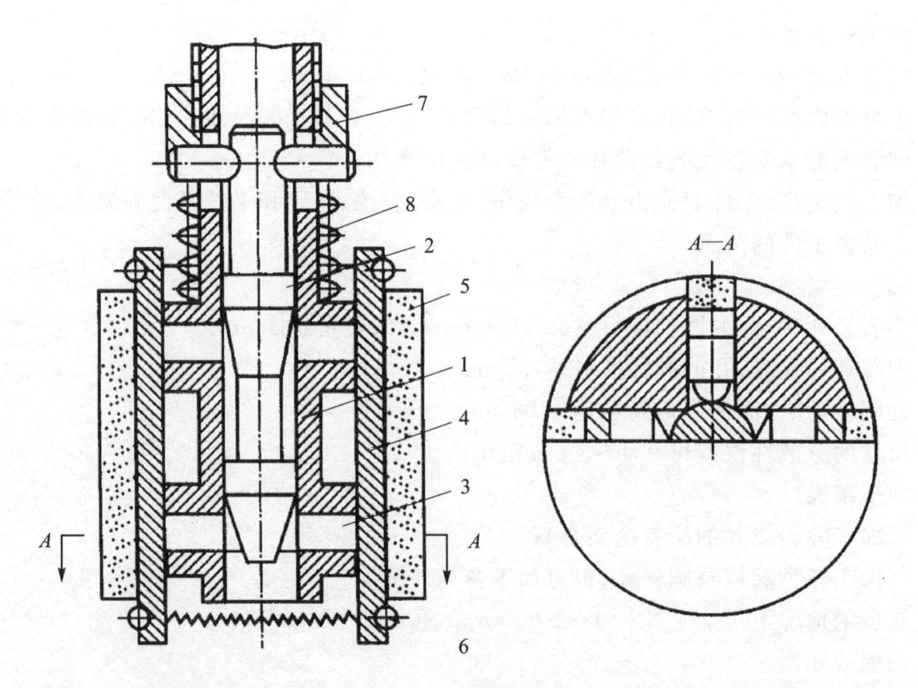

1—本体；2—调整锥；3—顶块；4—油石座；5—油石；6—弹簧箍；7—螺母；8—弹簧

图 4-19 利用螺旋调节压力的珩磨头结构

一起装在本体的槽中，油石座两端由弹簧箍住，使油石保持向内收缩的趋势。珩磨头尺寸的调整是通过旋转螺母，推动调整锥向下摆动，通过顶块使油石在圆周上均匀张开，当油石与孔表面接触后，再继续旋动螺母，即可获得工作压力。这种珩磨头结构比较简单，制造方便，经济实用，但工作压力的调整频繁、复杂，且珩磨过程中随油石磨损或孔径增大而不稳定。为了自动获得恒定压力，成批或大量生产中应采用气动或液压控制的珩磨头。采用气动或液压控制油石胀缩的优点是：在珩磨过程中，油石对工件表面的压力均匀，磨削平稳，而且没有振动，生产率比较高。但是，这种珩磨头的结构较复杂，只有在专用的珩磨机上才能使用，一般中小型修理厂就可能不太适用。

2）珩磨油石

① 油石种类。油石一般可分为两大类即普通油石和特殊油石。普通油石虽然价格便宜，但其寿命短且型面保持性差，因此大批量生产时一般不选用。在特殊油石中，虽然金刚石的硬度最高，但其热稳定性、磨粒的切削性能远不如立方氮化硼（CBN）油石，因而在珩磨合金钢之类的工件时，用立方氮化硼油石能获得更好的切削性和经济性。

② 油石粒度。选择油石粒度应以满足工件表面粗糙度为前提，并非越细越好。油石越细，切削效率就越低，因此在满足工件所要求的表面粗糙度前提下，应选用尽可能粗的油石。

③ 油石长度。油石长度是否合适直接影响到被加工孔的形状精度，选择不当可能会产生喇叭口、腰鼓、虹形、波浪形等现象。一般情况下，加工通孔时，油石长度应为孔长的 2/3～3/2；加工盲孔时，油石长度应为孔长（包括退刀槽）的 2/3～3/4。当然，实际应用时应根据具体情况加以修正。

④ 油石硬度。油石硬度直接影响到油石的切削性能。一般情况下，加工硬材料选用较软的油石，加工软材料选用较硬的油石。

⑤ 油石工作压力。珩磨油石工作压力是指油石通过进给机构施加于工件表面单位面积上的力，油石上的磨粒借以切入金属或脱落自锐。压力增大时，树料去除量和油石磨损量也增大，但珩磨精度较差、表面粗糙度值升高，当压力超过极限压力时，油石就急剧磨损。

生产型珩磨机的珩磨压力可按表 4-5 选取，使用修配型珩磨机一般取 0.2～0.5 MPa，大余量切削珩磨压力达 3 MPa。采用金刚石或立方氮化硼油石，油石的工作压力可提高 2～3 倍。

表 4-5　珩磨油石工作压力

单位：MPa

珩磨工序	工件材料	油石工作压力	珩磨油石的极限压力	
粗　珩	铸铁 钢	0.5～1.5 0.8～2.0	陶瓷油石	<25
精　珩	铸铁 钢	0.2～0.5 0.4～0.8	树脂油石	1.5～2.5
			金刚石油石	3.0～5.0
超精珩	铸铁 钢	0.05～0.1 0.05～0.1	立方氮化硼油石	2.0～3.5

3) 珩磨速度和珩磨交叉角

珩磨速度 v 由圆周速度 v_t 和往复速度 v_a 合成。磨粒在加工表面上切削出交叉网纹，形成珩磨交叉角 θ，如图 4-20 所示。

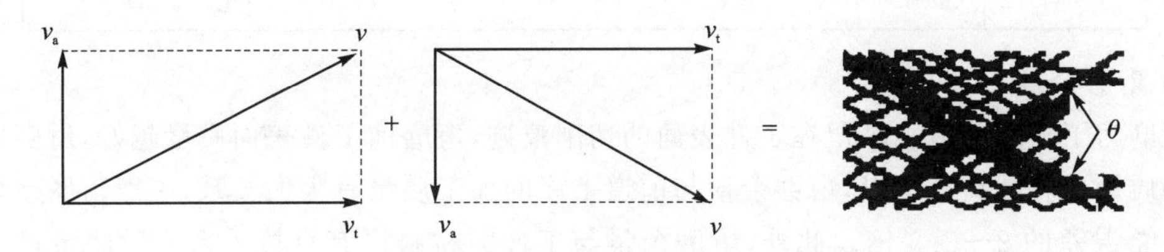

图 4-20　珩磨速度与珩磨交叉角的关系

圆周速度：

$$v_t=\frac{\pi Dn}{1000}$$

往复速度：

$$v_a=\frac{2n_a l_x}{1000}$$

珩磨速度：

$$v=\sqrt{v_t^2+v_a^2}$$

珩磨交叉角：

$$\theta=2\arctan\frac{v_a}{v_t}$$

式中：D 为珩磨头直径，mm；n 为珩磨头转速，r/min；n_a 为磨头往复次数，dst/min；l_x 为磨头单行程长度，mm。

要获得较好的珩磨效果，必须正确选择 v_t，v_a 和 θ，具体可参见表 4-6。

表 4-6　珩磨切削参数的选择

工件材料	加工性质	珩磨速度 $v/(\mathrm{m\cdot min^{-1}})$	交叉角 $\theta/(°)$	圆周速度 $v_t/(\mathrm{m\cdot min^{-1}})$	圆周速度 $v_a/(\mathrm{m\cdot min^{-1}})$
球墨铸铁	粗加工	22～25	45	20～23	9～10
	精加工	～30	45	27	12
未淬火钢	粗加工	20～25	45	18～22	9～11
	精加工	～28	45	25	12
合金钢	粗加工	25	45	23	10
	精加工	～28	45	26	11
淬硬钢	粗加工	15～22	40	14～21	5～8
	精加工	～30	40	28	10
铝	粗加工	25～30	60	21～26	12～15
	精加工	～35	45	30	17.5
青　铜	粗加工	25～30	60	21～26	12～15
	精加工	～35	45	30	17.5
硬　铬	粗加工	15～22	30	14～21	4～6
塑　料	粗加工	25～30	45	23～28	10～12
	精加工	<40	30	37	11

4）珩磨余量

珩磨为了消除前道工序留在工件表面的切削痕迹，珩磨前工件表面质量越好，珩磨后工件表面的质量也就越高。所以，珩磨余量与前道工序的加工质量有很大关系，一般珩磨余量为先前工序总误差的 2～2.5 倍。此外，珩磨余量与工件的材料也有直接关系。珩磨余量可参见表 4-7。

表 4-7　珩磨余量参考值

单位：mm

工件材料	珩磨余量		工件材料	珩磨余量	
	单件生产	批量生产		单件生产	批量生产
粗　珩	0.06～0.15	0.02～0.06	非金属	0.04～0.08	0.02～0.08
精　珩	0.06～0.15	0.02～0.06	轻金属	0.05～0.10	0.02～0.06
超精珩	0.03～0.06	0.01～0.03			

5）珩磨液

珩磨液有油剂和水剂两种，见表 4-8。水剂珩磨液冷却性和冲洗性较好，适用于粗珩。油剂珩磨液宜加入适量的硫化物，以改善珩磨过程。另外，珩磨液的黏度也影响珩磨效率，对高硬度或脆性材料的珩磨宜用低黏度的珩磨液。树脂结合剂油石不得采用含碱的珩磨液，因为它会降低油石的结合强度；立方氮化硼油石不得使用水剂珩磨液，否则会由于水解作用，使油石出现急剧磨损。

表4-8 珩磨液的选择

<table>
<tr><td rowspan="2">类型</td><td rowspan="2">序号</td><td colspan="5">成分(质量分数)/%</td><td colspan="2" rowspan="2">加工对象</td></tr>
<tr><td>煤 油</td><td>L-AN32号油</td><td>油 酸</td><td>松节油</td><td>其 余</td></tr>
<tr><td rowspan="6">油剂</td><td>1</td><td>90～80</td><td>10～20</td><td>—</td><td>—</td><td>—</td><td colspan="2">钢、铸铁、铝</td></tr>
<tr><td>2</td><td>55</td><td>—</td><td>40</td><td>5</td><td>—</td><td colspan="2">高强度钢</td></tr>
<tr><td>3</td><td>98</td><td>—</td><td>—</td><td>—</td><td>石油磺酸钡</td><td colspan="2">硬质合金</td></tr>
<tr><td>4</td><td>95</td><td>—</td><td>—</td><td>—</td><td>硫黄+猪油</td><td colspan="2">铝、铸铁</td></tr>
<tr><td>5</td><td>90</td><td>—</td><td>—</td><td>—</td><td>硫化矿物油</td><td colspan="2">铸铁</td></tr>
<tr><td>6</td><td>95</td><td>—</td><td>—</td><td>—</td><td>硫化矿物油</td><td colspan="2">硬钢</td></tr>
<tr><td rowspan="3">水剂</td><td></td><td>硼砂</td><td>亚硝酸钠</td><td>火碱</td><td>环烷皂</td><td>磺化蓖麻油</td><td>其 余</td><td>用 途</td></tr>
<tr><td>1</td><td>0.25</td><td>0.25</td><td>—</td><td rowspan="2">0.6</td><td>0.5</td><td>水</td><td rowspan="2">粗珩钢、铸铁、青铜</td></tr>
<tr><td>2</td><td>0.25</td><td>0.25</td><td>0.25</td><td>—</td><td>水</td></tr>
</table>

在珩磨液的使用过程中应注意以下几点：

① 珩磨液的净化。珩磨液如果净化不好，会使油石堵塞，珩磨头卡死而刮伤加工表面等。因此，要获得较高的珩磨效率与质量，必须注重珩磨液的过滤方法，最好采用磁性分离与纸带过滤的联合净化装置。

② 温度控制。珩磨液的工作温度达到35～40 ℃后，容易使珩磨产生振动，影响珩磨精度从而降低表面质量。在大批量生产中，必须采用恒温装置，保证珩磨液的工作温度在35 ℃左右。单件小批量生产时，珩磨产生的热量小，通常可采用大珩磨液箱来解决。

③ 珩磨液的送进。必须保证珩磨液与珩磨头同时送进工件孔内，珩磨液的流量充足并具有足够的冲洗力。

3. 抛光加工技术

抛光(polishing)不仅增加工件的美观性，而且能够改善材料表面的耐蚀性、耐磨性及获得特殊性能。在电子设备、精密机械、仪器仪表、光学元件、医疗器械等领域应用广泛。抛光既可作为工件的最终工序，也可用于镀膜前的表面预处理。抛光的质量对工件的使用性能有直接的影响。选择合适的抛光方法和工艺是提高产品质量的重要手段。

(1) 抛光加工的定义

抛光是用高速旋转的低弹性材料(棉布、毛毡、人造革等)抛光盘，或用低速旋转的软质弹性或黏弹性材料(塑料、沥青、石蜡等)抛光盘，加抛光剂，具有一定研磨性质的获得光滑加工表面的加工方法。抛光加工，又称镜面加工，是制造平坦而且加工变形层很小，没有擦痕的平面加工工艺。

抛光和研磨在磨料和研具材料的选择上不同。抛光通常使用的是1 μm以下的微细磨粒，抛光盘用沥青、石蜡、合成树脂、人造革和锡等软质金属或非金属材料制成。在抛光过程中，除机械切削作用外，加工氛围的化学反应也起了重要作用。而研磨使用比较硬的金属盘作研具，材料的破坏以微小破碎为主。抛光加工模型如图4-21所示。

(2) 抛光加工的机理

抛光属于用微刃磨粒进行的切削加工，因此抛光过程会产生微小的划痕，生成细微的切

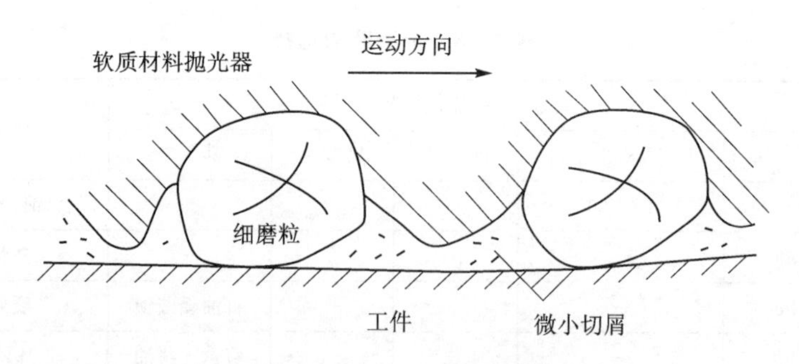

图 4-21　抛光加工模型

屑;磨粒与抛光盘对工件有摩擦作用,使得接触点温度上升,工件表面产生塑性流动,形成凹凸不平的光滑表面,抛光剂中的脂肪酸在高温下会产生化学反应,从工件金属表面溶析出金属皂,它是一种易于切除的化合物,起着化学洗涤作用,使工件表面平坦光滑;加工环境中由于尘埃、异物的混入也会产生机械作用。由于这些作用的重叠,以及抛光液、磨粒及抛光盘的力学作用,使得工件表面平滑化。采用工件、磨粒、抛光盘和加工液的不同组合,可实现不同的抛光效果。工件与抛光液、磨料及抛光盘之间的化学反应有助于抛光加工。

(3) 抛光加工的分类

抛光加工的方法有很多,主要有机械抛光、化学抛光、化学机械抛光、超声波抛光和激光抛光加工等。近代发展的抛光加工方法还有浮动抛光、水合抛光、磁流体抛光和磁悬浮抛光等。

1) 机械抛光

机械抛光是传统的抛光方法即钳工用锉刀、砂纸、油石、帆布、毛毡或皮带等工具手工操作所进行的修磨抛光,或用电动工具等借助机械动力(钢丝轮或弹性抛光盘等)所进行的手工打磨、机械研磨。它们可对平面、外圆、沟槽等进行抛光。抛光磨料可用氧化铬、氧化铁等,也可按一定的化学成分比例配制成的研磨膏。抛光过程中虽不易保证均匀地切下金属层,但在单位时间内切下的金属却是较多的,每分钟可以切下十分之几毫米厚的金属层。

2) 化学抛光

化学抛光,一般使用硝酸或磷酸等氧化剂溶液,在一定的条件下,使工件表面氧化,此氧化层又能逐渐溶入溶液,表面微凸起处氧化较快而较多,而微凹处则被氧化慢而少。同样凸起处的氧化层又比凹处更多、更快地扩散、溶解于酸型溶液中,因此使加工表面逐渐被整平,达到改善工件表面粗糙度或使表面平滑化和光泽化的目的。

化学抛光可以大面或多件抛光薄壁、低刚度工件,可以抛光内表面和形状复杂的工件,不需要外加电源、设备,操作简单、成本低。其缺点是化学抛光效果比电解抛光效果差,而且抛光液用后处理较麻烦。

金属的化学抛光,常用硝酸、磷酸、硫酸、盐酸等酸性溶液抛光铝、铝合金、钼、钼合金,碳钢及不锈钢等。有时还加入明胶或甘油之类。抛光时必须严格控制溶液湿度和时间。温度从室温到 90℃,时间自数秒到数分钟,要根据材料、溶液成分经实验后才能确定最佳值。

半导体材料的化学抛光,如锗和硅等半导体基片在机械研磨平整后,还要最终用化学抛光去除表面杂质和变质层。常用氢氟酸和硝酸、硫酸混合溶液或双氧化和氢氧化铵的水溶液。

3) 化学机械抛光

化学机械抛光技术(Chemical - Mechanical Polishing,CMP)是化学作用和机械作用相结合的技术，其过程相当复杂，影响因素很多。首先工件表面材料与抛光液中的氧化剂、催化剂等发生化学反应，生成一层相对容易去除的软质层，然后在抛光液中的磨料和抛光垫的机械作用下去除软质层，使工件表面重新裸露出来，然后再进行化学反应，这样在化学作用过程和机械作用过程的交替进行中完成工件表面抛光。

4）液体抛光（液体喷砂）

液体抛光是将含磨料的磨削液，经喷嘴用6～8 kPa，高速喷向加工表面，磨料颗粒就能将原来已加工过工件表面上的凸峰击平，而得到极光滑的表面。液体抛光所以能降低加工表面粗糙度，主要是由于磨料颗粒对表面微观凸蜂高频（200～500万次/秒）及高压冲击的结果。当然液体抛光和其他抛光方法一样，只能降低工件的表面粗糙度，而不能提高尺寸和形状精度。但是，液体抛光的生产率极高，表面粗糙度可达到 $Ra=0.4\sim0.1\ \mu m$，并且不受工件形状的限制，可以对某些其他光整加工方法无法加工的部位（如内燃机进油管内壁）进行抛光，这是其他抛光方法所不及的独特长处。

5）电解抛光

电解抛光（electro - polishing）也称电抛光，是利用阳极在电解池中所产生的电化学溶解现象，使阳极上的微观凸起部分发生选择性溶解以形成平滑表面的方法，该技术能很好地改善金属表面的质量，使之具有更好的耐蚀性和光亮度。

电解抛光原理与化学抛光相同，即靠选择性的溶解材料表面微小凸出部分，使表面光滑。与化学抛光相比，可以消除阴极反应的影响，效果较好。电解抛光过程分为两步：

① 宏观整平，溶解产物向电解液中扩散，材料表面几何粗糙度下降，$Ra>1\ \mu m$；

② 微观整平，阳极极化，表面光亮度提高，$Ra<1\ \mu m$。

（4）抛光加工的特点

抛光加工主要有以下一些特点：

① 作为工件表面最终的光饰加工，使工件获得光亮光滑的表面，增加美观。

② 去除前道工序的加工痕迹，如刀痕、磨纹、划印、麻点、尖棱、毛刺等，改善表面质量。抛光后，工件表面粗糙度可达到0.4 μm以下。

③ 提高工件抗疲劳和抗腐蚀性能。

④ 可以作为油漆、电镀等工序的准备工序。抛光可提供漆膜、镀层附着能力强的表面，以提高油漆、电镀的质量。

⑤ 应用范围广。从金属件到非金属制品，从精密机电产品到日常生活用品，都能采用抛光来提高表面质量。

⑥ 不能提高尺寸和形状精度，甚至不能保持工件原有的精度。但近代发展的抛光方法如浮动抛光、水合抛光等可以提高尺寸精度和形状精度。

（5）抛光加工要素与工艺

抛光的加工要素与研磨基本相同，研磨时有研具，抛光时有抛光盘（或称抛光工具）。抛光时所用的抛光盘一般是软质的。其塑性流动作用和微切削作用较强，其加工效果主要是降低表面粗糙度。研磨时所用的研具一般是硬质的，其微切削作用、挤压塑性变形作用较强，在精度和表面粗糙度两个方面都强调要有加工效果。近年来，出现了用橡胶、塑料等制成的抛光盘或研具，它们是半硬半软的，既有研磨作用，又有抛光作用，因此是研磨和抛光的复合加工，可以称之为研抛。这种方法能提高加工精度和降低表面粗糙度，而且有很高的效率。考虑到这一类加工方法所用的研具或抛光器总是带有柔性的，故都归于抛光加工一类。

1）抛光盘

抛光盘材料通常都要采取不同的处理方法，如漂白、上浆、上蜡、浸脂或浸泡药物等，以提高对抛光剂的保持性，增强刚性，延长使用寿命，改善润滑或防止过热燃烧等。但处理时务必注意不要使处理用的材料黏附到工件表面上，否则难以去掉。其材料选择见表 4－9。

表 4－9　抛光盘材料的选用

抛光盘用途	选用材料		
	品　名	柔软性	对抛光剂保持性
粗抛光	帆布、压毡、硬壳纸、软木、皮革、麻	差	一般
半精抛光	棉布、毛毡	较好	好
精抛光	细棉布、毛毡、法兰绒或其他毛织品	最好	最好
液中抛光	细毛毡（用于精抛）、脱脂木材	好（木质松软）	浸含性好

① 固定磨料抛光盘。固定磨料抛光盘用棉布、帆布、毛毡、皮革、软木、纸或麻等材料，经缝合、夹固或胶合而成。经修整平衡后，在其切片层间和外圆周边交替涂敷一定的胶质黏结剂（如环氧树脂等）和一定粒度、硬度的磨粒（如金刚砂等），达到规定的直径尺寸、厚度和质量要求，并保证一定的刚性和柔软性。

② 黏附磨粒抛光盘。黏附磨粒抛光盘采用对抛光剂有良好浸润性的材料，以保证抛光盘黏附磨粒的性能。帆布抛光盘刚性好，切除力强，但仿形性差；棉布抛光盘整体缝合的柔软性好，但抛光效率低。抛光盘的“刚性”还与其质量和转速有关。

③ 液中抛光盘。液中抛光盘大多采用脱脂木材和细毛毡制造。脱脂木材如红松、椴木具有木质松软、组织均匀、微观形状为蜂窝状，浸含抛光液多，且有易于“壳膜化”的优点，可用于粗、精抛光。细毛毡抛光盘材质松软、组织均匀，且空隙大，浸含抛光液的能力比脱脂木材大，主要用于精抛机进行装饰抛光。

2）抛光剂

抛光剂由粉粒状的软磨料、油脂及其他适当成分介质均匀混合而成。抛光剂在常温下可分为固体和液体两种，其中固体抛光剂用得较多。在固体抛光剂中使用最普遍的是熔融氧化铝，它和抛光盘间的胶接牢靠，碳化硅则较差，使用受到一定限制。液中抛光用的抛光液，一般采用由氧化铝和乳化液混合而成的液体。氧化铝要严格经 5～10 层细纱布过滤。过滤后的磨粒粒度相当于 W5～W0.5。抛光液应保持清洁，若含有杂质或氧化铬和乳化液混合不均匀，会使抛光表面产生“橘皮”“小白点”“划圈”等缺陷。此外还须注意工作环境的清洁。从粗抛过渡到精抛，要逐渐减少氧化铬在抛光液中的比例，精抛时氧化铬所占比例极小。

3）抛光工艺参数

当抛光盘一边旋转一边在工件表面移动时，其直线移动速度一般为 3～12 m/min，而抛光盘的最大线速度可按表 4－10 进行选择。

抛光压力与抛光盘的刚性有关，最大不超过 1 kPa，如果过大会引起抛光盘的变形。一般在抛光 10 s 后，可将加工表面粗糙程度减少到原来的 1/3～1/10，且减少程度随磨粒的种类而异。

表 4-10　抛光盘速度推荐值

工件材料	抛光盘速度/(m·s⁻¹)	
	固定磨粒抛光盘	黏附磨粒抛光盘
铝	31～38	38～43
碳　钢	36～46	31～51
铬　板	26～38	36～46
黄铜及其他铜合金	23～38	36～46
镍	31～38	31～46
不锈钢和蒙乃尔合金	36～46	31～51
锌	26～36	15～38
塑　料	—	15～26

注:蒙乃尔合金是一种镍铜钢锰的合金。

(6) 抛光加工的应用

1) 硅片抛光

抛光在机械、光学、石材、电子等领域均有应用。硅片是集成电路基片的员主要材料,硅是典型金刚石结构的半导体,其加工表面极易氧化并生成氧化膜,目前采用化学机械抛光法进行硅片的最终抛光加工,即通过硅表面氧化膜同软质抛光粉进行的固相反应进行抛光加工。抛光后的硅片有较高的表面光亮度和较低的表面粗糙度。图 4-22 所示是抛光后的实物照片。

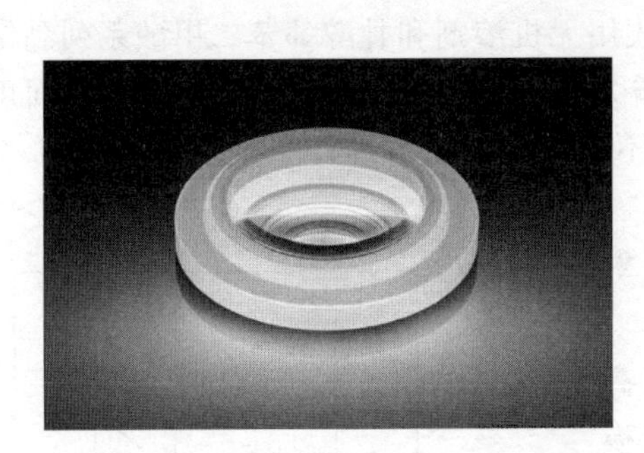
(a) 非球面镜头

(b) 平面抛光的硅片

图 4-22　抛光后的实物照片

① 硅片抛光原理。硅片的化学机械抛光原理如图 4-23 所示。抛光液用弱碱性的胶态 SiO_2(粒径 10 nm)水溶液。抛光布采用微细表层结构的软质发泡聚氨基甲酸人造革。在高速高压抛光条件下,抛光布和硅片之间形成封闭的抛光剂层。同时,在硅片表面形成软质水合膜,抛光盘通过不断去除水合膜进行硅片的抛光。但是,一旦抛光过程中水合膜发生破裂,会在硅片表面产生加工缺陷。

② 硅片的抛光。抛光是硅片的最终加工工序,要求抛光表面具有晶格完整性、高的平面度及洁净性。使用化学机械抛光法可以获得无加工变质层的表面。为了提高抛光效率,要进行两次抛光。在第一次抛光中,借助于磨粒与抛光布的机械作用,破坏硅片表面的水合膜进行高效抛光。因此,须采用大粒度的磨粒和透气性能好的抛光布以形成较薄的水合膜,其目的是

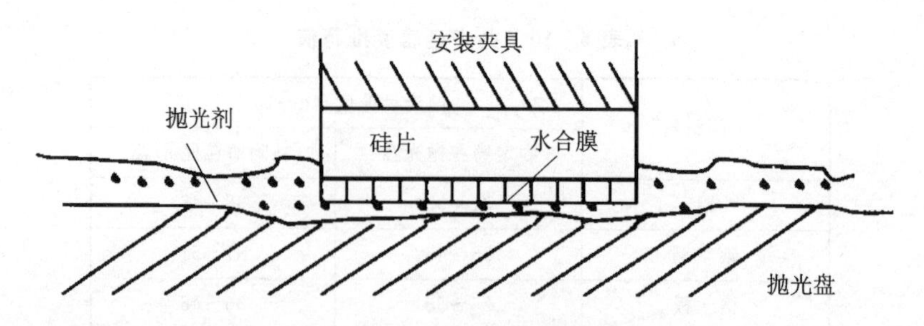

图 4－23　硅片的化学机械抛光原理

为获得硅片的厚度、平面度等。一次抛光的去除量是 1.5 μm 左右，一次抛光使用的抛光液是在 SiO_2 悬浮液中添加 NaOH，KOH 等碱性添加剂，使抛光液的 pH＝11。一次抛光用的抛光布是用浸透聚氨基甲酸乙酯的无纺布。

二次抛光用的抛光布是用发泡聚氨基甲酸乙酯人造革。二次抛光是精抛光，是通过不断去除水合膜来进行无损伤抛光。二次抛光用的是添加碱或氨的抛光浓，pH＝9。二次抛光的加工量一般在 1 μm 以下。

硅片抛光装置有单面抛光和双面抛光两种。双面抛光可提高抛光效率和加工精度。

③ 硅片的粘贴。单面抛光时，把硅片固定在基准夹具平板上的方法有三种：石蜡黏结、真空吸盘吸附以及用水的表面张力吸附。石蜡黏结时，剥下和清洗都很费时，但若能控制黏结层厚度，则可以抛光出高精度的硅片。后两种方法虽然简便，但若抛光液渗入到硅片背面会造成硅片污染，甚至使整个硅片脱落而使整盘硅片破碎，若吸力太大也不利于卸离硅片。

黏结剂和溶剂对硅片洁净度有很大的影响。通常使用的黏结剂是以松脂为主要成分的石蜡，使用三氯乙烯等有机溶剂。为减少污染，现改用无机溶剂和甘醇邻苯二甲酸系列黏结剂。

④ 硅片的精度。半导体元件的发展，要求增大硅片直径和进一步提高加工的平面度。通常对 6 英寸硅片的平面度要求为：整体平面度不大于±3 μm；局部平面度不大于 1.0 μm/(20 mm×20 mm)。

抛光温度对硅片精度有极大的影响，如图 4－24 所示。抛光温度低时，硅片厚度误差小，精度高。

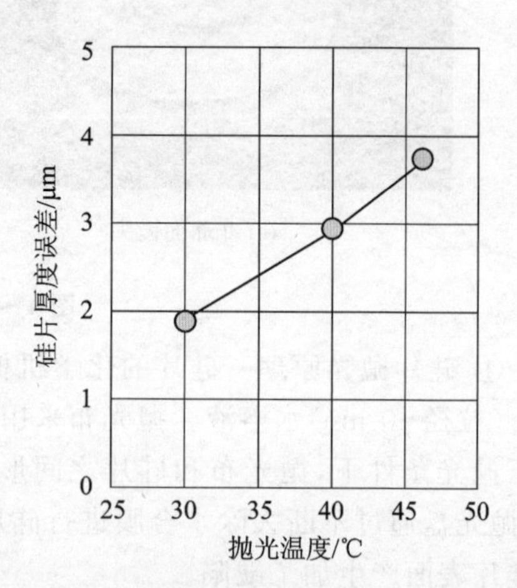

图 4－24　抛光温度对硅片厚度误差的影响
（硅片厚度 625 μm，Φ100 mm）

双面抛光的平面度比单面抛光的平面度要高一个数量级。利用双面抛光不仅能满足超大规模集成电路对硅片的精度要求，而且批量生产性好。

2）曲面研磨抛光

研磨抛光还大量应用于曲面的最后精加工，各种光学透镜和反射镜最后的精加工，一般都使用研磨抛光，以便能加工出 $Ra=0.01\sim0.002$ μm 镜面。手工研磨抛光效率很低，且不易保证曲面的几何精度，故国外已发展了多种精密曲面抛光机床。这类精密曲面抛光机床，都有精密在线测量系统，在机床上检测加工工件的几何精度，根据测出的误差继续进行抛光加工。加工出的曲面镜，不仅表面是优质的镜面，同时具有很高的几何精度。美国为加工大型光学反射镜，专门研制了大型精密 6 轴数控抛光机。如图 4－25 所示，是日本

Canon 公司研制的一台大型数控精密抛光机。该抛光机的工作台可作 X 和 Y 方向运动，并可旋转，抛光头可自动控制向下的加工量。工件在机床前部进行抛光加工后，可以移到机床后面，该处有精密测头，可以测量工件的几何形状精度。测头的 Z 向垂直运动有空气导轨和光学测量系统，可保证其测量运动精度。机架和机座用低膨胀铸铁制造，整台机床由空气隔振垫支承，以减轻振动。

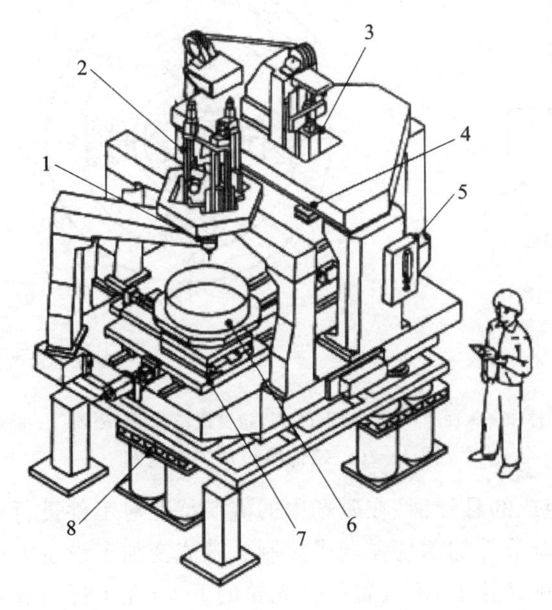

1—抛光头；2—抛光头升降机构；3—Z 向空气导轨；4—测量头；
5—Z 向光学测量；6—工作台面；7—XYθ 工作台；8—空气隔振垫

图 4-25　精密曲面抛光剂（Canon 公司）

近年来，出现的新的曲面研磨抛光方法有磁性磨粒加工、磁流变加工、气囊抛光、应力盘抛光等几种。

① 磁性磨粒加工（Magnetic Abrasive Finishing，MAF）。磁性磨粒加工是利用磁性磨粒（由磨粒与铁粉经混合、烧结再粉碎至一定粒度制成）对工件表面进行研磨抛光的加工方法。加工时在工件和磁极间充满磁性磨粒，如图 4-26 所示，磁性磨粒在磁场作用下沿磁力线形成“磁刷”，通过工件和磁极的相对运动完成加工。磁性磨粒加工的特点可概括如下：

- 几乎不受工件几何外形限制，可研磨抛光平面、圆柱面、圆管内表面、外圆球面、复杂曲面、缩颈气瓶内表面（内圆球面）等多种形面。
- 对设备精度和刚度要求不高，没有传统精密设备的振动或颤动等问题。
- 磨粒与工件表面之间并非刚性接触，所以即使有少数大磨粒存在或工件表面偶然出现不均匀硬点，也不会因为切削阻力突然改变而划伤工件表面。
- 加工中磁性磨粒的切削刃不断更换，具有自锐功能。
- 加工压力可由激磁电流控制磁场强度决定，整个加工过程可做到全面自动化。
- 可使工件表面产生残留压缩应力，提高工件的抗疲劳强度。但主要问题是，磁性磨粒的制备过程复杂因而成本高昂，使该方法的应用受到一定限制。

② 磁流变加工（Magnetorheological Finishing，MRF）。磁流变加工利用磁流变液（由磁

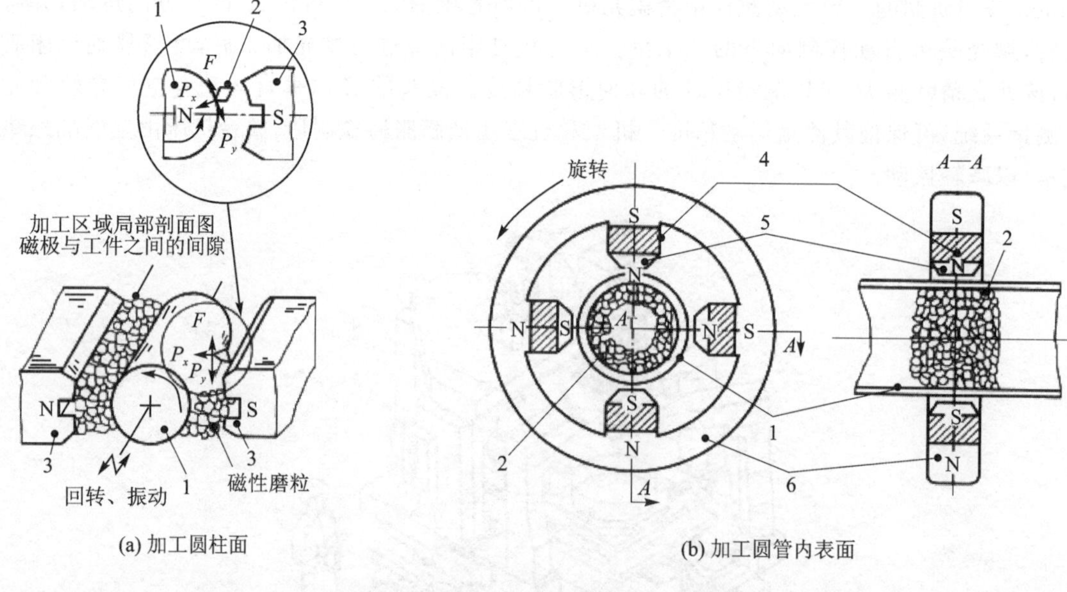

(a) 加工圆柱面

(b) 加工圆管内表面

1—工件；2—磁性磨粒；3—磁极；4—固定磁铁；5—旋转磁铁；6—圆形轭

图 4-26　磁性磨粒加工原理图

性颗粒、基液和稳定剂组成的悬浮液)在磁场中的流变特性对工件进行研磨抛光加工。磁流变液的流变特性可以通过调节外加磁场强弱来控制。磁流变加工设备如图 4-27 所示。磁流变液由喷嘴喷洒在旋转的抛光轮上,磁极置于抛光轮的下方,在工件与抛光轮所形成的狭小空隙附近形成一个高梯度磁场。当抛光轮上的磁流变液被传送至工件与抛光轮形成的小空隙附近时,高梯度磁场使之凝聚、变硬,成为粘塑性的 Bingham 介质(类似于“固体”,表观黏度系数增加两个数量级以上)。具有较高运动速度的 Bingham 介质通过狭小空隙时,在工件表面与之接触的区域产生很大的剪切力,从而使工件的表面材料被去除,而离开磁场区域的介质重新变成可流动的液体。

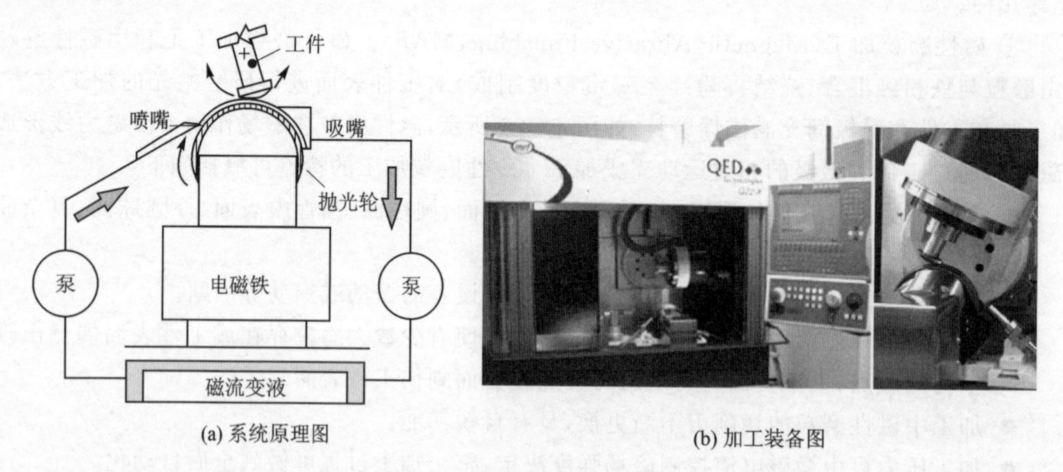

(a) 系统原理图

(b) 加工装备图

图 4-27　磁流变加工系统

磁流变抛光方法,可以认为是以磁流变抛光液在磁场作用下,在抛光区范围内形成的具有一定硬度的“小磨头”对工件进行抛光。“小磨头”的形状和硬度可以由磁场实时控制。磁流变抛光是一种柔性抛光方法，不产生亚表面损伤层、加工效率高、表面粗糙度小、能够实现复杂表面的抛光加工；在其他工艺参数保持不变的条件下，通过控制磁场分布形状和加工区域的驻留时间，可以实现确定量抛光。

③ 气囊抛光(Ballonet Tool Polishing)。近年来，精密光学镜片的抛光普遍采用计算机控制光学表面成形技术(Computer - Controlled Optical Surfacing，CCOS)，其基本思想是利用一个比被加工元件小得多的抛光工具，根据光学表面面形检测的结果，由计算机控制加工参数和加工路径，完成加工。气囊抛光即此类技术中的一种，如图4-28所示，它使用的抛光工具是特制的柔性气囊，气囊的外形为球冠，外面粘贴专用的抛光模，如聚氨酯抛光垫、抛光布等。将其装于旋转的工作部件上，形成封闭的腔体，腔内充入低压气体，并可控制气体的压力。抛光头本身旋转形成抛光运动。工件可以旋转，并可作 x、y、z 向的数控联动运动。在工件为回转体表面时，工件旋转并作 x、z 向的数控联动运动；在工件为自由曲面时，工件不旋转而作 x、y、z 向的数控联动运动。为使抛光头气囊表面的抛光模磨损均匀，在抛光时，抛光头作一定的摆动(但气囊球面的中心位置不变)。气囊抛光方法适合平面、球面、非球面、甚至任意曲面的抛光(质量控制)和修整(面形控制)。

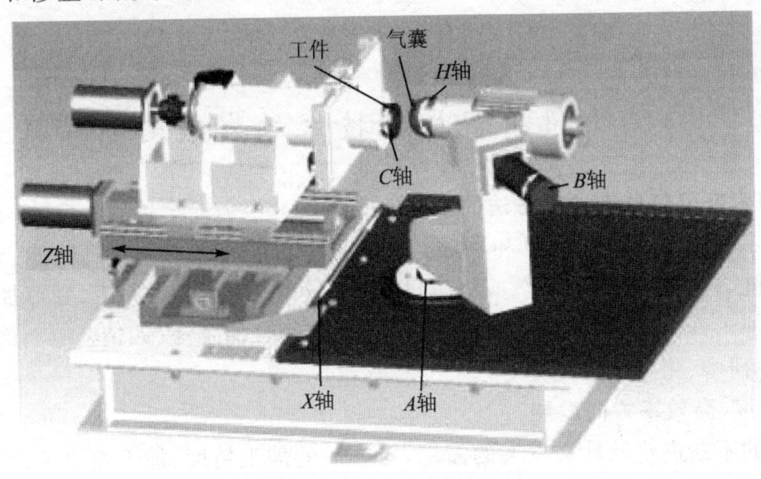

1—气囊抛光头；2—工件

图4-28　曲面的气囊抛光

④ 应力盘抛光(Stressed - lap Polishing)。计算机控制小工具抛光技术的整个加工过程是一个闭环控制过程，对局部误差的修正非常有效，但容易产生局部的中高频残差(加工后的面形可以看成是要求面形与低、中、高频残差的叠加)，对最终光学系统的质量产生影响。为此出现了应力盘抛光方法，该方法采用大尺寸弹性盘为工具基盘，在周边可变应力的作用下，盘的面形可以实时地变形成所需要的面形，与非球面工件的局部面形相吻合，进行研磨抛光加工。应力盘抛光技术具有优先去除表面最高点或部位的特点，具有平滑中高频差的趋势，可以很好地控制中高频差的出现、有效地提高加工效率。

应力盘面形控制的一种实现方式如图4-29所示，应力盘周围装有12个驱动器和连杆装置，12个驱动器分为4组，每三个构成一组组成等逆三角形分布，每个驱动器装有着力点和测力传感器，4组等边三角形合力可以产生需要的弯矩和扭矩。在12个变力矩的作用下，应力盘能够产生所需要的变形。

(a) 应力盘抛光外观图

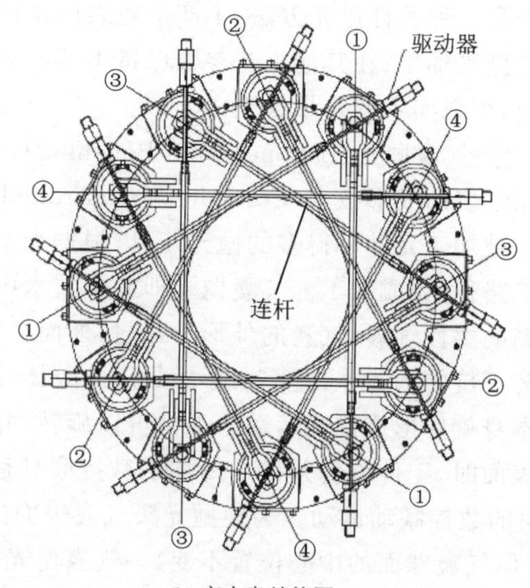

(b) 应力盘结构图

图 4－29　应力盘抛光设备及应力盘实现方式

4.3　超精密加工技术的发展趋势

1. 不断探索新型超精密加工方法的机理

超精密加工机理涉及微观世界和物质内部结构，可利用的能源有机械能、光能、电能、声能、磁能、化学能、核能等，十分广泛。不仅可以采用分离加工、结合加工、变形加工，而且可以采用生长堆积加工；既可采取单独加工方法，更可采取复合加工法（如精密电解磨削、精密超声车削、精密超声研磨、化学机械抛光等）。

2. 向高精度、高效率方向发展

随着科技的不断进步及社会发展的需求，对产品的加工精度、加工效率及加工质量的要求越来越高，超精密加工技术就是要向加工精度的极限冲刺，且这种极限是无限的，当前的目标是向纳米级加工精度攀登。

3. 研究开发加工测量一体化技术

由于超精密加工的精度很高，为此急需研究开发加工精度在线测量技术，因为在线测量是加工测量一体化技术的重要组成部分，是保证产品质量和提高生产率的重要手段。

4. 在线测量与误差补偿

由于超精密加工的精度很高，在加工过程中影响因素很多、也很复杂，而要继续提高加工设备本身的精度也十分困难，为此就需采用在线测量加计算机误差补偿的方法来提高精度，保证加工质量。

5. 新材料的研制

新材料应包括新的刀具材料（切削、磨削）及被加工材料。由于超精密加工的被加工材料对加工质量的影响很大，其化学成分、力学性能均有严格要求，故亟待研究。

6. 向大型化、微型化方向发展

由于航空航天工业的发展，需要大型超精密加工设备来加工大型光电子器件（如大型天体望远镜上的反射镜等)，而开发微型化超精密加工设备则主要是为了满足发展微型电子机械、集成电路的需要(如制造微型传感器、微型驱动元件等)。

复习思考题

1. 试述精密加工和超精密加工的概念。
2. 精密和超精密加工的有哪些特点？
3. 精密和超精密加工方法如何分类？
4. 试述各工艺参数对精密切削时切削力的影响。
5. 精密切削加工有哪些关键技术？
6. 超精密切削加工的有哪些特点？
7. 保证超精密切削加工质量有哪些措施与方法？
8. 试述精密与超精密磨削的机理。
9. 普通磨料砂轮磨削工艺和超硬磨料砂轮磨削工艺各有哪些特点？
10. 试述精密和超精密磨削的应用范围。
11. 试述研磨加工的分类和特点。
12. 珩磨加工有哪些特点？
13. 试述抛光加工的分类和特点。
14. 试述超精密加工技术的发展趋势。

第5章　工业机器人

5.1　工业机器人概述

5.1.1　工业机器人的定义及特点

机器人，就字面意义上讲，就是如人一样的机器。能够像人一样移动行走，搬运东西，甚至思考，尤其是人形的。

1886年法国作家Villiers de L'lslAdam在他的小说*L'Eve Future*中将外表像人的机器起名为“安德罗丁”（Android）。1920年捷克斯洛伐克剧作家Karel Capek在其科幻作品*Rossum's Universal Robots*中第一次使用了单词Robot，本意为奴隶，为人类服务的机器人奴隶。这部科幻剧作预告了机器人的发展对人类社会的悲剧性影响，在社会上引起了广泛的关注，被当成了机器人一词的起源。

关于机器人有各种不同的定义。在1967年日本召开的第一届机器人学术会议上，就提出了两个有代表性的定义。一个定义是森政弘与合田周平提出的：“机器人是一种具有移动性、个体性、智能性、通用性、半机械半人性、自动性、奴隶性等7个特征的柔性机器。”从这一定义出发，森政弘又提出了用自动性、智能性、个体性、半机械半人性、作业性、通用性、信息性、柔性、有限性、移动性等10个特性来表示机器人的形象。另一个定义是加藤一郎提出的具有如下3个条件的机器称为机器人：

① 具有脑、手、脚等三要素的个体；

② 具有非接触传感器（用眼、耳接收远方信息）和接触传感器；

③ 具有平衡觉和固有觉的传感器。

比较统一的定义是联合国标准化组织（ISO）采纳的美国机器人协会的“机器人”定义：“一种可以反复编程和多功能的，用来搬运材料、零件、工具的操作机；或者为了执行不同的任务而具有可改变的和可编程的动作的专门系统”。

1984年12月在巴黎召开了“工业机器人学会”，提出了下述机器人定义的提案，并基本上得到了各国代表的承认：即机器人是一种可编程的，能执行某些操作或移动动作的自动控制机械。就是说，工业机器人是能模仿人体某些器官的功能（主要是动作功能）、有独立的控制系统、可以改变工作程序和编程的多用途自动操作装置。

机器人具有以下特性：

① 一种机械电子装置；

② 动作具有类似于人或其他生物体的功能；

③ 可通过编程执行多种工作，有一定的通用性和灵活性；

④ 有一定程度的智能，能够自主地完成一些操作。

5.1.2 工业机器人的历史与发展趋势

1. 古代的机器人

《列子·汤问》记载，周穆王在位时. 工匠偃师制造出了一个逼真的机器人，它能做和人一模一样的动作。

三国时，又出现了能替人搬东西的“机器人”。它是由蜀汉丞相诸葛亮发明的，能替代人运输物资的机器——“木牛流马”，也就是现代的机器人——步行机。它在结构和功能上相当于今天运输用的工业机器人。

1662 年，日本的竹田近江利用钟表技术发明了自动机器玩偶，并在大阪演出。18 世纪末通过改进，制造出了端茶玩偶。它是木质的，发条和弹簧则是用鲸鱼须制成的。它双手捧着茶盘，如果把茶杯放在茶盘上，它便会向前走，把茶端给客人，客人取茶杯时，它会自动停止行走，客人喝完茶把放回茶盘上时，它就又转回原来的地方。

2. 欧美日工业机器人

工业机器人产品问世于 20 世纪 60 年代，代表性的有美国 Unimation 公司的 Unimate 机器人和美国 AMF 公司的 Versatran 机器人。

1959 年美国英格伯格和德沃尔(Devol)制造出世界上第一台工业机器人，机器人的历史才真正开始。这种机器人外形有点像坦克炮塔，基座上有一个大机械臂，大臂可绕轴在基座上转动，大臂上又伸出一个小机械臂，它相对大臂可以伸出或缩回。小臂顶有一个腕，可绕小臂转动，进行俯仰和侧摇。腕前端是手，即操作器。这个机器人的功能和人手臂功能相似。此后英格伯格和德沃尔成立了“Unimation”公司，兴办了世界上第一家机器人制造工厂。第一批工业机器人被称为“尤尼梅特(UNIMATE)”，意思是“万能自动”。他们因此被称为机器人之父。1962 年美国机械与铸造公司也制造出工业机器人，称为“沃尔萨特兰(VERSTRAN)”，意思是“万能搬动”。“尤尼梅特”和“沃尔萨特兰”就成为世界上最早的、至今仍在使用的工业机器人。

日本的机器人技术人员首先引进了美国机器人技术，经过技术消化并在日本迅速将其实用化。1967 年，日本东京机械贸易公司首次从美国引进 Versatran 机器人；1968 年，日本川崎重工业公司从美国引进 Unimate 机器人，并对它进行改进，增加了视觉功能，使其成为一种具有智能的机器人。20 世纪 70 年代是日本机器人的迅速发展时期，日本在机器人的产品开发和应用两个方面超过美国，成为当今世界第一的“机器人王国”。

近十几年来，欧洲的德国、意大利、法国及英国的机器人产业发展也比较快。对全球机器人技术发展最有影响的国家是美国和日本。美国在机器人技术的综合研究水平上仍处于领先地位，日本生产的机器人在数量、种类方面则居世界首位。

3. 我国机器人发展与应用

我国的机器人研究起步较晚，但进步较快，主要分为 4 个阶段：20 世纪 70 年代为萌芽期；20 世纪 80 年代为开发期；20 世纪 90 年代后期我国机器人在电子、家电、汽车、轻工业等行业的安装数量逐年递增，尤其在近年来发展很快，许多大学开设了机器人课程，开展了机器人学的研究工作。

近年国内机器人实际应用上，多关节机器人销售加速，坐标机器人销量最大；搬运与上下料是国产工业机器人的主要应用领域，有超过六成的国内产工业机器人应用在搬运与上下料领域,其中用于塑料成型件的搬运与上下料机器人最多,其次是金属铸造的搬运与上下料和码垛的搬运与上下料。焊接和钎焊是国内产机器人应用的第二大领域,约占总销量的17%,其中主要以钎焊机器人为主。用于激光切割、机械切割、磨削、抛光等领域的加工类工业机器人销量增长较快,同比增速超过90%。

从应用行业看,通用设备制造业与电子产品制造业是国内产机器人的主要市场。具体应用范围涉及农副食品加工业,酒、饮料和精制茶制造业,医药制造业,餐饮业,有色金属冶炼和压延工业,食品制造业,非金属矿物制品业,化学原料和化学制品制造业,专用设备制造业,电气机械和器材制造业,金属制品业,汽车制造业,橡胶和塑料制品业等领域。其中以物料搬运设备制造、金属加工机械制造为代表的通用设备制造业和以电子器件、视听设备、通信设备为代表的电子产品制造业,在国产工业机器人销售总量中的占比最高,分别占18.9%和17.1%。

4. 工业机器人的发展趋势

① 工业机器人性能不断提高(高速度、高精度、高可靠性、便于操作和维修),而单机价格不断下降。

② 机械结构向模块化和可重构化发向发展。

③ 工业机器人控制系统向基于PC机的开放型控制器方向发展,便于标准化,网络化;器件集成度提高,控制柜日渐小巧,采用模块化结构,大大提高了系统的可靠性、易操作性和可维修性。

④ 机器人中的传感器作用日益重要。

⑤ 虚拟现实技术在机器人中的作用已从仿真、预演发展到用于过程控制。

⑥ 多智能体控制技术不断发展。多智能体控制技术是目前机器人研究的一个崭新领域。主要对多机器人协作、多机器人通信、多智能体的群体体系结构、相互间的通信与磋商机理,感知与学习方法,建模和规划、群体行为控制等方面进行研究。

5.1.3 机器人的分类

1. 按发展时期分类

第一代:示教再现型机器人,由人操纵机械手做一遍应当完成的动作或通过控制器发出指令让机械手臂动作,在动作过程中机器人会自动将这一过程存入记忆装置。当机器人工作时,能再现人教给它的动作,并能自动重复的执行。

第二代:有感觉的机器人,对外界环境有一定感知能力。工作时,根据感觉器官(传感器)获得的信息,灵活调整自己的工作状态,保证在适应环境的情况下完成工作。

第三代:具有智能的机器人,不仅具有感觉能力,而且还具有独立判断和行动的能力,并具有记忆、推理和决策的能力,因而能够完成更加复杂的动作。智能机器人的"智能"特征就在于它具有与外部世界——对象、环境和人相适应、相协调的工作机能。从控制方式看是以一种"认知—适应"的方式自律地进行操作。

2. 按功能分类

家务型机器人,操作型机器人,程控型机器人,示教再现型机器人,数控型机器人,感觉控制型机器人,适应控制型机器人,学习控制型机器人,智能机器人,搜救类机器人。

3. 按应用环境分类

中国的机器人专家将机器人分为两大类:工业机器人和特种机器人。特种机器人则是除工业机器人之外的、用于非制造业并服务于人类的各种先进机器人，包括：服务机器人、水下机器人、娱乐机器人、军用机器人、农业机器人、医疗机器人、机器人化机器等。工业机器人按用途又分为搬运机器人，码垛机器人，上下料机器人，焊接机器人，装配机器人，涂装机器人等。

4. 工业机器人的分类

① 按坐标形式（机械结构运动形式）分：直角坐标式；圆柱坐标式；球坐标式；关节坐标式（又称回转坐标式），分为垂直关节坐标和平面（水平）关节坐标两种。

② 按控制方式分：点位控制和连续轨迹控制。

③ 按驱动方式分：电力驱动、液压驱动和气压驱动。

④ 按编程方式分：示教编程和语言编程。

⑤ 按机器人的负荷和工作范围分

大型机器人：负荷为 1～10 kN，工作空间为 10 m^3 以上。

中型机器人：负荷为 100～1 000 N，工作空间为 1～10 m^3。

小型机器人：负荷为 1～100 N，工作空间为 0.1～1 m^3。

超小型机器人：负荷小于 1 N，工作空间小于 0.1 m^3。

5.2　工业机器人的机械结构

工业机器人的机械结构是机器人的主要关键技术，一般由驱动系统、执行机构、控制系统三个基本系统，以及一些复杂的机械结构组成。

5.2.1　工业机器人的运动自由度

1. 自由度的概念

刚体相对于坐标系进行独立运动的数目称为自由度。如图 5－1 所示，刚体在三维空间有 6 个自由度，沿坐标轴 OX，OZ 和 OY 的三个平移运动 T_1，T_2 和 T_3，绕坐标轴 OX，OZ 和 OY 的三个旋转运动 R_1，R_2 和 R_3。

2. 工业机器人的自由度

机器人的自由度是指机器人的末端相对于参考坐标系能够进行独立运动的数目。机器人的自由度表示机器人动作灵活的尺度，一般以轴的直线移动、摆动或旋转动作的数目来表示。

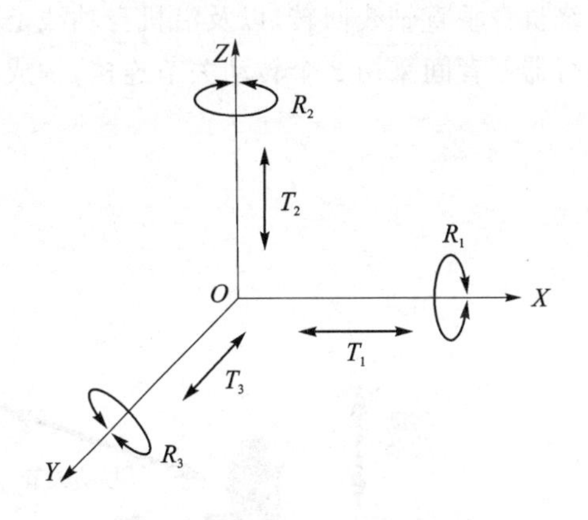

图 5－1　刚体空间自由度

在机器人机构中，两相邻连杆之间有一个公共的轴线，两杆之间允许沿该轴线相对移动或绕该轴线相对转动，构成一个运动副，也称为关节。机器人关节的种类决定了机器人的运动自由度，移动关节、转动关节、球面关节和虎克铰关节是机器人机构中经常使用的关节类型。

移动关节——用字母 P 表示，它允许两相邻连杆沿关节轴线做相对移动，这种关节具有 1 个自由度，如图 5－2(a)所示。

转动关节——用字母 R 表示，它允许两相邻连杆绕关节轴线做相对转动，这种关节具有 1

个自由度,如图 5-2(b)所示。

球面关节——用字母 S 表示,它允许两连杆之间有三个独立的相对转动,这种关节具有 3 个自由度,如图 5-2(c)所示。

虎克铰关节——用字母 T 表示,它允许两连杆之间有两个相对转动,这种关节具有 2 个自由度,如图 5-2(d)所示。

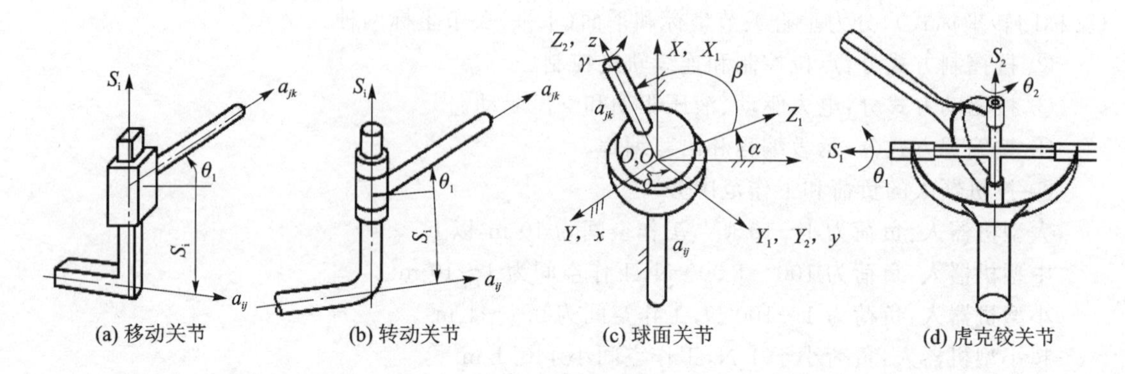

图 5-2 工业机器人关节类型

(1) 直角坐标机器人的自由度

如图 5-3 所示为直角坐标机器人,其臂部具有 3 个自由度。其移动关节各轴线相互垂直,使臂部可沿 X、Y、Z 三个方向移动,构成直角坐标机器人的 3 个自由度。这种形式的机器人主要特点是结构刚度大,关节运动相互独立,操作灵活性差。

(2) 圆柱坐标机器人的自由度

如图 5-4 所示为五轴圆柱坐标机器人,其有 5 个自由度。臂部可沿自身轴线伸缩移动、可绕机身垂直轴线回转,以及沿机身轴线上下移动,构成 3 个自由度;另外,臂部、腕部和末端执行器三者间采用 2 个转动关节连接,构成 2 个自由度。

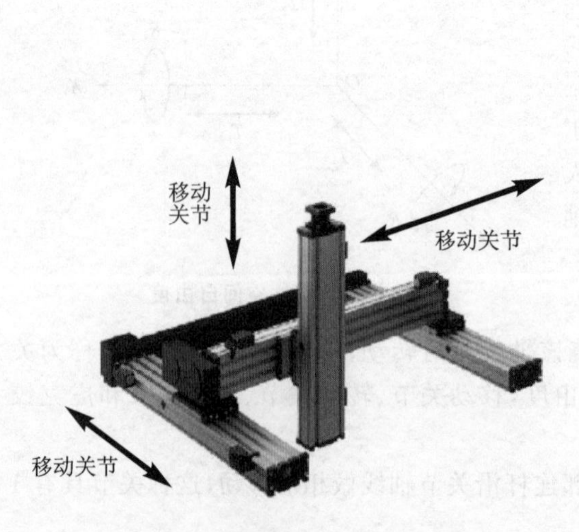

图 5-3 直角坐标机器人自由度

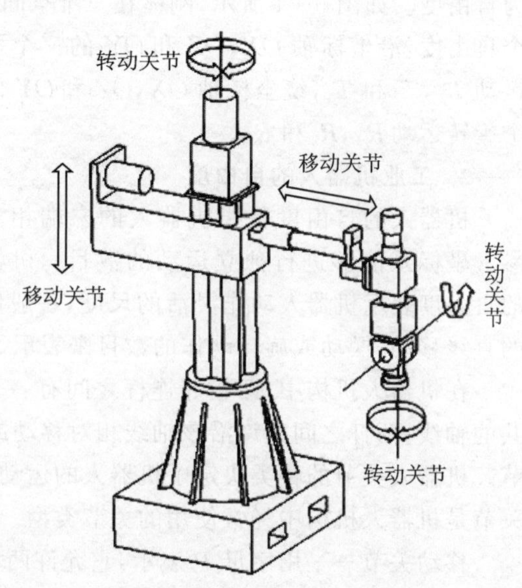

图 5-4 圆柱坐标机器人自由度

(3) 球(极)坐标机器人的自由度

如图5-5所示为球(极)坐标机器人,其具有5个自由度。臂部可沿自身轴线伸缩移动,可绕机身垂直轴线回转,并可在垂直平面内上下摆动,构成3个自由度;另外,臂部、腕部和末端执行器三者间采用2个转动关节连接,构成2个自由度。这类机器人的灵活性好,工作空间大。

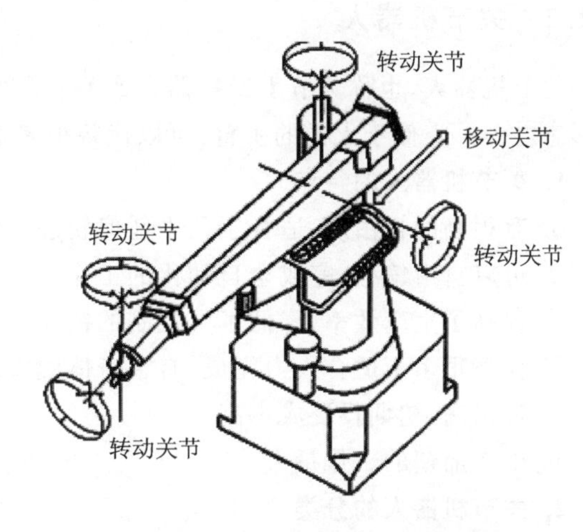

图5-5　球(极)坐标机器人的自由度

(4) 关节机器人

关节机器人的自由度与关节机器人的轴数和关节形式有关,现以常见的SCARA平面关节机器人和六轴关节机器人为例进行说明。

1) SCARA型关节机器人

SCARA型关节机器人有4个自由度,如图5-6所示。SCARA型关节机器人的大臂与机身的关节、大小臂间的关节都为转动关节,具有2个自由度;小臂与腕部的关节为移动关节,此关节处具有1个自由度;腕部和末端执行器的关节为1个转动关节,具有1个自由度,实现末端执行器绕垂直轴线的旋转。这种机器人适用于平面定位,在垂直方向进行装配作业。

2) 六轴关节机器人

六轴关节机器人有6个自由度,如图5-7所示。六轴关节机器人的机身与底座处的腰关节、大臂与机身处的肩关节、大小臂间的肘关节,以及小臂、腕部和手部三者间的三个腕关节,都是转动关节,因此该机器人具有6个自由度。这种机器人动作灵活,结构紧凑。

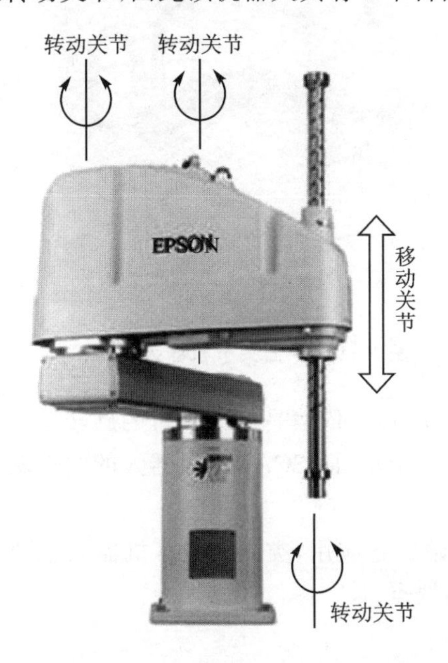

图5-6　SCARA平面关节机器人自由度

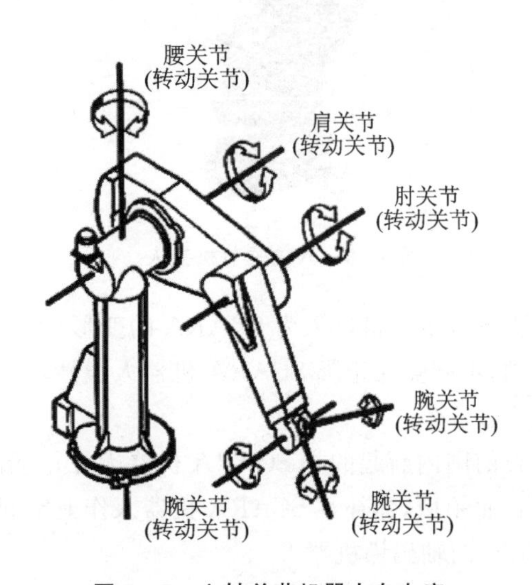

图5-7　六轴关节机器人自由度

5.2.2 关节机器人

关节机器人,也称关节手臂机器人或关节机械手臂,是当今工业领域中最常见的工业机器人形态之一。类似于人类的手臂,可以代替很多不适合人力完成、有害身体健康的复杂工作。

1. 关节机器人的特点

① 有很高的自由度,适合于几乎任何轨迹或角度的工作。

② 可以自由编程,完成全自动化的工作。

③ 提高了生产效率,降低了可控制的错误率。

④ 代替很多不适合人力完成、有害身体健康的复杂工作。

⑤ 价格高,初期投资成本高。

⑥ 生产前期的工作量大。

2. 关节机器人的分类

(1) 多关节机器人

五轴和六轴关节机器人是常用的多关节机器人,这类机器人拥有五个或六个旋转轴,类似于人类的手臂。如图 5-8 所示为典型的六轴关节机器人,其应用领域有装货、卸货、喷漆、表面处理、测试、测量、弧焊、点焊、包装、装配、机加工、固定、特种装配操作、锻造、铸造等。

(2) 平面关节机器人 SCARA 及类 SCARA 机器人

传统 SCARA 机器人具有三个互相平行的旋转轴和一个线性轴,如图 5-9 所示,其应用领域有装货、卸货、焊接、包装、固定、涂层、喷漆、黏结、封装、特种搬运操作、装配等。

图 5-8 六轴关节机器人

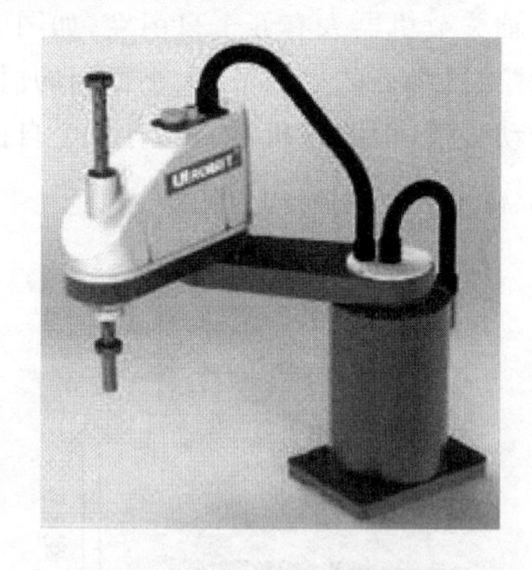

图 5-9 平面关节机器人 SCARA

类 SCARA 机器人为 SCARA 的变形,如图 5-10 所示,依然是三个平行的旋转轴和一个线性轴,不同点在于类 SCARA 机器人线性轴作为第二个轴,而 SCARA 机器人的线性轴作为第四个轴。

目前国内新起的类 SCARA 机器人在市场上开始大量应用,类 SCARA 机器人主要用于冲压行业领域,弥补了 SCARA 机器人作业空间小的缺点。

(3) 四轴码垛机器人

四轴码垛机器人有四个旋转轴,具有机械抓手的定位锁紧装置,如图 5-11 所示,其应应领域有装货、卸货、包装、特种搬运操作、托盘运输等。

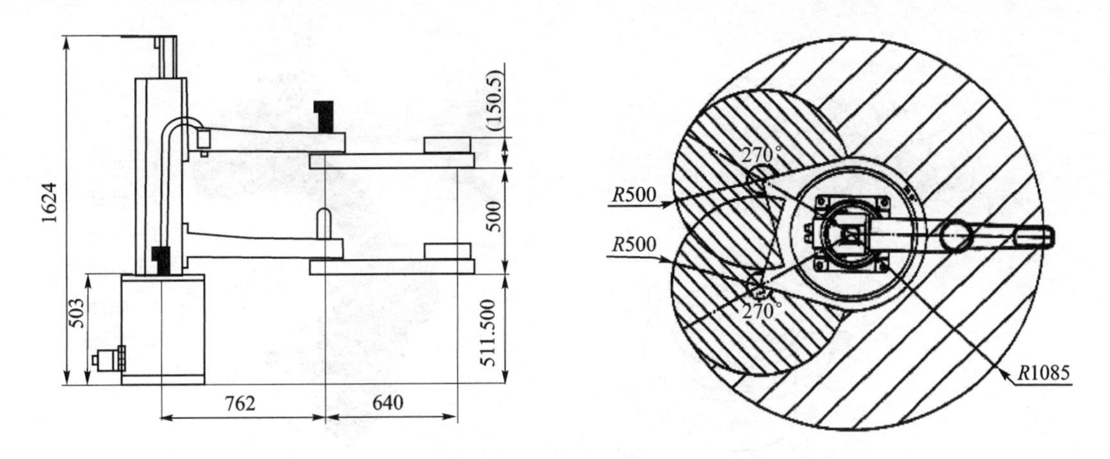

图 5－10　类 SCARA 机器人

图 5－11　四轴码垛机器人

5.2.3　关节机器人的结构及功能

六轴工业机器人是典型的关节机器人，如图 5－12 所示，J_1、J_2、J_3 为定位关节，机器人手腕的位置主要由这 3 个关节决定，称之为位置机构；J_4、J_5、J_6 为定向关节，主要用于改变手腕姿态，称之为姿态机构。

关节机器人的机械结构由四大部分构成：机身、臂部、腕部和手部，如图 5－13 所示。其中机身又称立柱，是支撑臂部的部件。关节机器人的机身和手臂的配置形式为基座式机身，屈伸式手臂。

1. 机身的结构及功能

机身是连接、支撑手臂及行走机构的部件，臂部的驱动装置或传动装置安装在机身上，具有升降、回转及俯仰 3 个自由度。关节机器人主体结构的 3 个自由度均为回转运动，构成机器人的回转运动、俯仰运动和偏转运动。通常仅把回转运动归结为关节机器人的机身。

2. 臂部的结构及功能

臂部是连接机身和腕部的部件，支撑腕部和手部，带动手部及腕部在空间运动，结构类型多、受力复杂。

臂部由动力型旋转关节、大臂和小臂组成。关节型机器人以臂部各相邻部件的相对角位移为运动坐标。动作灵活、所占空间小、工作范围大，能在狭窄空间内绕过障碍物。

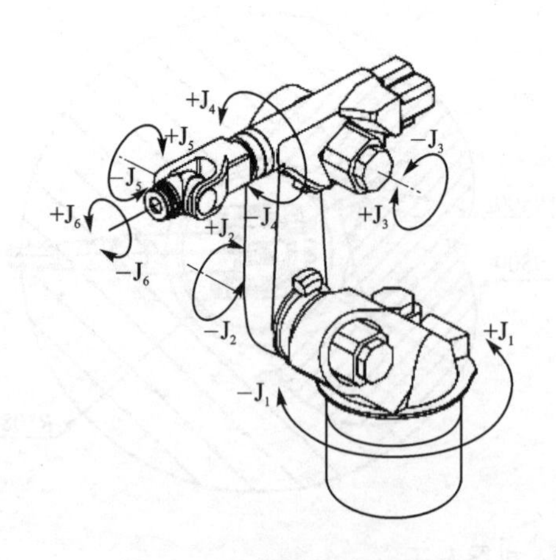

图 5-12　六轴关节机器人

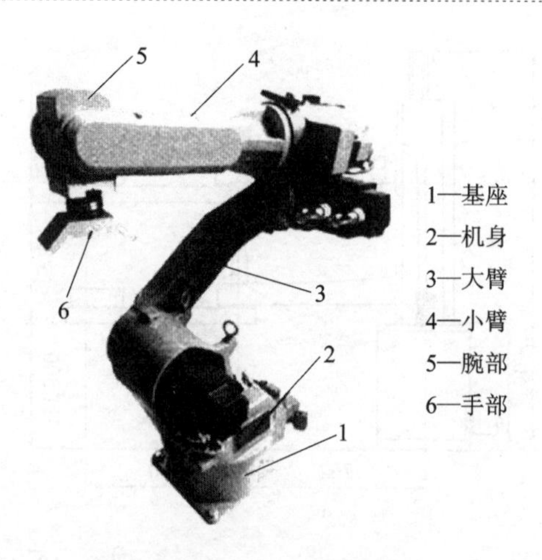

图 5-13　关节机器人结构

3. 腕部的结构及功能

工业机器人的腕部是连接臂部和手部的部件，起支撑手部和改变手部姿态的作用。为了使手部能处于空间任意方向，要求腕部能实现对空间 3 个坐标轴 X、Y、Z 的旋转运动，如图 5-14 所示，即具有翻转、俯仰和偏转 3 个自由度。通常也把手腕的翻转叫做 Roll，用 R 来表示；把手腕的俯仰叫做 Pitch，用 P 来表示；把手腕的偏转叫做 Yow，用 Y 表示。并不是所有的腕部都必须具备 3 个自由度，而是根据实际使用的工作性能要求来确定，如图 5-15(a)所示为腕部的翻转，如图 5-15(b)所示为腕部的俯仰，如图 5-15(c)所示为腕部的偏转。

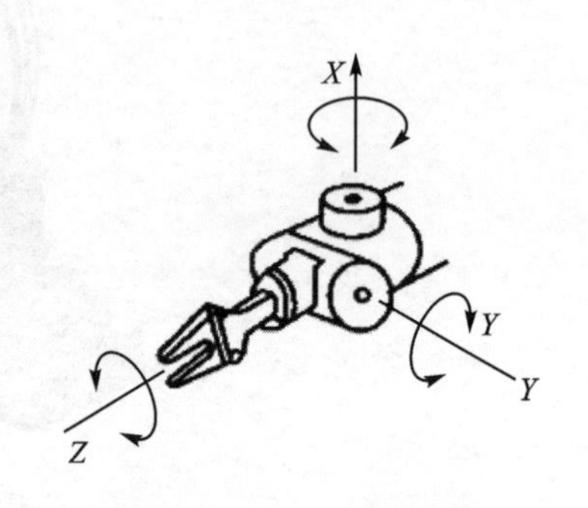

图 5-14　腕部坐标系

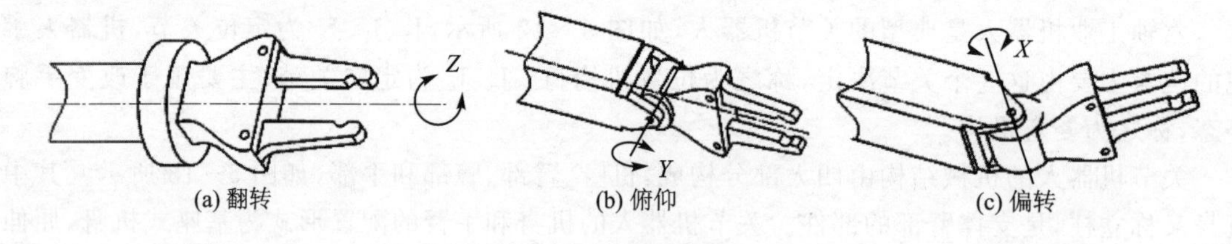

图 5-15　腕部自由度

腕部按自由度数目来分，可分为单自由度腕部、二自由度腕部及三自由度腕部。

(1) 单自由度手腕

图 5-16(a)是一种翻转(Roll，用 R 表示)关节，它把手臂纵轴线和手腕关节轴线构成共轴线形式，这种 R 关节翻转角度大，可达到 360°以上。图 5-16(b)、(c)是一种折曲(Bend，用 B 表示)关节，关节轴线与前、后两个连接件的轴线相垂直。这种 B 关节因为受到结构上的干涉，旋转角度小，大大限制了方向角。图 5-16(d)所示为移动关节，也叫 T 关节。

(2) 二自由度手腕

二自由度手腕可以由一个 R 关节和一个 B 关节组成 BR 手腕如图 5-17(a)所示；也可以由两个 B 关节组成 BB 手腕如图 5-17(b)所示。但是，不能由两个 R 关节组成 RR 手腕，因为两个 R 关节共轴线，所以退化了一个自由度，实际只构成了单自由度手腕如图 5 - 17(c)所示。

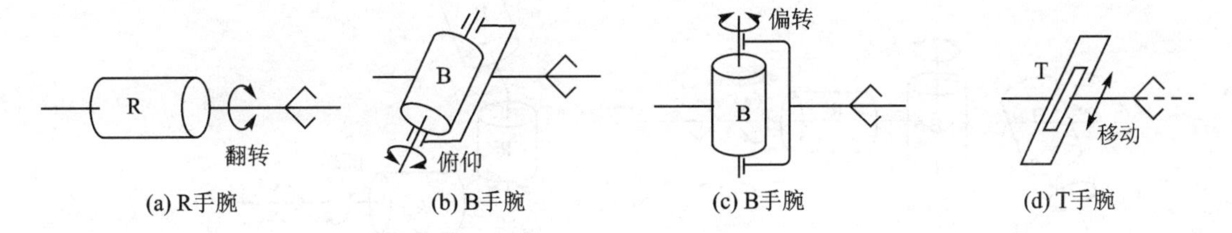

(a) R手腕　(b) B手腕　(c) B手腕　(d) T手腕

图 5 - 16　单自由度腕部

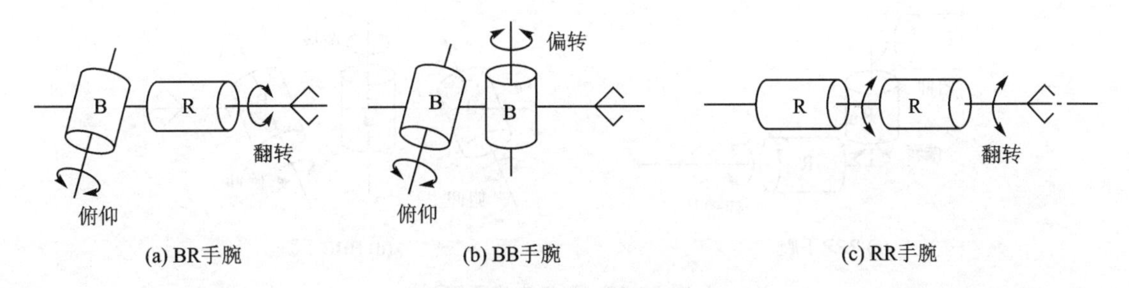

(a) BR手腕　(b) BB手腕　(c) RR手腕

图 5 - 17　二自由度手腕

(3) 三自由度手腕

三自由度手腕可以由 B 关节和 R 关节组成许多种形式，图 5 - 18(a)所示为通常见到的 BBR 手腕，使手部具有俯仰、偏转和翻转运动，即 RPY 运动。图 5 - 18(b)所示为一个 B 关节和两个 R 关节组成的 BRR 手腕，为了不使自由度退化，使手部获得 RPY 运动，第一个 R 关节必须如图偏置。图 5 - 18(c)所示为三个 R 关节组成的 RRR 手腕，它也可以实现手部 RPY 运动。图 5 - 18(d)所示为 BBB 手腕，很明显，它已经退化为二自由度手腕，只有 PY 运动。此外，B 关节和 R 关节排列的次序不同，也会产生不同的效果，也产生了其他形式的三自由度手腕。为了使手腕结构紧凑，通常把两个 B 关节安装在一个十字接头上，这对于 BBR 手腕来说大大减小了手腕的纵向尺寸。

4. 工业机器人的手部结构

工业机器人的手部也称末端执行器，是用来握持工件或工具的部件。手部一般由驱动机构、传动机构和手指三部分组成，是一个独立的部件，具有通用性，可用于多种类型的机器人(如直角坐标机器人、圆柱坐标机器人、球(极)坐标机器人、关节坐标机器人等)。工业机器人的手部可直接安装在工业机器人的腕部上用于夹持工件或让工具按照规定的程序完成指定的工作，其对整个机器人完成任务的好坏起着关键的作用，直接关系着夹持工件时的定位精度、夹持力的大小等。另外，工业机器人的手部通常采用专用装置，一种手爪往往只能抓住一种或几种在形状、尺寸、质量等方面相近的工件。

工业机器人手部结构按照手部的用途和结构不同，可分为机械式夹持器、吸附式执行器、拟手指式和专用工具(如焊枪、喷嘴、电磨头等)等几种形式。

(1) 机械式夹持式

机械式夹持器按照夹取东西的方式不同，分为内撑式夹持器(见图 5 - 19)和外夹式夹持器两种(见图 5 - 20)，两者夹持部位不同，手爪动作的方向相反。

(a) BBR手腕　(b) BRR手腕　(c) RRR手腕　(d) BBB手腕

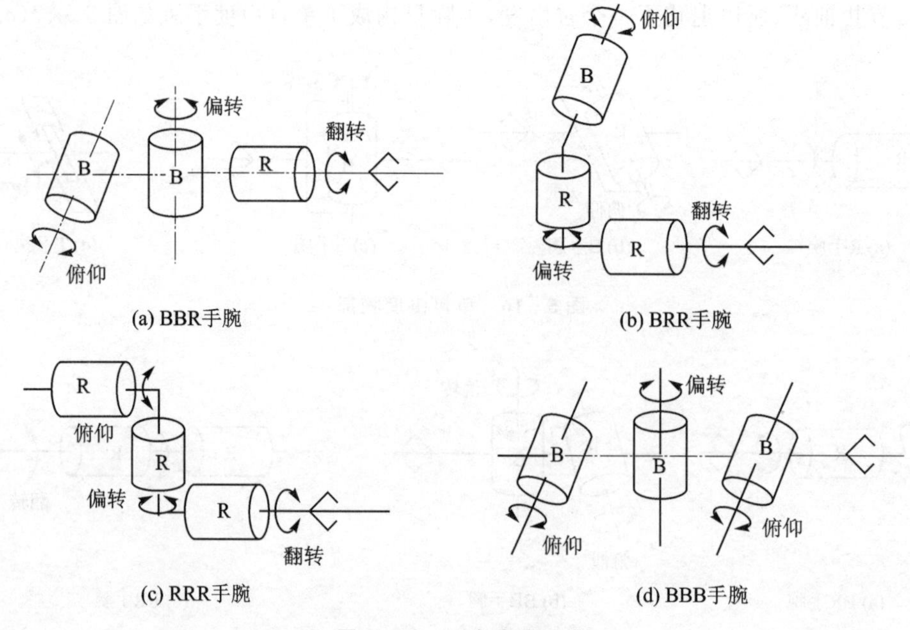

图 5-18　三自由度手腕

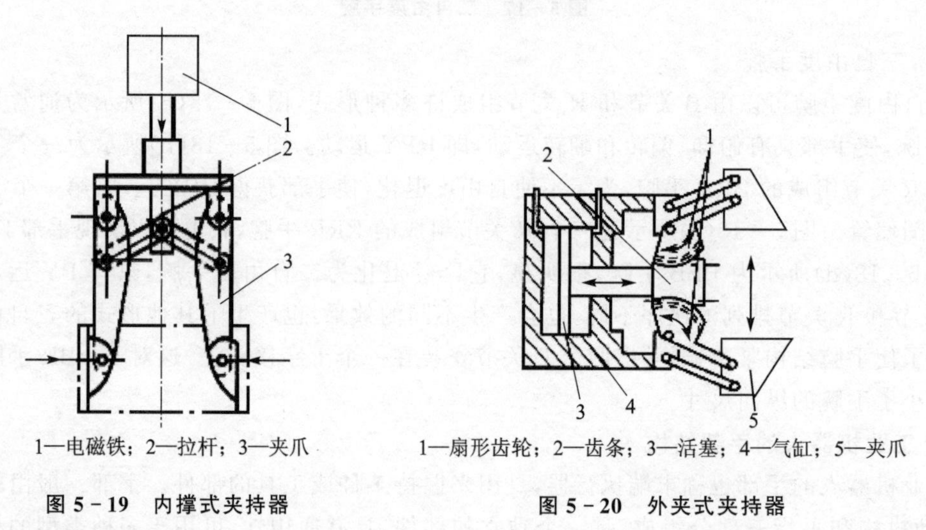

1—电磁铁；2—拉杆；3—夹爪

图 5-19　内撑式夹持器

1—扇形齿轮；2—齿条；3—活塞；4—气缸；5—夹爪

图 5-20　外夹式夹持器

(2) 吸附式执行器

吸附式执行器是目前应用较多的一种执行器，特别是用于搬运机器人。该类执行器可分为气吸式执行器和磁吸式执行器两类。

气吸式执行器主要由吸盘、吸盘架及进/排气系统组成。气吸式手部是利用吸盘内的压力与大气压之间的压力差而工作的。按形成压力差的方法，可分为真空气吸(见图 5-21(a))、喷气式负压气吸(见图 5-21(b))、挤压排气负压气吸(见图 5-21(c))。具有结构简单、质量轻、使用方便可靠等优点。广泛应用于非金属材料(如板材、纸张、玻璃等物体)或无剩磁材料的吸附。气吸式手部的另一个特点是对工件表面没有损伤，且对被吸附工件预定的位置精度要求不高；但要求工件上与吸盘接触部位光滑平整、清洁，被吸工件材质致密，没有透气空隙。

磁吸式执行器主要由磁盘、防尘盖、线圈、壳体等组成。磁吸式执行器是在腕部装上电磁

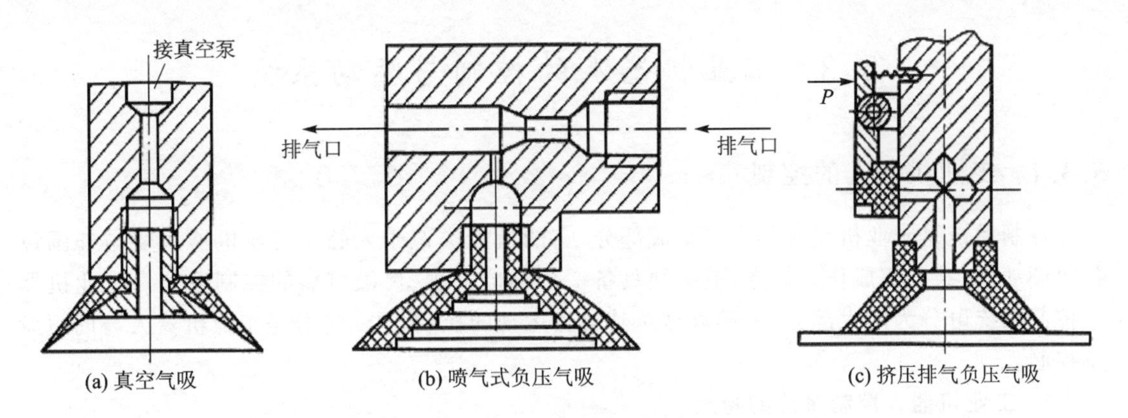

图 5－21　气吸式执行器

铁，通过电磁吸力把工件吸住。磁吸式取料手是利用电磁铁通电后产生的电磁吸力取料，因此只能对铁磁物体起作用。另外，对某些不允许有剩磁的零件要禁止使用。所以，磁吸式取料手的使用有一定的局限性。

(3) 拟手指式

图 5－22 所示为一种三指手爪的外形图，每个手指是独立驱动的。这种三指手爪与二指手爪相比可以抓取如立方体、圆柱体、球体等不同形状的物体。人手是最灵巧的夹持器，如果模拟人手结构，就能制造出机构最优的末端夹持器。

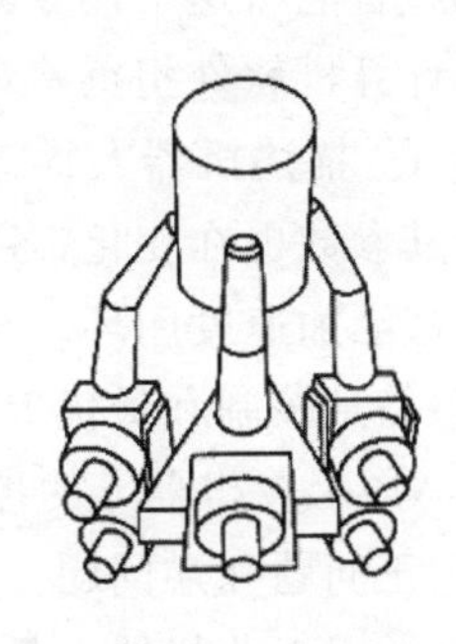

图 5－22　三指手爪

(4) 专用工具

机器人是一种通用性很强的自动化设备，可根据作业要求完成各种动作，再配上各种专用的末端执行器后，就能完成各种动作。例如，在通用机器人上安装焊枪就成为一台焊接机器人，安装拧螺母机则成为一台装配机器人。目前有许多由专用电动、气动工具改型而成的操作器，如图 5－23 所示，有拧螺母机、焊枪、电磨头、电铣头、抛光头、激光切割机等。形成的一整套系列供用户选用，使机器人能胜任各利工作。

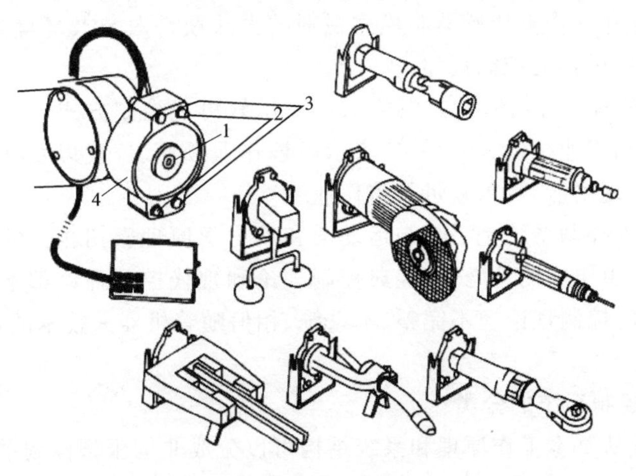

1—气路接口；2—定位销；3—电接头；4—电磁吸盘

图 5－23　专用工具

5.3 工业机器人的控制与驱动系统

5.3.1 工业机器人的控制

控制系统是工业机器人的主要组成部分,它的机能类似于人脑。工业机器人要与外围设备协调动作,共同完成作业任务,就必须具备一个功能完善、灵敏可靠的控制系统。工业机器人控制系统可分为两大部分:一部分是对其自身运动的控制,另一部分是工业机器人与周边设备控制。

1. 工业机器人控制系统的特点

① 传统的自动机械是以自身的动作为重点,而工业机器人的控制系统更看重本体与操作对象的关系。无论多么高的精度控制手臂,若不能夹持并操作物体到达目的位置,作为工业机器人来说,那就失去了意义,这种相互关系是首要的。

② 把多个独立的伺服系统有机地协调起来,使其按照人的意志行动,甚至赋予机器人一定的"智能",这个任务只能由计算机来完成。因此,机器人控制系统必须是一个计算机控制系统,计算机软件担负着艰巨的任务。

③ 描述机器人状态和运动的数学模型是一个非线性模型,随着状态的不同和外力的变化,其参数也在变化,各变量之间还存在耦合。因此,仅仅是位置闭环是不够的,还要利用速度,甚至加速度闭环。系统中还经常采用一些控制策略,比如使用重力补偿、前馈、解耦、基于传感信息控制和最优 PID 控制等。

④ 工业机器人的控制与机构运动学及动力学密切相关。根据给定的任务,经常要求解运动学正问题和逆问题。因此,往往要根据需要,选择不同的基准坐标系,并作适当的坐标变换。而且还因工业机器人各关节之间惯性力、科氏力的耦合作用以及重力负载的影响使问题复杂化,所以使工业机器人的控制问题也变得复杂。

⑤ 工业机器人的动作往往可以通过不同的方式和路径来完成,因此存在一个"最优"的问题。较高级的机器人可以用人工智能的方法,用计算机建立起庞大的信息库,借助信息库进行控制、决策、管理和操作。根据传感器和模式识别的方法获得对象及环境的工况,按照给定的指标要求,自动地选择最佳的控制规律。

⑥ 工业机器人还有一种特有的控制方式——示教再现控制方式。当要工业机器人完成某作业时,可预先移动工业机器人的手臂,来示教该作业顺序、位置以及其他信息,在执行时,依靠工业机器人的再现功能,可重复进行该作业。

总而言之,机器人控制系统是一个与运动学和动力学原理密切相关的、有耦合的、非线性的多变量控制系统。由于它的特殊性,经典控制理论和现代控制理论都不能照搬使用。因此到目前为止,机器人的控制理论还不完整、不系统,相信随着机器人技术的发展,机器人控制理论必将日趋成熟。

2. 工业机器人控制系统的分类

机器人控制系统从基本工作原理和系统结构可以分成非伺服型控制系统和伺服型控制系统两类。

非伺服型控制系统适用于作业相对固定、作业程序简单、运动精度要求不高的场合,它具有费用省，操作、安装、维护简单的特点。图5-24(a)所示为未采用反馈信号的开环非伺服型控制系统框图。控制系统的控制程序是在进行作业之前预先编定，作业时程序控制器按程序根据存储数据控制驱动单元带动操作机运动。在控制过程中没有反馈信号。采用步进电机驱动，以离散的步距实现顺序控制的机器人都属于这一类型。图5-24(b)所示为采用开关反馈的非伺服型控制系统框图。在该系统中利用机械挡块、行程开关等在预定位置上发出反馈信号，用以起动或停止某一运动。机械挡块位置可调整(作业运动期间不可调整)，若在运动路线上设置多个挡块或利用带微处理器的可编程序控制器则可完成更为复杂、灵活的控制。

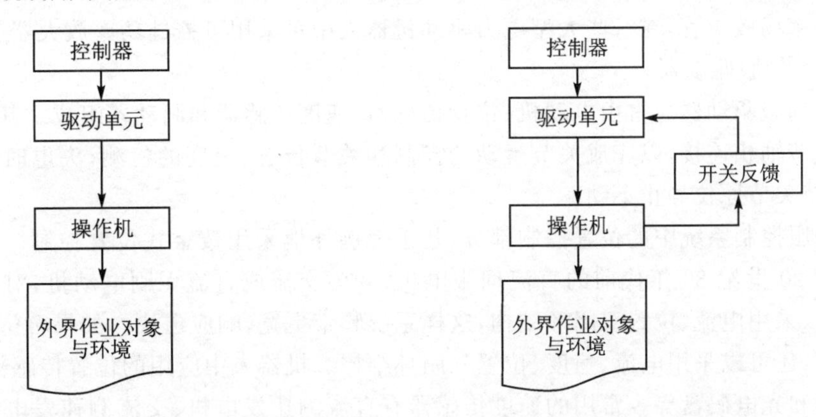

(a) 未采用反馈信号的开环非伺服型控制系统　　(b) 采用开关反馈的非伺服型控制系统

图5-24　非伺服型控制系统

闭环伺服控制系统的特点是系统中采用检测传感器连续测量关节位置、速度等关节参数，并反馈到驱动单元构成闭环伺服系统。在伺服系统控制下，各关节的运动速度，停留位置由有关的程序控制，而程序的编制、修改简便灵活，所以能方便地完成各种复杂的操作。其系统结构虽比非伺服型控制复杂，价格较高，但仍得到广泛应用。目前绝大多数高性能的多功能工业机器人都采用伺服型控制系统。

伺服控制机器人执行机构的每一个关节分别由一个伺服控制系统驱动，其关节运动参数来自于主控制计算机的输出。图5-25所示为一具有位置和速度反馈的典型伺服控制系统，它由以下结构组成：

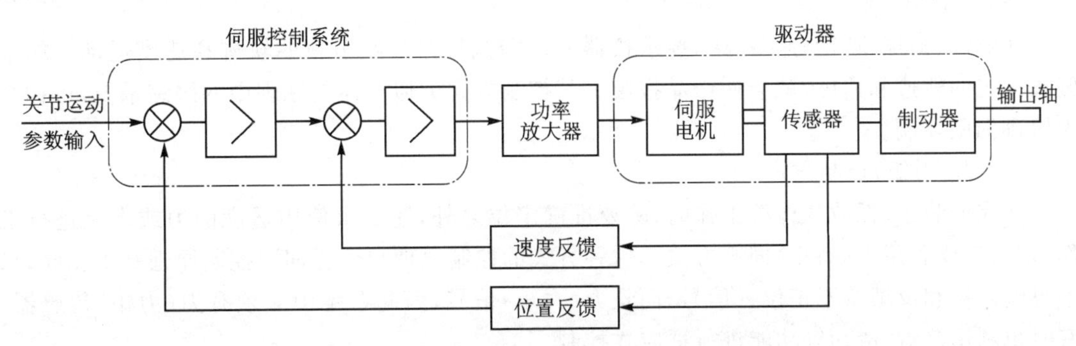

图5-25　带位置和速度反馈的伺服控制系统

(1) 伺服控制器

伺服控制器基本部件是比较器、误差放大器和各种补偿器。输入信号除参考信号外，还有各种反馈信号,从而构成具有位置、速度反馈回路的伺服系统。控制器可以采用模拟器件组成,主要用集成运算放大器和阻容网络实现比较、补偿和放大等功能,构成模拟伺服系统。控制器也可以采用数字器件,如采用微处理器组成数字伺服系统。其中比较、补偿、放大等功能由软件完成,这种系统灵活,便于实现各种复杂的控制,获得较高的性能指标。

(2) 功率放大器

功率放大器的作用是将控制器输出的控制信号放大,驱动伺服机构运动。由于机器人伺服驱动功率不大,但快速性要求较高。常采用脉宽调制(PWM)放大原理,选用双极型大功率管或功率场效应管,在一些大型电力驱动机器人中可采用可控硅功率放大器。

(3) 伺服驱动器

电伺服驱动器通常由电动机、位置传感器、速度传感器和制动器组成。其输出轴直接和操作机关节轴相连接,以完成关节运动的控制和关节位置、速度的检测,失电时制动器能自行制动,保持关节原位静止不动。

伺服控制系统中的位置控制部分,几乎无例外地采用数字式位置控制。其中的执行电动机已由 20 世纪 80 年代前的直流伺服电机,变为交流或直流无刷电动机,对于交流无刷电动机,可以采用电流、位置双闭环结构,这样系统频带更宽,响应更快。如果希望系统有更大的伺服刚度,还可以采用电流、速度、位置三闭环结构。机器人中应用的位置传感器有电位计、差动变压器和光电码盘等。常用的速度传感器有直流测速发电机、交流测速发电机及含增量码盘的测速电路、光电码盘测速电路等。目前世界各国生产的高精度电伺服工业机器人最常用的位置、速度传感器是绝对光电码盘,配合相应的 F/V 变换电路,它可以同时检测位置和速度信息,并与伺服电机一起制成伺服驱动组件。

3. 工业机器人控制系统的控制方式

工业机器人的控制方式多种多样,根据作业任务的不同,主要分为点位控制方式、连续轨迹控制方式、力(力矩)控制方式和智能控制方式。

(1) 点位式

很多机器人要求准确地控制末端执行器的工作,而路径却无关紧要。例如,在印刷电路板上安插元件、点焊、装配等工作,都属于点位式工作方式。一般说这种控制方式比较简单,但是要达到 2～3 μm 的定位精度也是相当困难的。

(2) 轨迹式

在弧焊、喷漆、切割等工作中,要求机器人末端执行器按照示教的轨迹和速度运动。如果偏离预定的轨迹和速度,就会使产品报废。其控制方式类似于控制原理中的跟踪系统,可称之为轨迹伺服控制。

(3) 力(力矩)控制方式

在完成装配、抓放物体等工作时,除要准确定位之外,还要求使用适度的力或力矩进行工作,这时就要利用力(力矩)伺服方式。这种方式的控制原理与位置伺服控制原理基本相同,只不过输入量和反馈量不是位置信号,而是力(力矩)信号,因此系统中必须有力(力矩)传感器。有时也利用接近、滑动等功能进行适应式控制。

(4) 智能控制方式

工业机器人的智能控制是通过传感器获得周围环境的知识,并根据自身内部的知识库做出相应的决策。采用智能控制技术,使工业机器人具有了较强的环境适应性及自学习能力。

智能控制技术的发展有赖于近年来人工神经网络、基因算法、遗传算法、专家系统等人工智能的迅速发展。

5.3.2 工业机器人的驱动系统

工业机器人驱动系统按动力源可分为液压驱动、气动驱动和电动驱动三种基本驱动类型。根据需要,可采用由三种基本驱动类型的一种,或合成式驱动系统。

1. 液压驱动

液压驱动工业机器人是利用油液作为传递的工作介质。电动机带动液压泵输出压力油,将电动机输出的机械能转换成油液的压力能,压力油经过管道及一些控制调节装置等进入油缸,推动活塞杆运动,从而使机械臂产生伸缩、升降等运动,将油液的压力能又转换成机械能。

液压系统由如下部分组成。

① 液压泵,是能量转换装置,将电动机输出的机械能转换为油液的压力能,用压力油驱动整个液压系统工作。

② 液动机(液压执行装置),是压力油驱动运动部件对外工作的部分。机械臂做直线运动,液动机就是机械臂伸缩油缸,也有作回转运动的液动机,一般叫作液压发动机,回转角度小于360°的液动机,一般叫回转油缸(或摆动油缸)。

③ 控制调节装置,指各类阀,有压力控制阀、流量控制阀、方向控制阀。主要调节控制液压系统油液的压力、流量和方向,使机器人的机械臂、手腕、手指等能够完成所要求的运动。

④ 辅助装置,如油箱、滤油器、储能器、管路和管接头以及压力表等。

液压驱动机器人分为程序控制驱动和伺服控制驱动两种类型。前者属非伺服型,用于有限点位要求的简易搬运机器人,液压驱动机器人中应用较多的是伺服控制驱动型的,液压伺服驱动系统由液压源、驱动器、伺服阀、传感器和控制回路组成。

2. 气动驱动

气动驱动是指以压缩空气为工作介质,工作原理与液压驱动相似。工业机器人气动驱动结构图如图5-26所示。

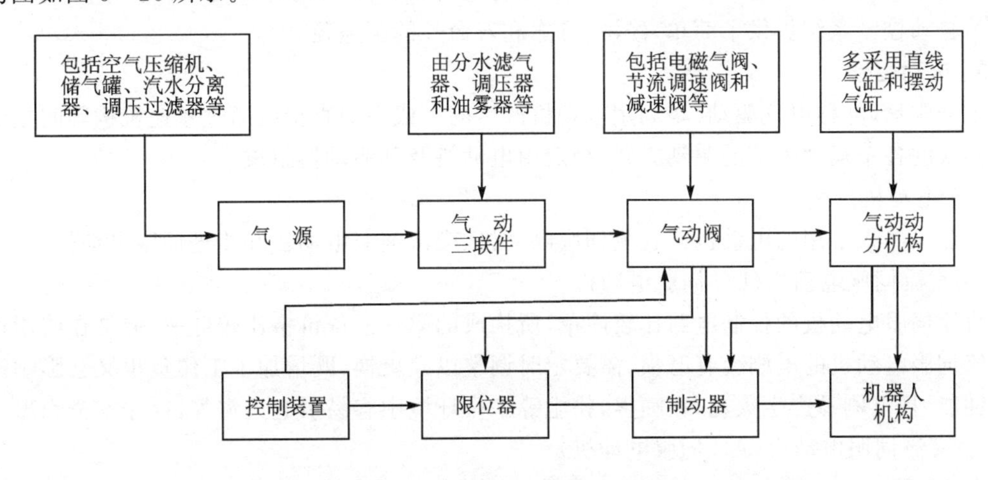

图5-26 工业机器人气动驱动结构图

气动驱动系统由以下 4 个部分组成。

（1）气源系统

压缩空气是保证气动系统正常工作的动力源。一般工厂均设有压缩空气站。压缩空气站的设备主要是空气压缩机和气源净化辅助设备。

由于压缩空气中含有水汽，油气和灰尘，这些杂质如果被直接带入储气罐、管道及气动元件和装置中，会引起腐蚀、磨损、阻塞等一系列问题，从而造成气动系统效率和寿命降低、控制失灵等严重后果，因此，压缩空气需要净化。

（2）气源净化辅助设备

气源净化辅助设备有后冷却器、油水分离器、储气罐、过滤器等。

① 后冷却器：安装在空气压缩机山口处的管道上，它的作用是使压缩空气降温。

一般的工作压力为 8 kg/cm^2 的空气压缩机排气温度高达 140～170 ℃，压缩空气中所含的水和油（气缸润滑油混入压缩空气）均为气态。经后冷却器降温至 40～50 ℃后，水汽和油气凝聚成水滴和油滴，再经油水分离器析出。

② 油水分离器：将水、油分离出去。

③ 储气罐：存储较大量的压缩空气，以供给气动装置连续和稳定的压缩空气，并可减少由于气流脉动所造成的管道振动。

④ 过滤器：过滤压缩空气。一般气动控制元件对空气的过滤要求比较严格，常采用简易过滤器过滤后，再经分水滤气器二次过滤。

（3）气动执行机构有气缸和气动发动机两种

气缸和气动发动机是将压缩空气的压力能转换为机械能的能量转换装置。气缸输出力，驱动工作部分做直线往复运动或往复摆动；气动发动机输出力矩，驱动机构做回转运动。

（4）空气控制阀和气动逻辑元件

空气控制阀是气动控制元件，它的作用是控制和调节气路系统中压缩空气的压力、流量和方向，从而保证气动执行机构按规定的程序正常地进行工作。

空气控制阀有压力控制阀、流量控制阀和方向控制阀三类。

气动逻辑元件是通过可动部件的动作，进行元件切换而实现逻辑功能的。采用气动逻辑元件给自动控制系统提供了简单、经济、可靠和寿命长的新途径。

3. 电动驱动

电动驱动（亦称电气驱动）是利用电动机产生的力或力矩直接或通过减速机构等间接的驱动机器人的各个运动关节的驱动方式，一般由电动机及其驱动器组成。

（1）电动机

工业机器人常用的电动机有直流伺服电动机、交流伺服电动机和步进伺服电动机。

1）直流伺服电动机（DC 伺服电动机）

直流伺服电动机的控制电路比较简单，所构成的驱动系统价格比较低廉，但是在使用过程中直流伺服电动机的电刷会有磨损，需要定时调整以及更换，既增加了工作负担又会影响机器人的性能，且电刷易产生火花，在喷雾、粉尘等工作环境中容易引起火灾等，存在安全隐患。

2）交流伺服电动机（AC 伺服电动机）

交流伺服电动机的结构比较简单，转子由磁体构成，直径较小；定子由三相绕组组成，可通过大电流，无电刷，运行安全可靠；适用于频繁的启动、停止工作，而且过载能力、力矩惯量比、定位精度等优于直流伺服电动机；但是其控制电路比较复杂，所构成的驱动系统价格相对比较高昂。

3）步进伺服电动机

步进伺服电动机是以电脉冲驱动使其转子转动产生转角值的动力装置。其中输入的脉冲数决定转角值，脉冲频率决定转子的速度。其控制电路较为简单，且不需要转动状态的检测电路，因此所构成的驱动系统价格比较低廉。但是，步进伺服电动机的功率比较小，不适用于大负荷的工业机器人使用。

（2）驱动器

伺服驱动器（亦称伺服控制器或者伺服放大器）是用来控制、驱动伺服电动机的一种控制装置，多数是采用脉冲宽度调制（PWM）进行控制驱动完成机器人的动作。为了满足实际工作对机器人的位置、速度和加速度等物理量的要求，通常采用如图5－27所示的驱动原理，由位置控制构成的位置环，速度控制构成的速度环和转矩控制构成的电流环组成。

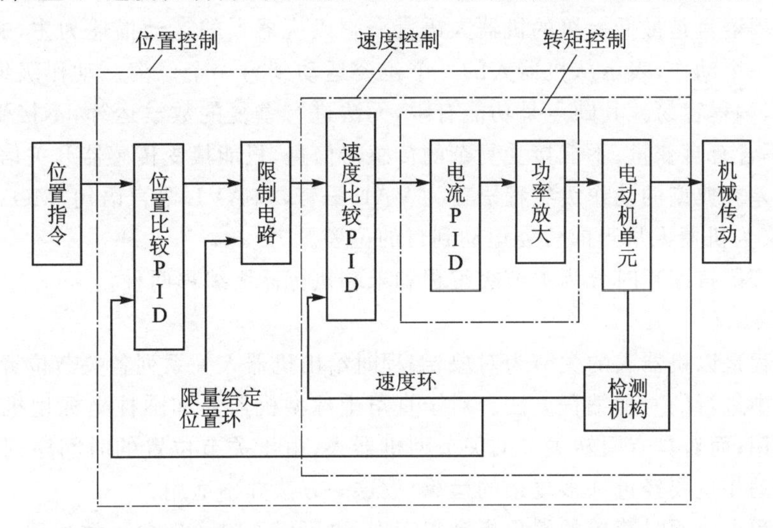

图5－27　工业机器人电动驱动原理框图

驱动器的电路一般包括：功率放大器、电流保护电路、高低压电源、计算机控制系统电路等。根据控制对象（电动机）的不同，驱动器一般分为直流伺服电动机驱动器、交流伺服电动机驱动器、步进伺服电动机驱动器。

1）直流伺服电动机驱动器

直流电动机驱动器一般采用PWM伺服驱动器，通过改变脉冲宽度来改变加在电动机电枢两端的电压进行电动机的转速调节。PWM伺服驱动器具有调速范围宽、低速特性好、响应快、效率高等特点。

2）交流伺服电动机驱动器

交流伺服电动机驱动器通常采用电流型脉宽调制（PWM）变频调速伺服驱动器，将给定的速度与电动机的实际速度进行比较，产生速度偏差；根据速度偏差产生的电流信号控制交流伺服电动机的转动速度。交流伺服电动机驱动器具有转矩转动惯量比高的优点。

3）步进伺服电动机驱动器

步进伺服电动机驱动器是一种将电脉冲转化为角位移的执行机构，主要由脉冲发生器、环形分配器和功率放大器等部分组成。通过控制供电模块对步进电动机的各相绕组按合适的时序给步进伺服电动机进行供电;驱动器发送到一个脉冲信号,能够驱动步进伺服电动机转动一个固定的角度(称为步距角)。通过控制所发送的脉冲个数实现电动机的转角位移量的控制,通过控制脉冲频率实现电动机的转动速度和加速度的控制,达到定位和调速的目的。

5.4 工业机器人的编程语言

5.4.1 机器人编程语言的分类

机器人语言尽管有很多分类方法,但根据作业描述水平的高低,通常可分为三级:动作级;对象级;任务级。有些语言主要用于大学实验室,有的则是工业应用级。

1. 动作级编程语言

动作级编程语言是最低一级的机器人语言。它以机器人的运动描述为主,通常一条指令对应机器人的一个动作,表示从机器人的一个位姿运动到另一个位姿。动作级编程语言的优点是比较简单,编程容易。其缺点是功能有限,无法进行繁复的数学运算,不接受浮点数和字符串,子程序不含有自变量;不能接受复杂的传感器信息,只能接受传感器开关信息;与计算机的通信能力很差。典型的动作级编程语言为 VAL 语言,如 AVL 语言语句"MOVE TO(destination)"的含义为机器人从当前位姿运动到目的位姿。

动作级编程语言编程时分为关节级编程和末端执行器级编程两种。

(1) 关节级编程

关节级编程是以机器人的关节为对象,编程时给出机器人一系列各关节位置的时间序列,在关节坐标系中进行的一种编程方法。对于直角坐标型机器人和圆柱坐标型机器人,这种方法编程较为适用;而对具有回转关节的关节型机器人,由于关节位置的时间序列表示困难,即使一个简单的动作也要经过许多复杂的运算,故这一方法并不适用。

关节级编程可以通过简单的编程指令来实现,也可以通过示教盒示教和键入示教实现。

(2) 末端执行器级编程

末端执行器级编程在机器人作业空间的直角坐标系中进行。在此直角坐标系中给出机器人末端执行器一系列位姿组成位姿的时间序列,连同其他一些辅助功能如力觉、触觉、视觉等的时间序列,同时确定作业量、作业工具等,协调地进行机器人动作的控制。

这种编程方法允许有简单的条件分支,有感知功能,可以选择和设定工具,有时还有并行功能,数据实时处理能力强。

2. 对象级编程语言

所谓对象即作业及作业物体本身。对象级编程语言是比动作级编程语言高一级的编程语言,它不需要描述机器人手爪的运动,只要由编程人员用程序的形式给出作业本身顺序过程的描述和环境模型的描述,即描述操作物与操作物之间的关系。通过编译程序机器人即能知道如何动作。

这类语言典型的例子有 AML 及 AUTOPASS 等语言,其特点为:

① 具有动作级编程语言的全部动作功能。

② 有较强的感知能力,能处理复杂的传感器信息,可以利用传感器信息来修改、更新环境

的描述和模型，也可以利用传感器信息进行控制、测试和监督。

③ 具有良好的开放性，语言系统提供了开发平台，用户可以根据需要增加指令，扩展语言功能。

④ 数字计算和数据处理能力强，可以处理浮点数，能与计算机进行即时通信。

对象级编程语言用接近自然语言的方法描述对象的变化。对象级编程语言的运算功能、作业对象的位姿时序、作业量、作业对象承受的力和力矩等都可以以表达式的形式出现。系统中机器人尺寸参数、作业对象及工具等参数一般以知识库和数据库的形式存在，系统编译程序时获取这些信息后对机器人动作过程进行仿真，在进行实现作业对象合适的位置，获取传感器信息并处理，回避障碍以及与其他设备通信等工作。

3. 任务级编程语言

任务级编程语言是比前两类更高级的一种语言，也是最理想的机器人高级语言。这类语言不需要用机器人的动作来描述作业任务，也不需要描述机器人对象物的中间状态过程，只需要按照某种规则描述机器人对象物的初始状态和最终目标状态，机器人语言系统即可利用已有的环境信息和知识库、数据库自动进行推理、计算，从而自动生成机器人详细的动作、顺序和数据。例如，一装配机器人欲完成某一螺钉的装配，螺钉的初始位置和装配后的目标位置已知，当发出抓取螺钉的命令时，语言系统从初始位置到目标位置之间寻找路径，在复杂的作业环境中找出一条不会与周围障碍物产生碰撞的合适路径，在初始位置处选择恰当的姿态抓取螺钉，沿此路径运动到目标位置。在此过程中，作业中间状态作业方案的设计、工序的选择、动作的前后安排等一系列问题都由计算机自动完成。

由于机器人动作和感觉的复杂性，使任务编程变得异常复杂，任务级编程语言结构十分复杂，需要人工智能的理论基础和大型知识库、数据库的支持，目前还不是十分完善，是一种理想状态下的语言，有待于进一步的研究。但可以相信，随着人工智能技术及数据库技术的不断发展，任务级编程语言必将取代其他语言而成为机器人语言的主流，使得机器人的编程应用变得十分简单。

5.4.2 常用工业机器人编程语言简介

1. VAL 语言

VAL 语言是美国 Unimation 公司于 1979 年推出的一种机器人编程语言，主要配置在 PUMA 和 UNIMATION 等型机器人上，是一种专用的动作类描述语言。VAL 语言是在 BASIC 语言的基础上发展起来的，所以与 BASIC 语言的结构很相似。在 VAL 的基础上 Unimation 公司推出了 VALⅡ语言。

VAL 语言可应用于上下两级计算机控制的机器人系统。上位机为 LSI－11/23，编程在上位机中进行，上位机进行系统的管理；下位机为 6503 微处理器，主要控制各关节的实时运动。编程时可以 VAL 语言和 6503 汇编语言混合编程。

VAL 语言命令简单、清晰易懂，描述机器人作业动作及与上位机的通信均较方便，实时功能强；可以在线和离线两种状态下编程，适用于多种计算机控制的机器人；能够迅速地计算出不同坐标系下复杂运动的连续轨迹，能连续生成机器人的控制信号，可以与操作者交互地在线修改程序和生成程序；VAL 语言包含有一些子程序库，通过调用各种不同的子程序可很快组合成复杂操作控制；能与外部存储器进行快速数据传输以保存程序和数据。

VAL 语言系统包括文本编辑、系统命令和编程语言三个部分。

2. SIGLA 语言

SIGLA 是一种仅用于直角坐标式 SIGMA 装配型机器人运动控制时的一种编程语言，是 20 世纪 70 年代后期由意大利 Olivetti 公司研制的一种简单的非文本语言。这种语言主要用于装配任务的控制，它可以把装配任务划分为一些装配子任务，如取旋具，在螺钉上料器上取螺钉 A，搬运螺钉 A，定位螺钉 A，装入螺钉 A，紧固螺钉等。编程时预先编制子程序，然后用子程序调用的方式来完成。

3. IML 语言

IML 也是一种着眼于末端执行器的动作级语言，由日本九州大学开发而成。IML 语言的特点是编程简单，能人机对话，适合于现场操作，许多复杂动作可由简单的指令来实现，易被操作者掌握。IML 用直角坐标系描述机器人和目标物的位置和姿态。坐标系分两种，一种是机座坐标系，一种是固连在机器人作业空间上的工作坐标系。语言以指令形式编程，可以表示机器人的工作点、运动轨迹、目标物的位置及姿态等信息，从而可以直接编程。往返作业可不用循环语句描述，示教的轨迹能定义成指令插到语句中，还能完成某些力的施加。

4. AL 语言

AL 语言是 20 世纪 70 年代中期美国斯坦福大学人工智能研究所开发研制的一种机器人语言，它是在 WAVE 的基础上开发出来的，也是一种动作级编程语言，但兼有对象级编程语言的某些特征，使用于装配作业。它的结构及特点类似于 PASCAL 语言，可以编译成机器语言在实时控制机上运行，具有实时编译语言的结构和特征，如可以同步操作、条件操作等。AL 语言设计的原始目的是用于具有传感器信息反馈的多台机器人或机械手的并行或协调控制编程。运行 VA 语言的系统硬件环境包括主、从两级计算机控制，主机内的管理器负责管理协调各部分的工作，编译器负责对 AL 语言的指令进行编译并检查程序，实时接口负责主、从机之间的接口连接，装载器负责分配程序。主机的功能是对 AL 语言进行编译，对机器人的动作进行规划；从机接受主机发出的动作规划命令，进行轨迹及关节参数的实时计算，最后对机器人发出具体的动作指令。

5.5 工业机器人的应用

在机器人应用领域，大体上我们把机器人分成工业机器人、操纵机器人和智能机器人三大类。或按照应用方向大致可分为工业机器人、服务机器人、军用机器人、水下作业机器人、空间机器人、农业机器人和仿人机器人等。

工业机器人，在焊接、搬运、装配和喷涂等工作上表现不俗；不过，它只能机械地按照规定的指令工作，并不领会外界条件和环境的变化。

操纵机器人，如飞机的自动驾驶仪等，可以按照人的指令，灵活的执行命令。

智能机器人，具有一定思维功能和自适应性，它能够根据环境的变化作出判断，并决定采取相应的动作，它是上述三种机器人中的最高形态。

在工业生产中，焊接机器人、搬运机器人、码垛机器人、喷涂机器人、装配机器人等工业机器人都已被大量采用。由于机器人对生产环境和作业要求具有很强的适应性，用来完成各种经济部门不同生产作业的工业机器人的种类愈来愈多(例如抛光机器人、打毛刺机器人、激光切割机器人等)，工业将实现高度自动化。机器人将成为人类社会生产活动的“主劳力”，人类将从烦重的、重复单调的、有害健康和危险的生产劳动中解放出来。

5.5.1　焊接机器人

焊接机器人广泛用于工业生产，有弧焊机器人，钎焊机器人和点焊机器人等。

汽车工业引入机器人已取得了明显效益，改善多品种混流生产的柔性，提高焊接质量，提高生产率，把工人从恶劣的作业环境中解放出来。机器人已经成为汽车生产行业的支柱。尤其在车身焊接中，广泛使用机器人，图 5-28 所示为汽车生产线上的点焊机器人。

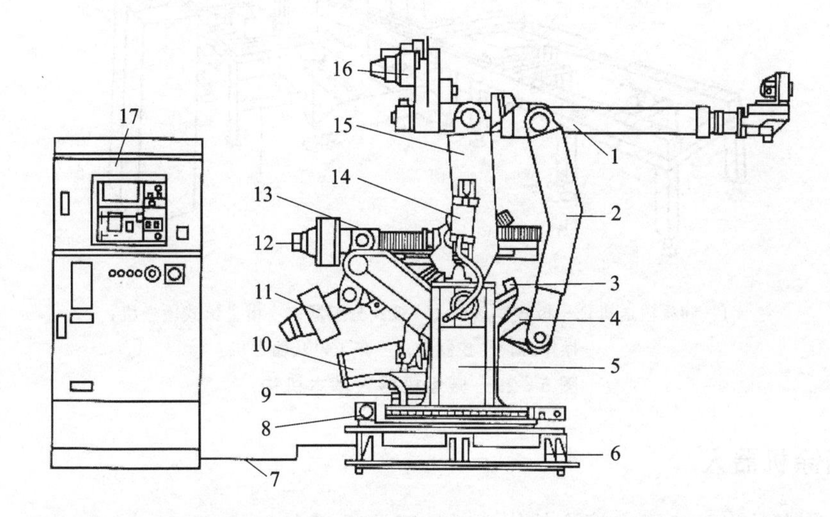

1—手臂及手腕；2—臂架；3—橡胶缓冲器；4—肘形节杆；5—回转台；6—基座；7—连接电缆；
8—转台缓冲器；9—第一轴电动机；10—平衡气缸；11—第二轴电动机；12—第三轴螺杆；
13—第三轴臂架；14—平衡气缸；15—驱动臂架；16—电动机组；17—控制柜

图 5-28　汽车生产线上的点焊机器人

5.5.2　搬运机器人

最早的搬运机器人出现在 1960 年的美国，Versatran 和 Unimate 两种机器人首次用于搬运作业。80 年代以来，工业发达国家在推广搬运码垛的自动化、机器人化方面得到了显著的进展。日本、德国等国家在大批量生产如机械、电子、水泥、食品、化肥等行业广泛使用搬运机器人。

搬运机器人是主要从事自动化搬运作业的工业机器人。所谓搬运作业是指用一种设备握持工件，从一个加工位置移到另一个加工位置。工件搬运和机床上下料是工业机器人的一个重要应用领域，在工业机器人的构成比例中占有较大的比重。

搬运机器人主要由搬入机器部件、机器主体部件、搬出机器部件和系统控制等基本部分组成，如图 5-29 所示。搬运机器人可安装不同的末端执行器(如机械手、真空吸盘及电磁吸盘等)以完成各种不同形状和状态的工件搬运工作。

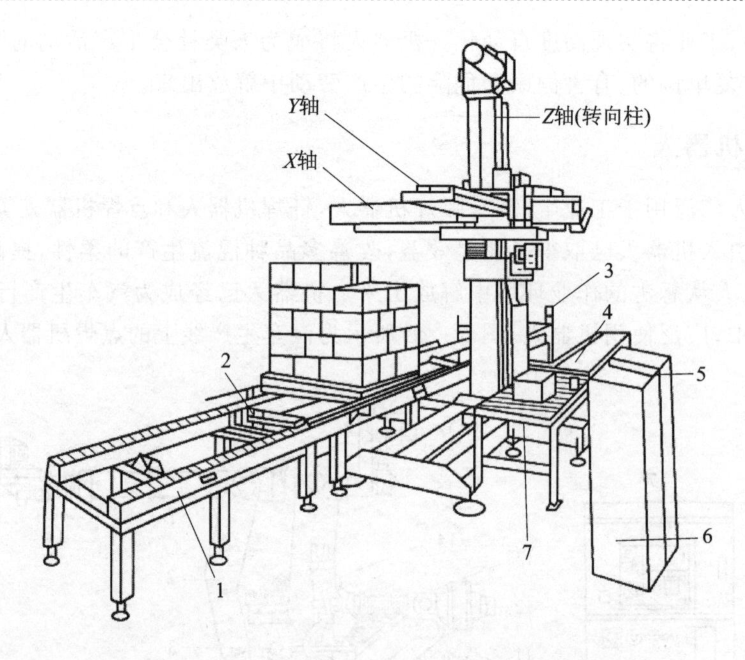

1—卸载输送机；2—极式输送机；3—极式分配器；4—横进给式输送机；
5—操作台；6—控制台；7—多工位式输送机

图 5－29 搬运机器人基本机构

5.5.3 喷涂机器人

喷涂机器人是用于喷漆或喷涂其他涂料的工业机器人。

计算机控制的喷漆机器人早在 1975 年就投入运用。由于能够代替人在危险和恶劣环境下进行喷漆作业，所以喷涂机器人广泛应用于汽车车身、电子仪表、家电产品、陶瓷和塑料制品的喷涂作业。

喷涂机器人的结构一般为六轴多关节型，以适应喷枪对工件表面的不同姿态要求。由机器人本体、控制系统装置和液压系统组成，还配有自动喷枪、供漆装置、变更颜色装置等喷涂设备。

图 5－30 所示为日本 TOKICO 公司生产的 RPA856RP 关节式喷涂机器人。该机器人由操作机、控制箱、修正盘和液压源四部分组成，有 6 个自由度，手腕为伺服控制型，末端可安装两个喷枪同时工作。

5.5.4 装配机器人

装配在现代制造生产中占有十分重要的地位。有关统计表明，装配占产品生产劳动量的 50％～60％，甚至更高，如电子厂的芯片装配、电路板的生产中，装配工作占劳动量的 70％～80％。

装配机器人是为完成装配作业而设计的工业机器人。装配作业的主要操作是：垂直向上抓起零部件，水平移动它，然后垂直放下插入。通常要求这些操作进行得既快又平稳，因此，一种能够沿着水平和垂直方向移动，并能对工作平面施加压力的机器人是最适于装配作业的。

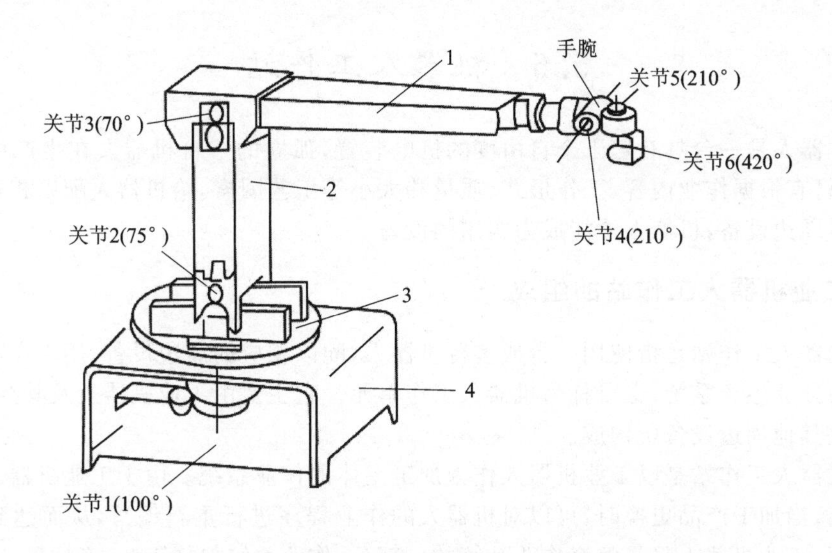

1—小臂；2—大臂；3—转台；4—基座

图 5-30　RPA856RP 机器人组成及关节轴回转角度

装配机器人的大量工作是轴与孔的装配，为了在轴与孔存在误差的情况下进行装配，应使机器人具有柔顺性，即自动对准中心孔的能力，由于机器人的触觉和视觉系统不断改善，可以把轴类件投放于孔内的准确度提高到 0.01 mm。

与一般工业机器人相比，装配机器人具有精度高、柔顺性好、工作范围小、能与其他系统配套使用等特点，主要用于各种电器制造（尤其是家电如电视机、洗衣机、电冰箱、吸尘器）、小型电机、汽车及其部件、计算机、玩具、机电产品及其组件的装配等方面。

装配机器人是柔性自动化装配系统的核心设备，由机器人操作机、控制器、末端执行器和传感系统组成。装配机器人有水平多关节机器人，直角坐标机器人和垂直多关节机器人。

5.5.5　机器人在柔性装配和 FMS 中的应用

装配机器人应用极大地推动了生产装配自动化的发展，装配机器人建立的柔性自动装配系统能自动装配中小型、中等复杂程度的产品，如电机、水泵齿轮箱等，特别适用于中小批量生产的装配，可以实现自动装卸、传送、检测、装配、监控、判断和决策等。机器人柔性装配系统是以极少数的机器人完成多种装配作业，生产成品或半成品的装配系统。以适应产品的小批量多样化特点。

工业机器人是柔性制造单元（FMC）和柔性制造系统（FMS），主要用于物料、工件的装夹、拆卸、传送和存储。最简单柔性制造系统可以由 1～2 台加工中心、工业机器人（或机械手）、物料运送存储设备构成，其特点是实现单机柔性化及自动化，适应加工多品种产品的灵活性。迄今已进入普及应用阶段。例如现在国内不少主流机床厂家都研发制造了车铣复合柔性制造单元，即在一台设备上通过机器人自动上下料系统可完成车、铣、钻、镗、攻螺纹丝、铰孔及扩孔等多种加工要求，可实现 24 h 无人值守自动运行，堪称 FMC 应用的典范。

5.6 机器人工作站

工业机器人是一台具有若干个自由度的机电装置,孤立的一台机器人在生产中没有任何应用价值,只有根据作业内容、工作形式、质量和大小等工艺因素,给机器人配以相适应的辅助机械装置等周边设备,机器人才能成为实用的设备。

5.6.1 工业机器人工作站的组成

工业机器人工作站是指使用一台或多台机器人,配以相应的周边设备,用于完成某一特定工序作业的独立生产系统,也可称为机器人工作单元。它主要由工业机器人及其控制系统、辅助设备以及其他周边设备所构成。

工业机器人工作站是以工业机器人作为加工主体的作业系统。由于工业机器人具有可再编程的特点,当加工产品更换时,可以对机器人的作业程序进行重新编写,从而达到系统柔性要求。然而,工业机器人只是整个作业系统的一部分,作业系统包括工装、变位器、辅助设备等周边设备,应该对它们进行系统集成,使之构成一个有机整体,才能完成任务,满足生产需求。

工业机器人工作站系统集成一般包括硬件和软件两个过程。硬件集成需要根据需求对各个设备接口进行统一定义,以满足通信要求;软件集成则需要对整个系统的信息流进行综合,然后再控制各个设备按流程运转。

5.6.2 工业机器人工作站的特点

1. 技术先进

工业机器人集精密化、柔性化、智能化、软件应用开发等先进制造技术于一体,通过以过程实施检测、控制、优化、调度、管理和决策,实现增加产量、提高质量、降低成本、减少资源消耗和环境污染为目的,是工业自动化水平的最高体现。

2. 技术升级

工业机器人与自动化成套装备具有精细制造、精细加工以及柔性生产等技术特点,是继动力机械、计算机之后出现的全面延伸人的体力和智力的新一代生产工具,是实现生产数字化、自动化、网络化以及智能化的重要手段。

3. 应用领域广泛

工业机器人与自动化成套装备是生产过程的关键设备,可用于制造、安装、检测、物流等生产环节,并广泛应用于汽车整车及汽车零部件、工程机械、轨道交通、低压电器、电力、IC 装备、军工、烟草、金融、医药、冶金及印刷出版等行业。

4. 技术综合性强

工业机器人与自动化成套技术集中并融合了多项学科,涉及多项技术领域,包括工业机器人控制技术、机器人动力学及仿真程序设计、机器人构建有限元分析、激光加工技术、模块化程序设计、智能测量、建模加工一体化、工厂自动化以及精细物流等先进制造技术,技术综合性强。

5.6.3 工业机器人焊接工作站系统

焊接机器人是应用最广的一类工业机器人,在各国机器人应用比例中占总数的 40%～

60%。采用机器人焊接是焊接自动化的革命性进步，它突破了传统的焊接刚性自动化方式，开拓了一种柔性自动化新方式。焊接机器人分弧焊机器人、点焊机器人和激光焊接机器人。

焊接机器人的主要优点介绍如下：

① 易于实现焊接产品质量的稳定和提高，保证其均一性。

② 提高生产率，一天可 24 h 连续生产。

③ 改善工人劳动条件，可在有害环境下长期工作。

④ 降低对工人操作技术难度的要求。

⑤ 缩短产品更新换代的准备周期，减少相应的设备投资。

⑥ 可实现批量产品焊接自动化。

⑦ 为焊接柔性生产线提供技术基础。

下面以弧焊工作站为例介绍工作站的相关内容。

1. 工业机器人弧焊工作站的工作任务

工业机器人弧焊工作站的工作任务低压电气柜柜体的焊接生产。

低压电气柜是电气行业使用数量较大的一种产品。开关柜柜体是开关柜内工作量最大的部件。一个柜体有 80～100 条焊缝，总长 2 m 左右。柜体体积适中，非常适合用一个小型机器人弧焊工作站完成焊接工作。

柜体上的焊缝均为直线形，但空间布置复杂，内腔体积狭小且零件较多，低压电气柜柜体示意图如图 5-31 所示。由此可见，柜体焊接在焊接参数选择上不是难点，其关键在于：

① 生产流程的分配。

② 卡具的设计制造。

③ 生产节拍能否满足要求。

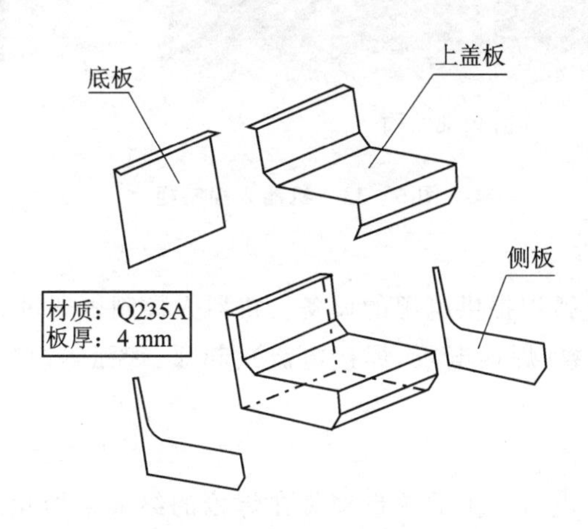

图 5-31　低压电气柜柜体示意图

2. 工业机器人弧焊工作站的组成

工业机器人弧焊工作站由机器人系统、焊枪、焊接电源、送丝装置、焊接变位机、保护气气瓶总成等组成，系统图如图 5-32 所示。

(1) 弧焊机器人

弧焊机器人包括机器人本体、控制柜以及示教器，其控制柜如图 5-33 所示。

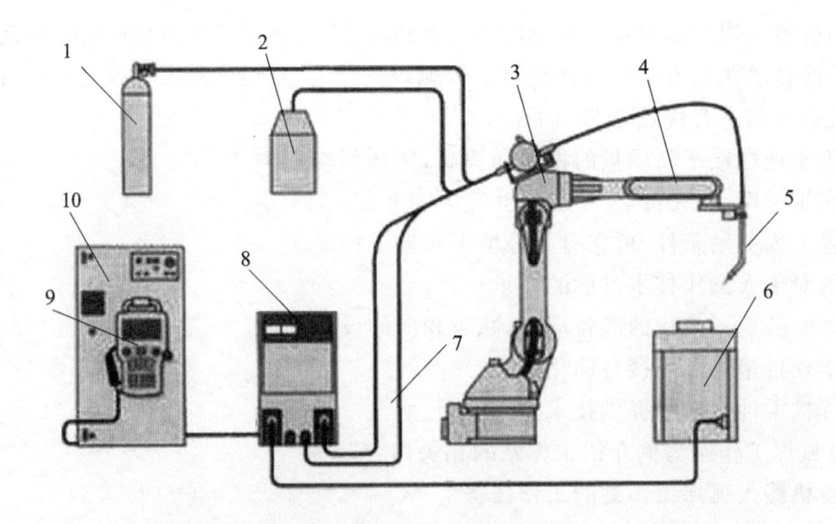

1—CO_2气(气瓶);2—焊丝桶;3—送丝机;4—机器人;5—焊枪;6—变位机(工作台);
7—供电及控制电缆;8—焊接电源;9—示教器;10—机器人控制柜

图 5-32 工业机器人弧焊系统图

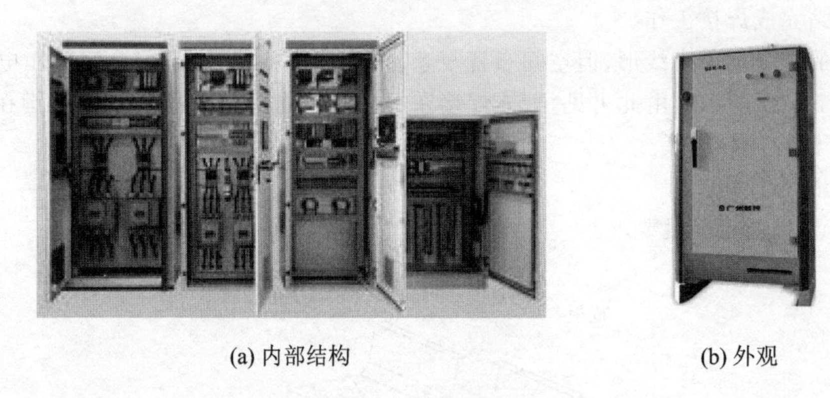

(a) 内部结构　　(b) 外观

图 5-33 机器人控制柜

(2) 弧焊焊接电源

弧焊焊接电源是为电弧焊提供电源的设备。机器人控制柜通过焊接指令电缆向焊接电源发出控制指令,如焊接参数(焊接电压、焊接电流)、起弧、熄弧等。NBM－500 型焊接电源如图 5-34 所示。

(3) 焊　枪

焊枪将焊接电源的大电流产生的热量聚集在焊枪的终端来熔化焊丝,熔化的焊丝渗透到需要焊接的部位,冷却后,被焊接的物体牢固地连接成一体。气保焊枪有电缆外置式和电缆内减式两种。本节介绍的工作站采用的是电缆外置式的焊枪。

(4) 送丝机

送丝机是焊枪自动输送焊丝装置,主要由送丝电动机、驱动轮、加压轮、送丝轮、加压螺母等组成。送丝电动机通过驱动轮驱动送丝轮旋转,为送丝提供动力,加压轮将焊丝压入送丝轮上的送丝槽,增大焊丝与送丝轮的摩擦,将焊丝修整平直,平稳进出,使进入焊枪的焊丝在焊接过程中不会出现卡丝现象。

(5) 焊接变位机

焊接变位机承载工件及焊接所需工装，如图 5 - 35 所示，主要作用是在焊接过程中实现将工件进行翻转变位，以便获得最佳的焊接位置，可缩短辅助时间，提高劳动生产率，改善焊接质量，是机器人焊接作业不可缺少的周边设备。

图 5 - 34　焊接电源

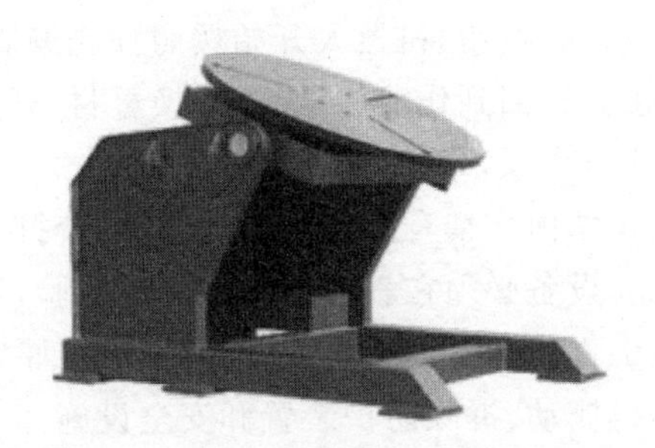

图 5 - 35　焊接变位机

(6) 集成式清枪装置

工业机器人焊枪经过焊接后，内壁会积累大量的焊渣，影响焊接质量，因此需要使用集成式清枪装置定期清除。为实现焊枪的清理，需用夹紧装置将焊枪喷嘴的柱形部位夹紧。铰刀与喷嘴和焊枪几何形状实现最佳匹配，铰刀上升至喷嘴的内表面并且进行旋转，开始清枪，对喷嘴内表面黏附的焊接飞溅物进行清除。在这个过程中，应通过电缆组件利用压缩空气对喷嘴的内表面进行吹扫。这种与吹扫功能相结合的方式，可使焊枪喷嘴内的清洁效果实现最佳化。集成式清枪装置如图 5 - 36 所示。

焊枪喷嘴清理前后对比如图 5 - 37 所示。

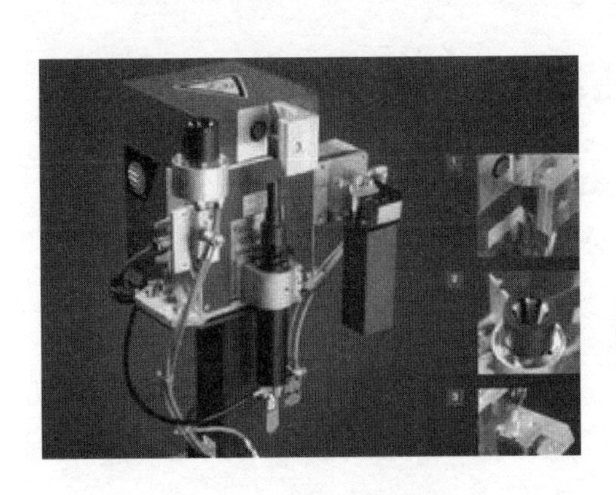

图 5 - 36　集成式清枪装置

(a) 清理前

(b) 清理后

图 5 - 37　焊枪喷嘴清理前后对比

5.6.4　工业机器人弧焊工作站的工作过程

1. 系统启动

① 机器人控制柜主电源开关合闸，等待机器人启动完毕。

② 打开气瓶、焊机电源、焊枪清理装置电源。

③ 在“示教模式”下选择机器人焊接程序，然后将模式开关转至“远程模式”。

④ 若系统没有报警，启动完毕。

2. 生产准备

① 选择要焊接的工件。

② 将工件安装在焊接台上。

3. 开始生产

按下“启动”按钮，机器人开始按照预先编制的程序与设置的焊接参数进行焊接作业。当机器人焊接完毕回到作业原点后，更换母材，开始下一个循环。

安全注意事项：

① 工作站内严禁奔跑以防滑跌伤，严禁打闹。

② 此套设备必须在教师指导下完成实验，不得私自操作。

③ 在工作站内不得穿拖鞋或赤脚，需穿厚实的鞋子。

④ 不得挪动、拆除防护装置和安全设施。

⑤ 离开工作站时，需要断掉电源。

习题与思考题

1. 机器人分类有哪些？
2. 说明机器人的主要组成。
3. 简述六轴关节机器人的自由度。
4. 简述什么是3R手腕。
5. 简述磁吸附的工作原理。
6. 工业机器人的控制系统基本组成及其功能？
7. 工业机器人伺服系统的组成是什么？
8. 机器人编程语言的分类？为什么说任务级编程是困难的？
9. 工业机器人有哪些典型的应用？
10. 请查资料说明，服务机器人现在主要有哪些，售价大概多少？
11. 机器人会带来奴役人类的灾难么？你的个人观点是什么？为什么？

第6章 柔性制造技术

随着市场对产品多样化、低制造成本及短制造周期等需求日趋迫切，同时由于微电子技术、计算机技术、通信技术、机械与控制设备的进一步发展，制造技术已经向以信息密集的柔性自动化生产方式及知识密集的智能自动化方向发展。柔性制造技术是电子计算机技术在生产过程及其装备上的应用，是将微电子技术、智能化技术等与传统加工技术融合在一起，具有先进性、柔性化、自动化、效率高的现代制造技术。柔性制造技术的发展还进一步推动了生产模式的变革，是实现计算机集成制造（CIM）、智能制造（IM）、精良生产（LP）、敏捷制造（AM）等先进制造生产模式的基础。

6.1 柔性制造系统概述

6.1.1 柔性制造系统的产生背景

制造业的发展，应满足提高生产率、降低成本、提高产品性能的要求，经过纯手工加工到全自动生产的过程，并在不断完善和提高。避开手工加工，对于大批量、少品种的生产，自动化流水线在制造业的发展史上占重要地位，它有整套连贯的制造设备和物流设备，相对稳定的加工工艺，固定的生产节拍。自动化流水线的自动化是刚性的，即刚性自动化（Fixed Automation），一套自动化流水线只生产一种产品，要改变生产品种非常困难和昂贵。

20世纪中叶，掌握先进制造技术的国外大多数大批量生产的工厂在已实现自动化生产后发现，随着制造业的发展，大批大量生产只占机械制造业的一小部分，占总量的15%～25%，而中、小批量生产占75%～85%。以日本为例，多品种，中、小批量生产企业的产量是大批量、少品种生产企业的2倍，从业人数前者是后者的4倍。由此反映出中、小批量和多品种的生产在制造业占有绝对优势，但劳动生产率却远落后于大批大量生产的企业。

现代化工业的发展，使产品的生命周期越来越短，这就要求快速缩短产品生产周期，降低成本，提高产品性能，适应不断变化的市场需求，现代化制造业是中、小批量和多品种的生产，同时，计算机技术的飞速发展，数控机床的普及，使加工具有更大的灵活性，更适合中、小批量和多品种的生产，为柔性制造系统的发展奠定良好的基础。

制造是由需求启动的，包括给予信息、改变物性、实现增值的受控造物过程。获取最大的增值一直是制造技术所追求的目标。伴随着物质生活的丰富、市场竞争加剧、客观需求越来越多样化，限制了大量生产方式的发展，迫使制造业不得不朝低成本、高品质、高效率、多品种、中小批量自动化生产方向转变。另一方面，科学技术的迅猛发展推动了自动化程度和制造水平的提高，使制造业的上述转变在技术上成为可能。在需求和技术两者的促使下，出现柔性制造系统，并迅速在制造业中得到了广泛应用。

6.1.2 柔性制造系统的定义及特征

1. 柔性制造系统的定义

柔性制造系统(Flexible Manufacturing System,FMS)的雏形源于美国马尔罗西(MALROSE)公司,该公司在1963年制造了世界上第一条加工多种柴油机零件的数控生产线。FMS的概念由英国莫林(MOLIM)公司最早正式提出,并在1965年取得了发明专利,1967年推出了名为“Molins System—24”(意为可24小时无人值守自动运行)的柔性制造系统,使FMS正式形成。此后,世界上各工业发达国家争相发展和完善这项新技术,使之在实际应用中取得了明显的经济效益。

柔性制造系统的定义是科技名词定义。中文名称为柔性制造系统;英文名称为flexible manufacturing system,缩写为FMS。

FMS至今仍未有统一、明确、公认的定义,不同的国家、企业、学者和用户往往各有各的说法,所强调的关键特征也各有差异。所以,确切地定义FMS要比具体地描述一个FMS困难得多。

中国机械部北京机械工业自动化研究所1993年编写的《制造自动化术语汇编》中,定义FMS为将自动化生产系统从少品种大批量生产型转向多品种生产型的柔性化系统。FMS包括

① 机械加工中心等加工作业机床;

② 加工对象的辅助作业工业机器人和托盘;

③ 加工对象的搬运作业工业机器人、传送带和无人搬运车;

④ 存贮工件的自动仓库;

⑤ 上述作业用的各种自动设备的管理和控制用计算机。

美国制造工程师协会(SME)的计算机辅助系统和应用协会把柔性制造系统定义为:使用计算机、柔性加工单元和集成物料储运装置完成零件族某一工序或一系列工序的一种集成制造系统。更直观的定义是:柔性制造系统是至少由两台数控机床,一套物料运输系统(从装载到卸载具有高度自动化)和一套计算机控制系统所组成的制造自动化系统。它采用简单改变软件的方法便能制造出某些部件中的任何零件。

2. 柔性制造系统的特征

对于柔性制造的定义还有的很多。但是,不管怎样,对于一个制造系统而言,它应该具备两个主要特点,即柔性和自动化。

FMS与传统的单一品种自动生产线,相对而言的,可称之为刚性自动生产线,如由机械式、液压式自动机床或组合机床等构成的自动生产线的不同之处主要在于它具有柔性。有关专家认为,一个理想的FMS应具备8种柔性。

(1) 设备柔性

设备柔性指系统中的加工设备具有适应加工对象变化的能力。其衡量指标是当加工对象的类、族、品种变化时,加工设备所需刀、夹、辅具的准备和更换时间;硬、软件的交换与调整时间;加工程序的准备与调校时间等。

(2) 工艺柔性

工艺柔性指系统能以多种方法加工某一族工件的能力。工艺柔性也称加工柔性或混流柔

性,其衡量指标是系统不采用成批生产方式而同时加工的工件品种数。

(3) 产品柔性

产品柔性指系统能够经济而迅速地转换到生产一族新产品的能力。产品柔性也称反应柔性。衡量产品柔性的指标是系统从加工一族工件转向加工另一族工件时所需的时间。

(4) 工序柔性

工序柔性指系统改变每种工件加工工序先后顺序的能力。其衡量指标是系统以实时方式进行工艺决策和现场调度的水平。

(5) 运行柔性

运行柔性指系统处理其局部故障,并维持继续生产原定工件族的能力。其衡量指标是系统发生故障时生产率的下降程度或处理故障所需的时间。

(6) 批量柔性

批量柔性指系统在成本核算上能适应不同批量的能力。其衡量指标是系统保持经济效益的最小运行批量。

(7) 扩展柔性

扩展柔性指系统能根据生产需要方便地模块化进行组建和扩展的能力。其衡量指标是系统可扩展的规模大小和难易程度。

(8) 生产柔性

生产柔性指系统适应生产对象变换的范围和综合能力。其衡量指标是前述 7 项柔性的总和。

FMS 正是将“柔性”和“自动”两者相乘,以其实现下述的倍增效果:

① 适应市场需求,以利于多品种、中小批量生产。

② 提高机床利用率,缩减辅助时间,以利于降低生产成本。

③ 缩短生产周期,减少库存量,以利于提高市场响应能力。

④ 提高自动化水平,以利于提高产品质量、降低劳动强度、改善生产环境。

6.1.3　柔性制造系统的优缺点及工艺基础

1. 柔性制造系统的优缺点

FMS 由于与传统的制造系统相比具有许多突出的优点,所以一经问世就引起了工业界的极大重视,各工业化国家有关部门纷纷投入极大的人力、物力和财力积极研究、开发。FMS 的优点在许多技术文献中已有详细叙述,本节不再讨论具体内容,仅罗列其主要条目:

① 高柔性制造能力;

② 高设备利用率,典型的数据为 75%～90%;

③ 减少设备费用;

④ 减少占地面积,典型的可减少 20%～50%;

⑤ 减少直接劳动费用,可节约 30%～50%;

⑥ 减少生产准备时间,压缩在制品数量,改善对市场的响应能力;

⑦ 简化制造并提高经营控制能力;

⑧ 缓慢的系统衰变,即制造系统在意外情况下可降级运行;

⑨ 高产品质量;

⑩ 可实现准时制制造；

⑪ 高经济效益；

⑫ 允许分阶段投资与运行。

尽管 FMS 有许多优点，但是工业实践已证实发展 FMS 还有一些困难，或者说 FMS 还存在缺点。正是由于这些困难或缺点，使得许多企业对 FMS 缺乏信心，望而却步，不敢做出采用这种新技术的决策；也正是由于这些难点，促进了 FMS 技术观点的变化与进步。发展 FMS 的难点主要表现在以下几点。

(1) 投资高昂

FMS 价值昂贵，视 FMS 构成规模的大小，一般需要 500 万～7 000 万美元的投资，这还不包括支持 FMS 运行环境建设的费用。这对于财源有限的中小企业来说是难以承受的，即使是技术与经济承受能力较强的大公司和大企业，采用 FMS 也有很大的风险，决策者须有足够的勇气和胆略。

(2) 周期长

FMS 系统技术复杂，开发、研制、调试一套 FMS 系统需要较长的周期，从提出开发一个系统的概念到具体实现，往往需要 5～6 年的时间，甚至更长。若要完全满足用户的要求则需更长的时间。典型的 FMS，仅调试周期通常就需要半年，有的甚至一年后还不一定能完全正常运行。调试一套大型 FMS 可能需要 18 个月，而使系统在良好的性能状态下运行可能再需要 18 个月。对于一个企业来说，如果一项新的技术投资在 3～5 年内得不到良好的回报，往往会导致他们失去信心。

(3) 高技术支持需求

企业建立 FMS 需要相当高的物质和技术知识支持，必须拥有熟悉这一领域的人才(领域专家和科技队伍)，建成后维持系统正常运行也需要一支具备高级技能的队伍。

(4) 有限的“柔性”

FMS 尽管具有高柔性，但是这种柔性仍然限于特定的范围。比如，加工箱体零件的 FMS 就不能用于加工旋转体、冲压件等。同样是箱体零件的 FMS，用于加工变速箱体零件的 FMS 就不一定适合于加工发动机汽缸体。因此，一个 FMS 系统建成后，改变加工对象(一种固有柔性)是比较困难的。

2. 柔性制造系统工艺基础

FMS 的工艺基础是成组技术，它按照成组的加工对象确定工艺过程，选择相适应的数控加工设备和工件、工具等物料的储运系统，并由计算机进行控制，故能自动调整并实现一定范围内多种工件的成批高效生产(即具有“柔性”)，并能及时地改变产品以满足市场需求。

FMS 兼有加工制造和部分生产管理两种功能，因此能综合地提高生产效益。FMS 的工艺范围正在不断扩大，可以包括毛坯制造、机械加工、装配和质量检验等。投入使用的 FMS，大都用于切削加工，也有用于冲压和焊接的。

图 6-1 所示是一个典型柔性制造系统示意图。该系统由 4 台卧式加工中心、3 台立式加工中心、2 台平面磨床、2 台自动导向小车、2 台检验机器人组成，此外还包括自动仓库、托盘站和装卸站等。在装卸站由人工将工件毛坯安装在托盘夹具上；然后由物料传送系统把毛坯连同托盘夹具输送到第一道工序的加工机床旁边，排队等候加工；一旦该加工机床空闲，就由自动上下料装置立即将工件送上机床进行加工；当每道工序加工完成后，物料传送系统便将该机

床加工完成的半成品取出，并送至执行下一道的机床处等候。如此不停地运行，直至完成最后一道加工工序为止。在这整个的运作过程中，除了进行切削加工之外，若有必要还需进行清洗、检验等工序，最后将加工结束的零件入库储存。

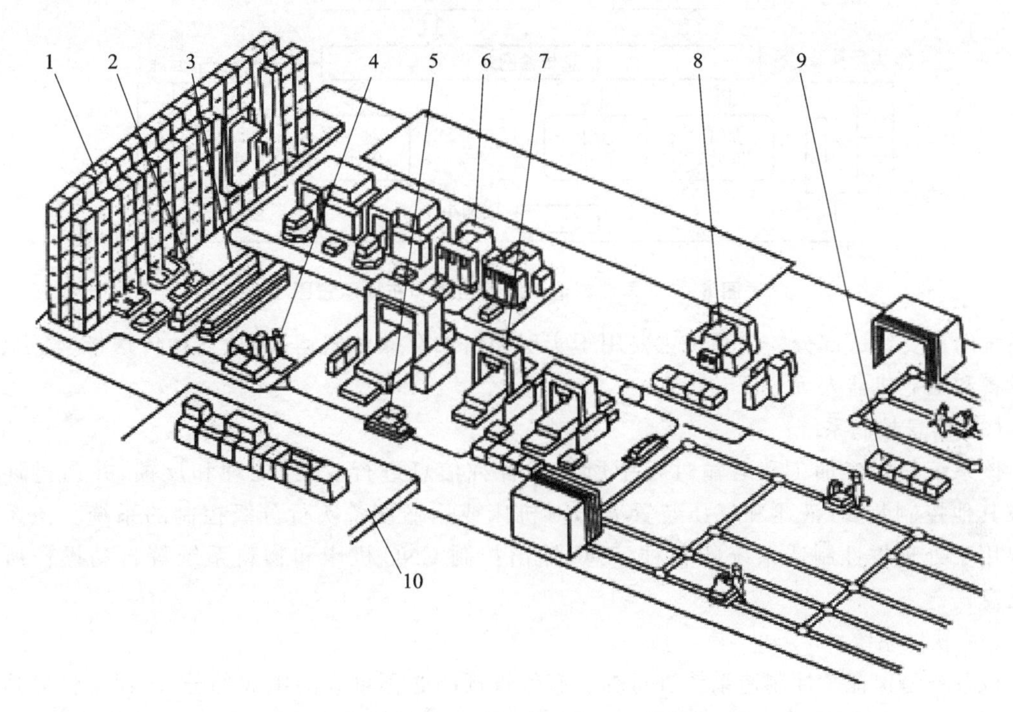

1—自动仓库；2—装卸站；3—托盘站；4—检验机器人；5—自动小车；6—卧式加工中心；7—立式加工中心；8—磨床；9—组装交付站；10—计算机控制室

图 6-1　典型的柔性制造系统示意图

6.2　柔性制造系统的组成

6.2.1　FMS 的基本组成

柔性制造系统(flexible manufacture system，FMS)是一种在计算机系统的统一控制和管理之下，用传输装置和自动装卸装置将加工设备连接起来的自动化制造系统，适用于中小批量和多品种零部件的高效率加工。其基本组成与布局如图 6-2 所示。

柔性制造系统一般由以下 4 个部分组成。

(1) 自动加工系统

该系统是指以成组技术为基础，把外形尺寸(形状差异不大)和质量大致相似、材料相同、工艺相似的零件，集中在 1 台或数台数控机床或专用机床等设备上进行生产的加工系统。柔性制造系统的加工设备一般由多台自动化程度很高的数控设备共同组成，主要包括加工中心、切削中心以及采用计算机控制的其他种类机床，用于完成不同工序。

(2) 物料运输系统

该系统是指由多种运输装置构成，实现工件和加工刀具等的供给与传送的系统，是柔性制

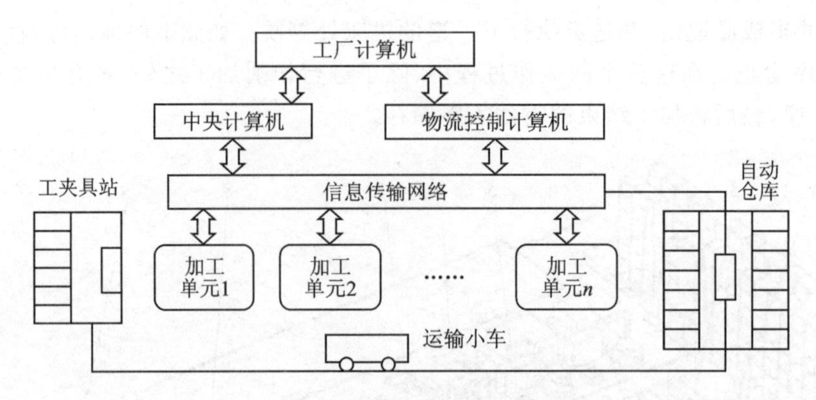

图 6-2　柔性制造系统的组成和布局示意图

造系统的主要组成部分。该系统主要用于实现物料的存储和搬运，包括各种传送带、轨道、起吊设备和工业机器人等。

(3) 信息控制系统

该系统是指对加工和运输过程中所需的各种信息进行收集、处理和反馈，并通过计算机或其他控制装置(液压和气压装置等)，对机床或运输设备实行分级控制的系统。该系统主要用于处理柔性制造系统的各种信息，输出控制 CNC 机床和物料系统等自动操作所需的信息。

(4) 软件系统

该系统是保证柔性制造系统进行综合有效管理的必不可少的组成部分，确保柔性制造系统能够有效地适应中小批量及多品种生产的管理、控制及优化工作。该系统主要包括了设计规划、生产过程分析、生产过程调度、系统管理以及监控等软件。柔性制造系统适合于年产量 1 000～100 000 件之间的中小批量生产。

6.2.2　FMS 的自动加工系统

1. 加工系统在 FMS 中的角色

(1) 加工系统的作用

加工系统是 FMS 最基本的组成部分，也是 FMS 中耗资最多的部分，担任把原材料转化为最终产品的任务。柔性制造系统是一个计算机化的自动制造生产系统，允许最少的人的干预，加工任一范围的零件族工件。用于把原料转变为最后产品的设备称为加工设备，如机床、冲孔设备、装配站、锻造设备等。加工设备与托盘等一些部件构成了 FMS 的加工系统。加工系统中所需设备的类型、数量、尺寸等均由被加工零件的类型、尺寸范围和批量大小来决定。目前，主要有两类零件在 FMS 中加工，即棱柱体类零件(包括箱体形，平板形等)和回转体类零件。换句话说，加工系统的结构即取决于被加工零件的类型、形状、尺寸、精度要求，也取决于批量大小及自动化程度。由于柔性制造系统加工的产品零件多种多样，且其自动化水平相差甚大，因此构成柔性制造系统的机床有很多种。可以是单一机床类型的，即仅由数控机床、车削加工中心(TC)或适合系统的单一类型机床构成的 FMS，称之为基本型的系统；也可以是以数控机床、数控加工中心(MC)为结构要素的 FMS；还可以是由普通数控机床，数控加工中心及其他专用设备构成的多类型的 FMS。

(2) 选择系统的原则

纳入FMS运行的机床,应当是可靠、自动化、高效率的加工设备。在选择时,要考虑到该FMS加工零件的尺寸范围、经济效益、零件的工艺性、加工精度和材料等。换言之,FMS的加工能力完全由其所包含的机床来确定的。现在,加工棱体类零件的FMS技术比加工回转体零件的更成熟。对于棱体类零件,机床的选择通常都在各种牌号的立式和卧式加工中心以及专用机床(如可换主轴箱的、转位主轴箱的)之中进行。

为了适应纯粹的棱体零件与带有大孔或圆支撑面棱体零件的加工,可以采用立式砖塔车床。对于长度、直径比小于2的回转体零件,如需要进行大量铣、钻和攻丝加工的圆盘、轮毂或轮盘,通常也是放在加工棱体零件的FMS中进行加工。系统若由加工中心与立式转塔车床组成,尤其是当立式转塔车床与卧式加工中心结合使用时,通常每种零件全部都需要较多的夹具,因为这两种机床的选择轴不同。这个问题可以通过在卧式机床采用可倾式回转台来解决。但也应当考虑到在标准加工中心上增加一可倾式回转工作台将大大增加其成本(因为事实上已成为一台五坐标机床),此外,托盘、夹具和零件都悬伸出工作台外,下垂和加剧磨损等,使精度大大降低。

加工纯粹回转体零件(杆和轴)的FMS技术现在仍处在发展阶段。可以把具有加工轴类和盘类工件能力的标准CNC车床结合起来,构成一个加工回转体零件的FMS。

数控加工中心的类型很多,可以是基本形式的卧式或立式三坐标机床,这些机床只加工工件的一个侧面(或者能进行邻近几个面上的一些有限的加工)。这种方法一般需要多次装夹才能完成每个工件的加工。每次装夹后都由一个单独的零件程序处理,并且可以在同一台机床或不同机床上加工,这要取决于作业调度和生产线上的每台机床的刀具配套情况。若在卧式加工中心上增加一个或两个坐标轴(如称为第四个坐标轴的托盘旋转,称为第五坐标轴的主轴头倾斜),就可以对工件进行更多表面的加工。要在立式加工中心上实现同样的工件多面加工,必须在基本机床上增加一个可倾式回转工作台。如果不考虑所增加的成本,这种方案对于小型的托盘和工件的加工还是很好的。

除这种多轴加工能力外,还可在一套托盘/夹具上装夹一个以上的工件。它可以使一个特定FMS的生产能力有所提高。通常第五个坐标轴用来满足一些非正交平面内的特殊加工需要或解决一些特殊范围的问题。

在一套FMS上待生产的零件族决定着加工中心所需要的功率、加工尺寸范围和精度。一条生产线用不同机床的配合来达到某一范围的精度要求是很普遍的。但是,如果用一台高精度机床来达到孔的特殊公差要求,整个生产线的作业就要取决于这台机床的正常运行时间,因为没有功能的余度(即冗余功能)。离线加工这些高精度孔可能更好,从调度的观点看,最有效的办法是所有机床都采用同一型号的机床以保证充分的余度。但是,由于工件的加工要求不同,必须放弃这种设想。

除了功率、加工尺寸范围和精度要求之外,选择FMS的加工中心还可能会进一步受到与物料运储系统连接问题的限制。

FMS的所有加工中心都具有刀具存储能力,采用鼓形、链形等各种形式的刀库。为了满足FMS内零件品种对刀具有要求,通常要求有很大的刀具存储容量。在一个刀库中经常需要100个以上的刀座。这样的容量和某些刀具重量,特别是大的镗杆或平面铣刀,都要求对刀具传送和更换机构的可靠性给以足够的重视。

2. FMS 对机床的要求及配置

(1) FMS 对机床的要求

一般来说,纳入 FMS 运行的机床主要有三个特点,即工序集中、高柔性与高生产率、易控制性。

工序集中是 FMS 中机床的最重要的特点。由于柔性制造系统是高度自动化的制造系统,价格昂贵,因此要求加工工位的数目尽量少,并能接近满负荷工作。此外,加工工位少可以减轻工件流的输送负担,还可保证零件的加工质量。所以工序集中成为柔性制造系统中的机床的主要特征。

机床的另一个特点是高柔性高生产率。为了满足生产柔性化和高生产率要求。近年来在机床结构设计上形成两个发展趋向:柔性化组合机床和模块化加工中心。所谓柔性化组合机床又称为可调式机床,如自动更换主轴箱机床和转塔主轴箱机床。这就是把过去适合大批量生产的机床进行柔性化。模块化加工中心就是把加工中心也设计成由若干通用部件、标准模块组成,根据加工对象的不同要求组合成不同的加工中心。

机床的第三个特点是易控制性。柔性制造系统是采用计算机控制的集成化的制造系统,所采用的机床必须适合纳入整个控制系统。因此,机床的控制系统要能够实现自动循环,能够适应加工对象改变时易于重新调制的要求。

另外,FMS 中的所有设备受到本身数控系统和整个计算机控制系统的调度、指挥,要能实现动态调度、资源共享、提高效率,就必须在各机床之间建立必要的接口和标准,以便准确及时地实现数据通信与交换,使各个生产设备、运储系统、控制系统等协调地工作。

(2) FMS 机床的配置形式

FMS 适用于中小批量生产,既要兼顾对生产率和柔性的要求,也要考虑系统的可靠性和机床的负荷率。因此,就产生了互替形式、互补形式以及混合形式等多种类型的机床配置方案,如图 6-3 所示。

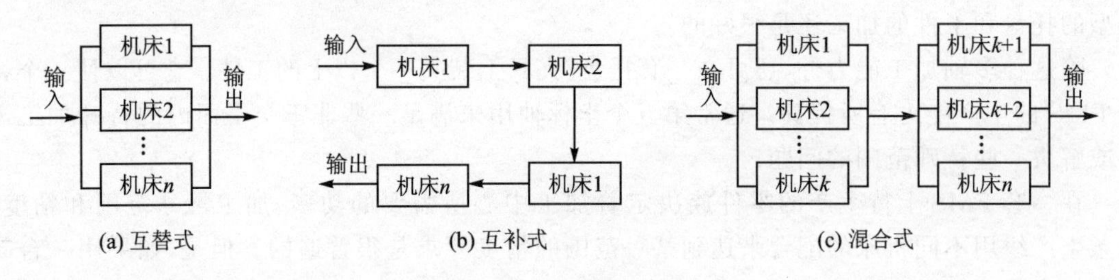

图 6-3 机床配置形式

所谓互替机床就是纳入系统的机床是可以互相代替的。例如,有数台加工中心组成的柔性制造系统,由于在加工中心上可以完成多种工序的加工,有时一台加工中心就能完成箱体的全部工序,工件可随机地输送到系统中任何恰好空闲的加工工位。这样的系统具有较大柔性和较宽的工艺范围,而且可以达到较高的利用率。从系统的输入和输出来看,它们是并联环节,因而增加了系统的可靠性,即当某一台机床发送故障时,系统仍能正常工作。

所谓互补就是纳入系统的机床是互相补充的,各自完成某些特点的工序,各机床之间不能互相取代,工件在一定程度上必须按顺序经过各加工工位。它的特点是生产率较高,对机床的技术利用率较高,即可以充分发挥机床的性能。

从系统的输入和输出的角度来看，互补机床是串联环节，它降低了系统的可靠性，即当一台机床发生故障时，系统就不能正常工作。

互替机床和互补机床的特征比较列于表 6－1 所示。

表 6－1　互替机床和互补机床的特征比较

特　征	“互替”机床	“互补”机床
简　图	输入 → 机床1 / 机床2 / ⋮ / 机床n → 输出	输入 → 机床1 → 机床2 → 机床1 → 机床n → 输出
柔　性	较　高	较　低
工艺范围	较　宽	较　窄
时间利用率	较　高	较　低
技术利用率	较　低	较　高
生产率	较　低	较　高
价　格	较　高	较　低
系统可靠性	增　加	减　少

现有的柔性制造系统大多是互替机床和互补机床的混合使用，即 FMS 中的有些设备按互替形式布置，而另一些机床则以互补方式安排，以发挥各自的优点。

在某些情况下个别机床的负荷率很低，例如基面加工机床（对铸件通常是铣床，对回转体通常是铣端面打中心孔机床等）所采用的切削用量较大，加工内容简单，单件时间短。加上基面加工和后续工序之间往往要更换夹具，要实现自动化也有一定困难。因此常将这种机床放在柔性系统外，作为前置工区，由人工操作。

当某些工序加工要求较高或实现自动化还有一定困难时，也可采用类似方法，如精镗加工工序、检验工序、清洗工序等可作为后置工区，由人工操作。

3. 机床辅具及自动上下料装置

（1）机床夹具

在机床上对工件进行加工时，为了保证加工表面的尺寸和位置精度，需要使工件在机床上有一准确的位置，并在加工过程中能承受各种力的作用而始终保持这一准确位置不变。在机床上装夹工件所使用的工艺装备称为机床夹具。由于 FMS 所加工的零件类型多，其夹具的结构种类也多种多样。

FMS 机床夹具的合理选用具有如下主要作用：易于保证加工精度，并使一批工件的加工精度稳定；缩短辅助时间，提高劳动生产率，降低生产成本；减轻工人操作强度，操作要简捷、方便、安全；扩大机床的工艺范围，实现一机多能；减少生产准备时间，缩短新产品试制周期。

目前，用于 FMS 机床的夹具有两个重要的发展趋势：其一，大量使用组合夹具，使夹具零部件标准化，可针对不同的加工对象快速拼装出所需的夹具，使夹具的重复利用率提高；其二，开发柔性夹具，使一台夹具能为多个加工对象服务，图 6－4 所示为德国斯图加特大学研究所利用双向旋转原理研制的柔性夹具。

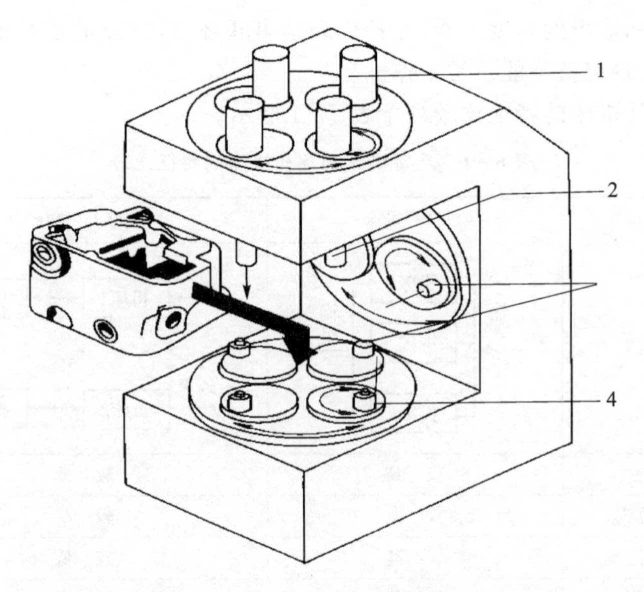

1—液压缸；2—夹紧元件；3—支撑元件；4—定位元件

图 6-4　柔性夹具

(2) 托　盘

它是 FMS 加工系统中的重要配套件。对于棱柱体类工件，通常是在 FMS 中用夹具将它安装在托盘上，进行存储、搬运、加工、清洗和检验等。因此在物料(工件)流动过程中，托盘不仅是一个载体，也是各单元间的接口。对加工系统来说，工件被装夹在托盘上，由托盘交换器送给机床并自动在机床支撑座上定位、夹紧、这时托盘相当于一个可移动的工作台。又由于工件在加工系统中移动时，托盘及装于其上的夹具也跟随着一起移动，故托盘连同装于其上的夹具一起被称为随行夹具。

加工系统对托盘的要求有：在加工设备，托盘交换器及其他存储设备中能够通用；机械结构合理、材料性能稳定，有足够的刚度，能在大切削力的作用下不变形或变形量微小，使用寿命长；工件在托盘上装夹方便，精度高；托盘被送往机床后能快速、准确定位，夹持安全、可靠，且都是自动进行；在加工循环中不需要人工的任何干预；能在加工过程中的苛刻环境(如切削热、湿气、振动、高压切削液等)下可靠工作；定位、夹紧和排屑等，不影响工件的精度和已加工完的工件表面质量；便于控制与管理，保证在安装工件、输送及加工中不混乱和不出差错。

托盘结构形状一般类似于加工中心机床的工作台，通常为正方形结构，它带有大倒角的棱边和 T 形槽，以及用于夹具定位和夹紧凸榫，以保证装夹和自身的定位。图 6-5 所示为 ISO 标准规定的托盘基本形状。

(3) 自动上下料装置

这里所谓的自动上下料装置是指机床与托盘站之间工件/托盘的装卸装置，常见的这类装置有托盘交换装置(automated pallet changing ，ACP)、多托盘库运载交换器、机器人等。

托盘交换装置是连接 FMS 加工设备和物料运送系统的桥梁。它不仅起连接作用，还可作为工件的暂时存储器，当系统阻塞时起到缓冲作用。常用的托盘交换装置有下面两种形式：

1) 往复式托盘交换装置

图 6-6 所示为 6 位往复式两托盘交换装置，它由一个托盘库和一个托盘交换器组成，托

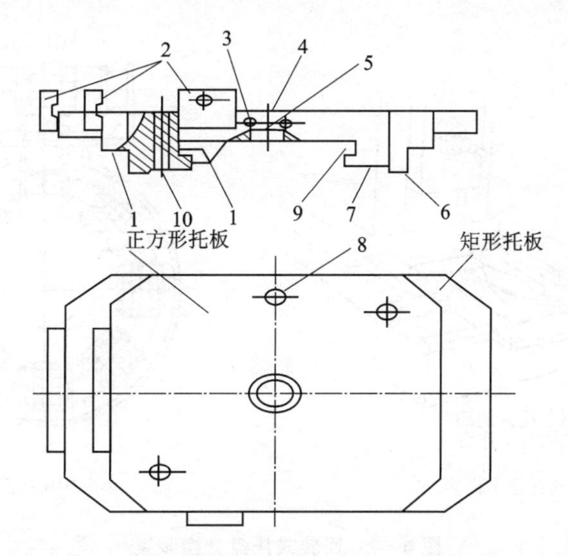

1—托盘导向面；2—侧面定位面；3—安装螺孔；4—工件安装面；5—中心孔；
6—托盘搁置面；7—底面；8—工件固定孔；9—托盘夹紧面；10—托盘定位面

图 6-5　ISO 标准规定的托盘基本形状

盘库可以存放 5 个托盘。当机床加工完毕后，工作台横向移动到卸料位置，将装有加工好的工件托盘移至托盘库的空位上；然后工作台横移装料位置，托盘交换器再将待加工的工件移至工作台上。带有托盘库的交换装装置允许在机床前形成一个小小的待加工零件队列，以起到小型中间储料库的作用，补偿随机和非同步生产的节拍差异。

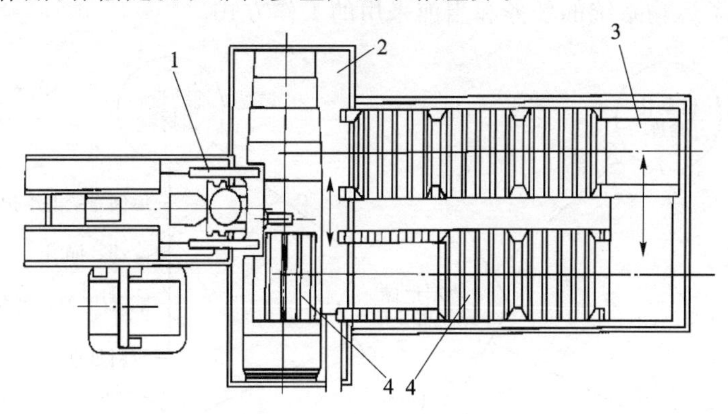

1—加工中心；2—工作台；3—托盘库；4—托盘

图 6-6　往复式托盘交换装置

2）回转式托盘交换装置

回转式托盘交换装置通常与分度工作台相似，有两位、四位和多位等形式。多位的托盘交换装置可以存储若干工件，所以也被称为托盘库。两位的回转式托盘交换器如图 6-7(a)所示，其上有两条平行的导轨以供托盘移动导向之用，托盘的移动和交换器的回转通常由液压驱动。这种托盘交换器有两个工作位置，前方是待交换位置，机床加工完毕后，交换器从机床工作台上移出装有已加工零件的托盘，然后旋转 180°，将装有待加工零件的托盘再送到机床的加工位置。图 6-7(b)所示为八位的托盘库，具有一个装卸工位和一个交换工位。由于设置了托盘自动交换器，工件的装卸时间得到了大幅度缩减。

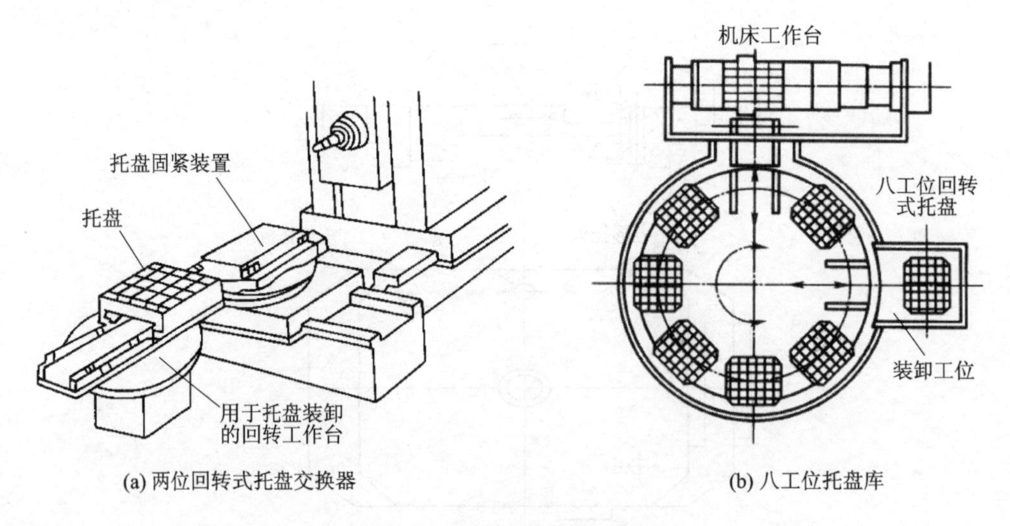

(a) 两位回转式托盘交换器　　(b) 八工位托盘库

图 6－7　回转式托盘交换装置

6.2.3　FMS 物料运储系统

FMS 的运储系统的任务主要有以下三方面：

① 原材料、半成品、成品运输和存储；

② 刀具、夹具的运输和存储；

③ 托盘、辅助材料、废品和备件的运输和存储。

图 6－8 总结了运输系统的任务和当前采用的工作方式。

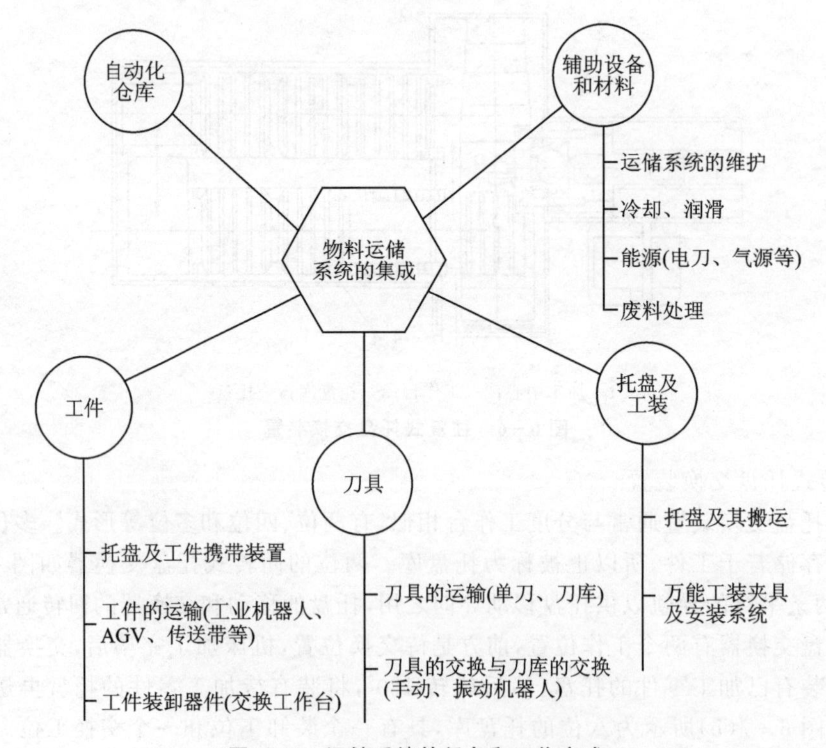

图 6－8　运储系统的任务和工作方式

1. 零件自动运输系统的组成和基本形式

(1) FMS 的总体布局

零件自动运输系统的组成与 FMS 总体布局有着密切的关系。因此在讨论零件自动运输系统的组成之前，首先介绍一下 FMS 总体布局的原则。根据各方面条件的考虑，系统的总体布局可概括为以下 5 种布局原则，参考图 6-9 所示。

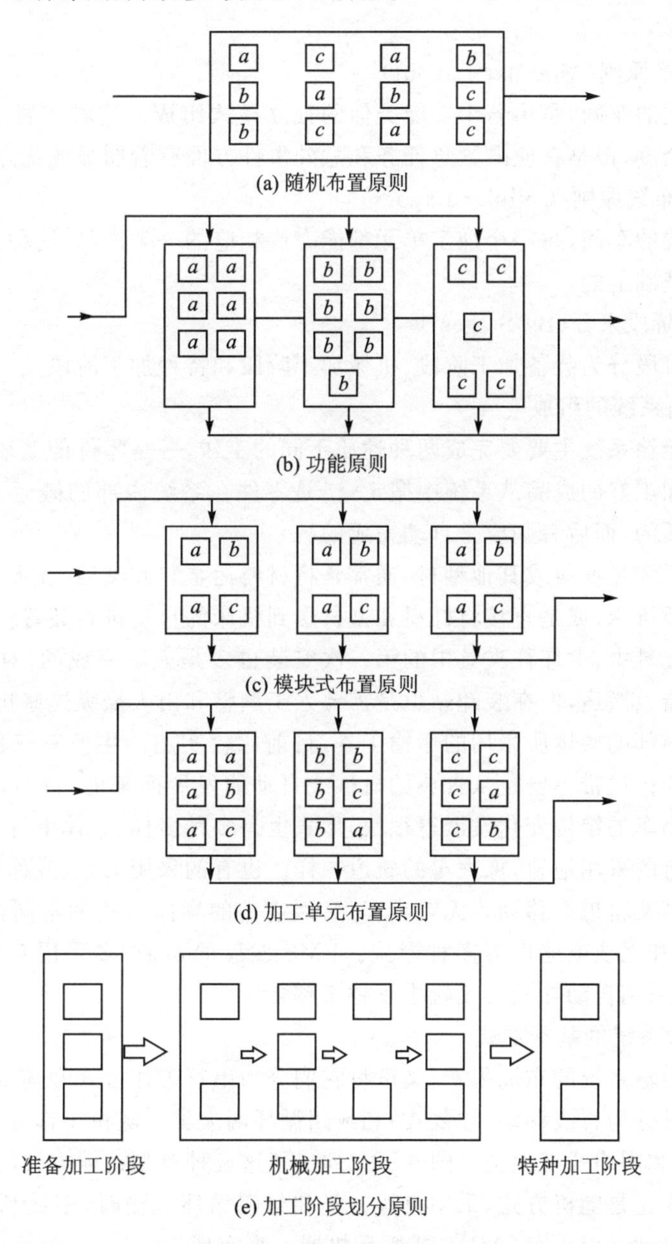

(a) 随机布置原则

(b) 功能原则

(c) 模块式布置原则

(d) 加工单元布置原则

(e) 加工阶段划分原则

图 6-9　FMS 总体布局原则

1) 随机布局原则(Random Layout)

这种布局方法是将若干机床随机地排列在一个长方形的车间内。它的缺点是非常明显的，只要多于两台机床，运输路线就会非常复杂。

2）功能原则(Functional Layout)

功能原则也叫工艺原则。这种布局方法是根据加工设备的功能分门别类地将同类设备组织到一起，如车削设备，镗铣设备、磨削设备，等等，这样，工件的流动方向是从车间的这一头流向另一头。这是一种典型的按工种分类的车间。这种布局方法的零件运输路线也比较复杂，工件的加工路线，并不一定总是车、铣、磨这样流动，有时也会方向流动，如车、铣加工以后又进行车削加工。

3）模块式布置原则(Modular Layout)

这种布置方式的车间，是由若干功能类似的独立模式组成。这种布置方式看来好像增加了生产能力的冗余度，但是在应酬紧急任务和意外事件方面有着明显的优点。

4）加工单元布置原则(Cellular Layout)

采用这种布置的车间，每一个加工单元都能完成相应的一类产品，这种构思的产生是建立在成组技术思想基础上的。

5）根据加工阶段来分(By Stages)

将车间加工阶段分为装备加工阶段、机械加工阶段和特种加工阶段。

(2）自动运输系统的组成

零件的自动运输系统主要要完成两种性质不同的工作，一是零件的毛坯、原材料由外界搬运进系统以及将加工好的成品从系统中搬走；二是零件在系统内部的搬运。在一般情况下前者是需要人工干预的，而后者则应是自动完成的。

如果零件的毛坯是杆料或其他型材，通常是将材料运至装卸站后，在人工干预的情况下装进中央仓库或切断机床，或是直接将杆料和型材送到机床的自动进料装置。若是锻铸毛坯，则必须将毛坯装进夹具中，毛坯往夹具中的第一次安装也多是人工完成的，对于重型零件，还应采用起重机或机器人搬运，但在装卸站也是需要人工调整和由人操纵这些机器人和起重机。

零件在系统内部的搬运所采用的运输工具，目前比较实用的主要有三种：传送带、运输小车和搬运机器人。传送带主要是从古典的机械式自动线发展而来的，目前新设计的系统用得越来越少。运输小车的结构变化发展得很快，形式也是多种多样，大体上可分为无轨和有轨两大类。有轨小车有的采用地轨，像火车的轨道一样。也有的采用天轨，或称高价轨道即是把运输小车吊在两条高架轨道上移动。无轨小车，又因它们的导向方法的不同，分为有线导向、磁性导向、激光导向和无线电遥控等多种形式。FMS 发展的初期，多采用有轨小车，随着 FMS 控制技术的成熟，采用自动导向的无轨小车越来越多。

(3）自动运输系统的基本形式

从零件自动运输系统的布局来看，又可将它们分为串行工作方式和随机工作方式两大类，串行工作方式又可分为直线移动(往复式)和封闭循环两大类。随机工作方式又可分为直线往复式、封闭循环式和网络式三大类。图 6－10 列出了这五种典型运输方式的示意图。

不论串行方式还是随机方式，采用直线往复和封闭循环运输时，多数利用传输带来实现。而网络式则利用自动导引小车(AGV)或搬运机器人来实现。

FMS 发展的早期，可能是受机械式自动线的影响多采用直线往复式封闭循环的运输方式，图 6－11 和图 6－12 就是两个直线移动的方式的例子。图 6－11 的特点是机床排列在运输线的一边，图 6－12 所举的例子也是一种直线往复式运输方式，两台水平式加工中心，位于 AGV 的导向导轨的一端，彼此面对面排列。导轨的另一端是装卸站。中间部分，导轨的两边

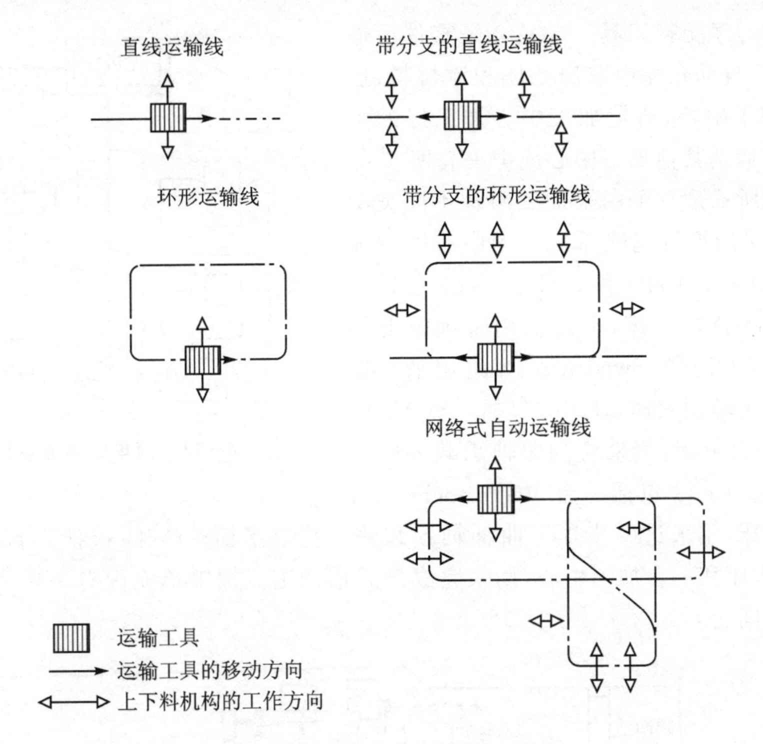

图 6－10　典型运输方式的示意图

并列排放着 19 个托盘站(包括小车上的托盘共有 20 个)。

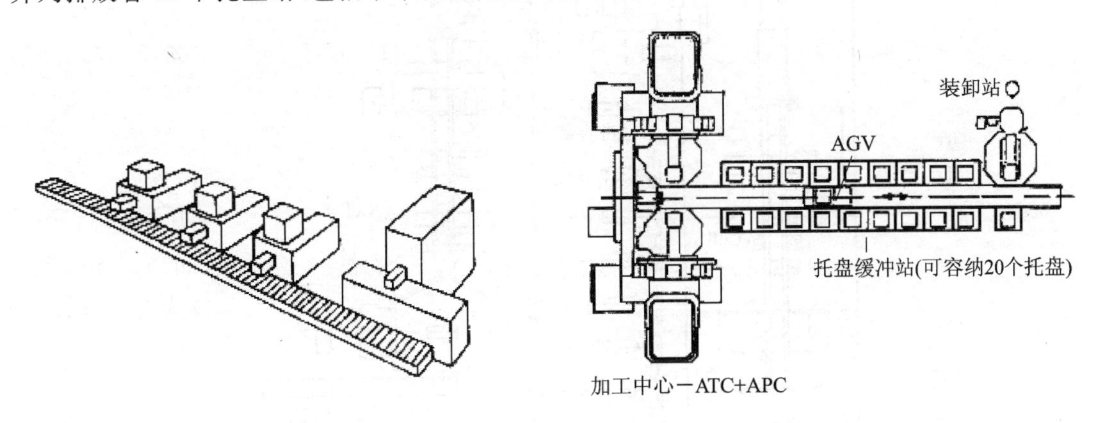

图 6－11　直线往复式运输方式之一　　**图 6－12　直线往复式运输方式之二**

该系统用来加工 50 种不同的铝铸件,批量大约为每月 50 件/种,有齿轮箱、法兰盘等。工件的基面加工由车间另外配置的一台加工中心和两台钻床来完成,以便保证工件在托盘上定位的精度。工人在装卸站将工件安装在相应的托盘中的同时,将托盘号和零件号输入给计算机,计算机根据调度计划,可以命令 AGV 在哪里装卸工件,并指令加工中心,调用加工程序控制加工。

图 6－13 和图 6－14 所示则是两种循环式的布置,循环式布置的搬运工具可以用导轨也可以是各种形式的无轨小车。图 5－13 是一个简单的循环系统,用了两台运输小车,AGV1 和 AGV2,AGV1 是刀具运输小车,它的任务是将中央刀具库的刀具分别运到四台加工中心处,

与加工中心的刀库交换刀具。AGV2 是零件运输小车，任务是从自动仓库中取出毛坯和原材料，运送至各加工加工中心，再把加工中心加工好的半成品或成品搬运到其他加工中心或中央仓库。

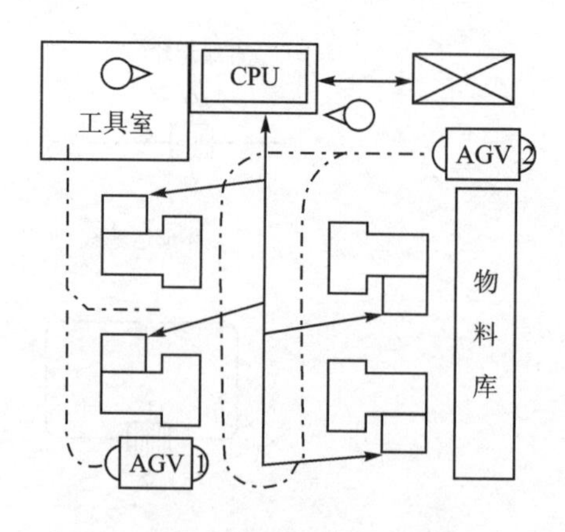

6-13　简单的环形运输系统

图 6-14 所示是一个用来加工两种不同类型曲轴的 FMS，采用循环运输系统。图中有四种加工单元，Cell1，Cell2，Cell3 和 Cell4。Cell1 包括一台 Swedturn 18CNC 车床，平衡机用来确定毛坯的中心线，并打上记号，Swedturn 18 是用来粗加工法兰盘面和主轴颈表面。Cell2 包括一台 VDF-CNC 铣床和一台车床，用来铣削曲轴承载表面和车削平衡重块。Cell3 包括一台 VGF Bochringer 铣床和一台车床，用来进一步加工曲轴轴颈和两个孔口平面。Cell4 包括一台精密的 Swedturn 18CNC 车床和一台加工中心，用来完成最后精加工。加工单元内有一桥式上料器，服务于两台机床之间。

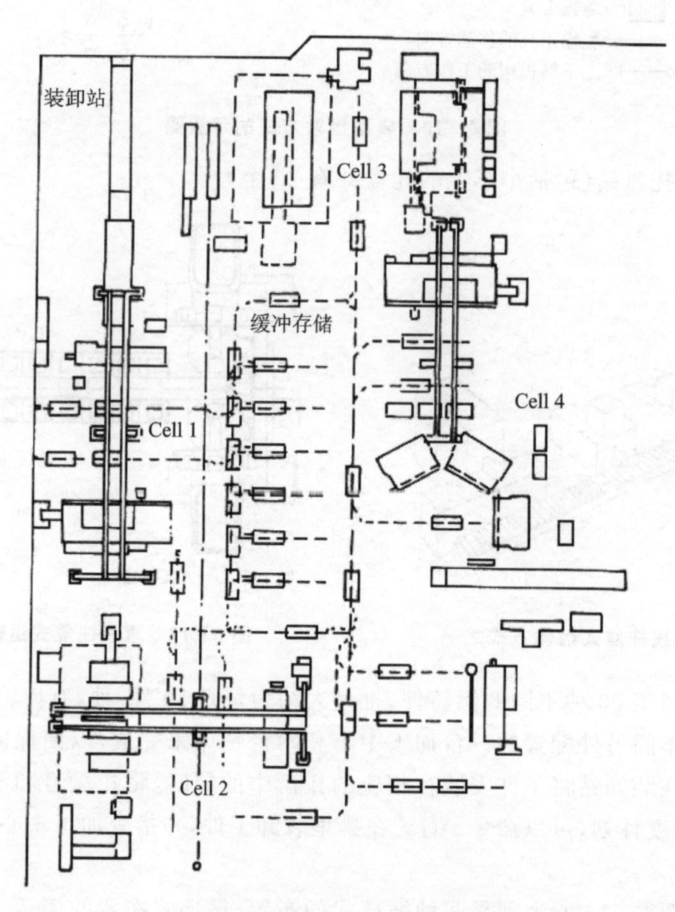

图 6-14　加工曲轴 FMS 采用的环形运输系统

零件的毛坯由装卸站进入系统，进入系统之前没有任何准备工序，操作人员在装卸站使用吊车将铸钢毛坯装在传送带上,传送带把它们送到第一个加工单元。传送带可装载 15 个曲轴,足够 1.5 h 加工的需要。Cell1 的桥式上料器拣起曲轴,送至机床上加工或放到托盘上待加工,每个托盘上可放置 5 个工件。加工过的零件也由上料器送回托盘,等待运走。自动输送小车根据控制计算机的命令,可将一个单元的零件连同托盘送到另一个单元。托盘在单元内放在一个支架上,小车进入托盘的下面,小车的台面自动升起,就将托盘连同工件装到小车上。此后,就可以将工件连同托盘送到另一个加工单元。小车走到另一单元后,停在安放托盘的支架下面,小车的台面自动落下,托盘连同工件就停放在支架上。再根据加工命令,由桥式上料器将托盘上的工件搬运到机床上进行加工。

如果工件在运输过程中发现正在送往某个单元的托盘支架已经占用,就将托盘先送往托盘缓冲存储库,等该单元中的托盘支架空出后,再将存在缓冲库中的托盘取出,送往应当送往的单元中。缓冲库最多可存放 6 个托盘,也就是有 30 根曲轴的容量。

图 6-15 是一个网络式运输系统的例子,运输路线可以有几条封闭环路,网络式运输系统便于小车寻找最优的运输路径。

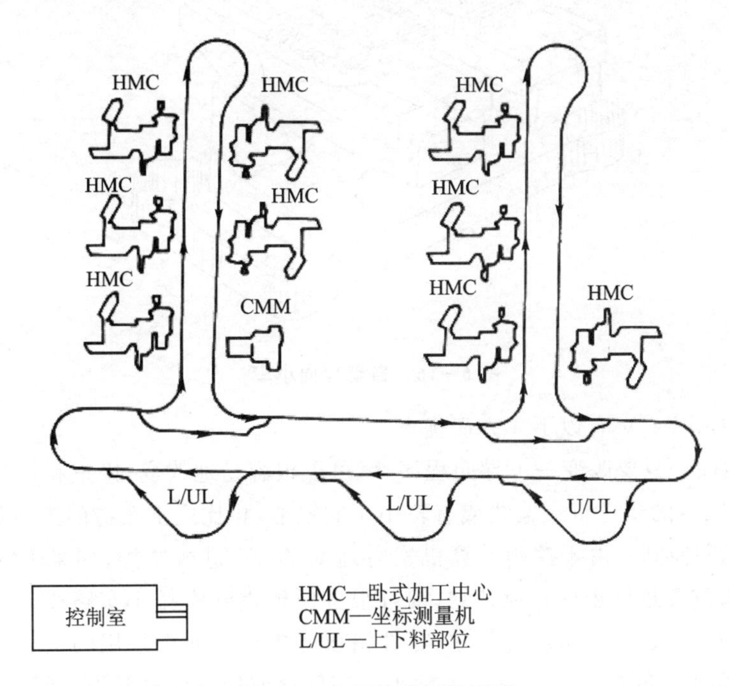

图 6-15　网络式运输系统

该系统是休斯飞机公司为了加工种类不多的铝合金壳体零件而设计的 FMS 生产线。加工种类为 5～6 种,批量为 4 500～7 000 件/年,属中批量生产。系统由 9 台加工中心、1 台坐标测量机组成。每台加工中心和测量机都配备有一个专门的托盘短程传送装置,它把 600 mm×600 mm的工件托盘连同工件,从物料传送线上取下,送至机床;或将工件托盘从机床上取下,送至物料运输线。

运输系统采用的运输工具为一种用牵引索牵引的小车,它可以自动地把工件输送到各台加工中心或坐标测量机。图中的箭头标出了运输小车行走的方向,只要控制小车在分叉处的走向,小车就会沿着不同的路线行走。

2. 自动导向小车

自动导向小车(Automatic Guided Vehicle,AGV)广泛应用于FMS的实际工作中。事实上早在20世纪50年代初期就曾出现了无人驾驶的拖拉机,20世纪60年代又出现了用来研究月球的登月机器人车。今天的自动导向小车,就是一种由微机控制的,按照一定的程序或轨道自动完成运输任务的运输工具。

AGV的结构如图6-16所示,AGV的主体是无人驾驶小车,小车的上部为一平台,平台上装备有托盘交换装置,托盘上安装着夹具和工件,小车的开停、行走和导向均由计算机控制,小车的两端装有自动刹车缓冲器,以防意外。这些AGV有两种控制方法:编程器控制和遥控。编程器控制是根据事先编好的程序控制小车工作,采用遥控方法则是根据中央计算机的命令工作。

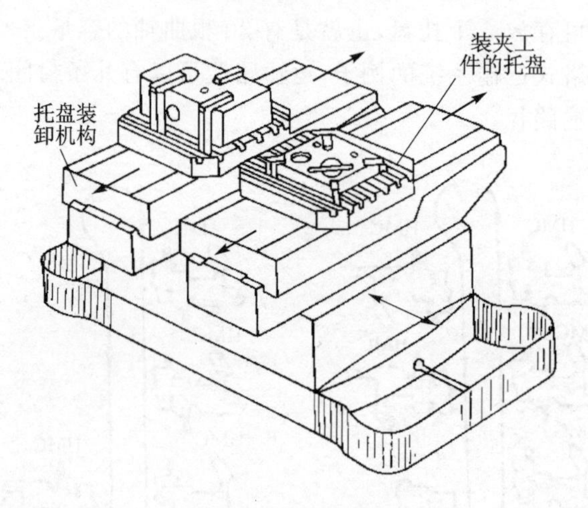

图6-16 自动导向小车

在FMS中使用AGV有以下4方面优点:

① 较高的柔性。只要改变一下导向程序,就可以很容易地改变、修正和扩充AGV的移动路线。如果改变固定的传送带运输线或有轨小车的轨道,相比之下改造的工作量要大得多。

② 实时监视和控制。由于控制计算机实时地对AGV进行监控,如果FMS控制系统根据某种需要,要求改变进度表或作业计划,则可很方便地重新安排小车路线。此外,还可以为紧急需要服务,向计算机报告负载的失效、零件错放等事故。如果采用的是无线电控制,可以实现AGV和计算机之间的双向通信。不管小车在何处或处于何种状态,运动或者静止,计算机都可以用调频法通过它的发送器向任一特定的小车发车命令,且只有响应的那一台小车才能读到这个命令,并根据命令完成某一地点到另一地点的移动、停车装料、卸料、再充电等一系列的动作。另一方面小车也能向计算机发出信号,报告小车的状态、小车故障、蓄电池状态等。

③ 安全可靠。AGV能以低速运行,一般在10~70 m/min范围内操作。通常AGV有微处理器控制,能同本区的控制器通信,可以防止相互之间的碰撞。有的AGV上面还安装了定位精度传感器或定中心装置,可保证定位精度达到±30 mm,精确定位的AGV其定位精度可达到±30 mm,从而避免了在装卸站或在运动过程中小车与小车之间发生碰撞,以及工件卡死的现象。

AGV 也可装报警信号灯、扬声器、紧停按钮、放火安全连锁装置，以保证运输的安全。

④ 维护方便。维护包括对小车蓄电池的再充电，以及对电动机、车上控制器、通读装置、安全报警装置（如报警扬声器、保险框、传感器等）的常规检测。大多数 AGV 都装备有蓄电池状况自动报告设施，它与中央计算机联机，蓄电池的储备能量降到需要充电的规定值时 AGV 便自动去充电站充电，一般 AGV 可工作 8 h，无须充电。

自动导向小车（AGV）的导向方法，目前有以下几种：有轨小车、有线小车、遥控小车和光导小车。

(1) 有轨小车

有轨小车的加速过程和移动速度都比较快且适合搬运重型零件，同时它与旧设备的结合也比较容易。它可以很方便地在同一轨道上来回移动，在短距离移动时它的机动性能比较好，停靠准确。它的一个不足之处是，一旦将导轨铺设好后就不便改动；另一个缺点就是转弯的角度不能太小。

一般概念的有轨小车就是指小车在轨道上行走，由车辆上的发动机牵引。此外，还有一种连锁牵引小车，在小车的底盘前后各装一导向销，地面上修好一组固定路线的沟槽，导向销嵌入沟槽内，保证小车行进时沿着沟槽移动。前面的销杆除做定向用外，还作为链牵动小车行进的推杆。推杆活动的，可在套筒中上下滑动。链索每隔一定距离有一个推头，小车前面的推杆可自由地插入或脱开链索的推头，由埋设在沟槽内适当地点的接近开关和限位开关控制。销杆脱开链索的推头，小车停止前进；销杆插入推头，链索即推动小车前进。小车底盘下有车轮，支撑负载和滚轮前进。这种小车只能向一个方向运动，所以适合简单的运输方式。

采用空架导轨和悬挂式机器人，也应属于一种变化发展的有轨小车，悬挂式的机器人可以由电动机拖动在导轨上行走，像厂房中的吊车一样工作。工作以及安装工件的托盘可以由机器人的支架托起，并可以上下移动和旋转。由于机器人可自由地在 X，Y 两方向上移到导轨允许到达的机器人下臂上面的支持架上下移动和旋转，它就可以将工件连同托盘，转移到导轨允许到达的任意地方的托盘交换台交换托盘和工件。

(2) 有线小车（线导小车）

有线小车（Wire Guided AGV）的导向方法是靠敷设在地面上导线来引导小车运动。一般在地面上挖一条长 3～10 mm，宽 10～200 mm 的槽，将导线埋在其中。

导线通过低频交变电流在导线周围形成一个环行电磁场。小车上面装有一对电感探头，当小车偏离轨道时，两个探头的感应电势就会产生差别，利用其感应电势差，控制小车保持始终沿着导线移动。

为了转弯的灵便，小车的车轮应设计成三轮车的形状，发动机带动两个后轮，推动小车前进，独立的前轮安装在一个方向街头上面，所以小车的转向非常灵活。应用在大型或重型的零件车间，为了增加小车的承载能力，可以采用四轮甚至八轮的小车。但转弯灵活性相应要降低，这种小车的转弯半径不能太小。

(3) 遥控小车

这种小车没有传送信息的电缆，而是以无线电形式发送给接收设备，传送命令和信息，车辆的控制（如起停、转弯）都是以无线电信号形式传递。小车活动范围和路线基本上不受限，故柔性最大。当然，其控制器和操纵机构也就相对复杂，目前还不十分成熟，只是处在实验研究阶段。

(4) 光导小车(Light Guided AGV)

有些AGV采用光学导向,其原理是直接在地面上涂一层荧光材料,或敷设一层涂有荧光材料的带子,光线照射后,利用荧光材料的反光,激发光敏传感器辨认出小车应走的路线,引导小车移动,这种小车用于办公室和装配车间更为方便。它的最大优点是成本低且便于更改行走路线。

3. 自动存储与检索系统

自动化储存与检索系统,通常称为ASRS。它与机器人、AGV和传输线等其他设备连接,以提高加工单元和FMS的生产能力。对大多数工件来说,可将自动化储存与检索系统视为库房工具,用以跟踪记录材料和工件的输入、储存的工件、刀具和夹具,必要时随时对它们进行检索。

(1) 工件装卸站

工件装卸站设在FMS的入口处,用于完成工件的装卸工作。在这里,通常由人工完成对毛坯和待加工零件的装卸。FMS如果采用托盘装夹运送工件,则工件装卸站必须有可与小车等托盘运送系统交换托盘的工位。为了方便工件的传送以及在各台机床上进行准确的定位和夹紧,通常先将工件装夹在专用的夹具中,然后再将夹具夹持在托盘上。这样,完成装夹的工件将与夹具和托盘组合成为一个整体在系统中进行传送。工件装卸站的工位上安装有传感器,与FMS的控制管理系统连接,指示工位上是否有托盘。工件装卸站设有工件装卸站终端,也与FMS的控制管理系统连接,用于装卸工装卸结束的信息输入,以及要求装卸工装卸的指令输出。

(2) 托盘缓冲站

在FMS物流系统中,除了必须设置适当的中央料库和托盘库外,还必须设置各种形式的缓冲储区来保证系统的柔性。

托盘缓冲站是一种待加工零件的中间存储站,也称为托盘库。由于FMS不可能像单一的流水线或自动线那样到达各机床工作站的节拍完全相等,因而避免不了会产生加工工作站前的排队现象,托盘缓冲站正是为此目的而设置的,起着缓冲物料的作用。另外,因为在生产线中会出现偶然的故障,如刀具折断或机床故障。为了不致阻塞工件向其他工位的输送,因此,在FMS中,建立适当的托盘缓冲站或托盘缓冲库是非常必要的。托盘缓冲站一般设置在加工机床的附近,有环形和往复直线形等多种形式,可储存若干工件或托盘组合体,为了节约占地面积,可采用高架托盘缓冲库。若机床发出已准备好接受工件信号时,通过托盘交换器便可将工件从托盘缓冲站送到机床上进行加工。在托盘缓冲站的每个工位上安装有传感器,直接与FMS的控制管理系统连接。

(3) 自动化仓库

在激烈的市场竞争中,为实现现代化管理、加速资金周转、保证均衡及柔性生产,提出了自动化仓库的概念。

自动化仓库是指用巷道式起重堆垛机的立式仓库。自动化仓库在FMS中占有非常重要的地位,以它为中心组成了一个毛坯、半成品、配套件或成品的自动存储、自动检索系统。在管理信息系统的支持下,自动化仓库与加工系统、输送设备等一道成为FMS的重要支柱。

自动化仓库主要由库房、货架、堆垛机、控制计算机、状态检测器等组成。自动化仓库示意图如图6-17所示。

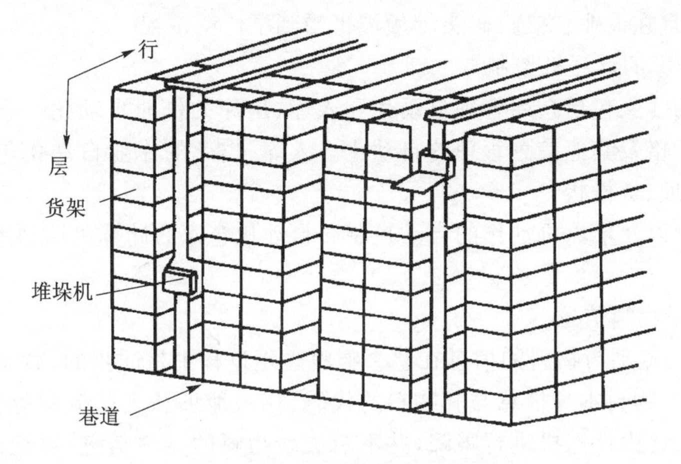

图 6-17　自动化仓库示意图

1）货　架

货架是仓库的主体结构，是存放物料的架子。

FMS 的自动化仓库属于专用性车间级仓库，即针对既定的产品类型存放毛坯、原材料、半成品、成品以及各种工艺装备。所有这些物料都存放在标准规格的货架上，货架在结构上应保证物料的快速出入库，便于管理和操作。货架之间留有巷道，根据需要可以安排一到多条巷道。一般情况下出入库口都布置在巷道的某一端，有时也设计在巷道的两端，巷道的长度一般有几十米。每个巷道都配有自己专用的堆垛机，用来负责物料的存取。

自动化仓库内物料按品类和细目分别存入在货架的一个个储存笼内，每个储存笼内均有固定的地址编码，每种物料也都有物料码，这些代码按一一对应的关系存储在计算机内，这样可以方便地根据储存笼的地址查找所存放的物料代码，也可根据物料代码反过来找到它的存储地址。

货架的材料一般采用金属结构，货架上的托架有时也可以用木制（用于放置轻型物料）。

2）堆垛机

堆垛机是一种安装了起重机的有轨或无轨小车，其外形结构如图 6-18 所示，为了增加工作的稳定性，一般都采用有轨方式，在比较高的货架之间一般应用上下均装有导轨的设计。它由托架、移动电动机、支柱、上下导轨以及位置传感器构成。堆垛机上有检测横向移动和起升高度的传感器，以辨认货位的位置和高度，还可以阅读货箱内工件的名称以及其他信息。堆垛机由装在上面的电动机带动堆垛机移动和托架的升降，一旦堆垛机找到需要的货位，就可以将物料或货箱自动推入货架的储存笼内，或将货箱和物料从货架的货格中拉出。

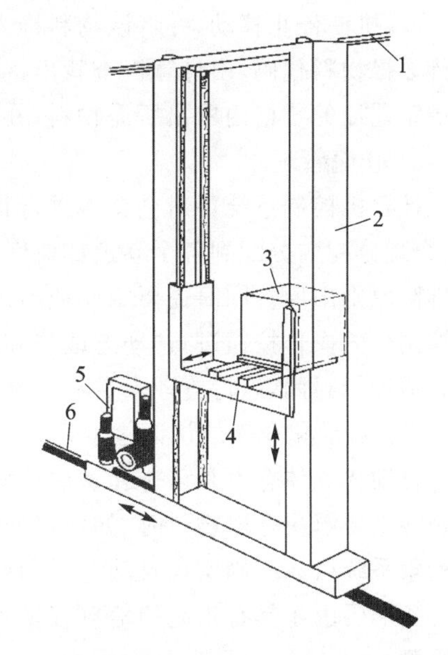

1—顶部导轨；2—支柱；3—物料；4—托架；5—移动电动机；6—位置传感器

图 6-18　堆垛机结构示意图

由于自动化仓库具有节约劳动力、作业迅速准确、提高保管效率、降低物流费用等优越性，不仅在制造业，而且在商业、交通、码头等领域也受到了广泛重视。

(4) 自动化仓库的计算机控制

自动化仓库的含义包括仓库管理自动化和入库、出库的作业自动化。仓库管理自动化包括对货箱、账目、货格及其他信息管理的自动化。入库、出库的作业自动化包括货箱或物料的自动识别、自动认址、货格状

态的自动检测以及堆垛机动作的自动控制。自动化仓库的计算机控制系统主要担负以下的3项任务：

1) 识别和登录物料信息

FMS中物料的流动与物料的信息在整个物料管理过程中是同步的，就是说物料从准备入库到物料完成加工，物料本身信息与其物料的代码、存入地址和工艺流程等信息结合在一起，随着物料的流动始终由计算机进行跟踪，并不断更新物料的有关信息，以记录它的当前状况。这种物料信息网要求自动仓库计算机控制系统在物料入库时，就必须对物料进行识别和登录，这种识别和登录是FMS中物流和信息流结合的开始。FMS中物料的识别通常通过条形码来实现。在货箱货物料的适当部位，贴有条形码，当货箱通过入库运输机轨道时，用条形码扫描器自动扫描条形码，将货物或物料的有关信息自动录入计算机中。

2) 物料的自动存取

自动化仓库的物料入库、搬运和出库等工作都是由仓库计算机控制系统进行控制的。当某一物料入库时，由于管理员已将待入库的物料存放的地址通过条形码输入到计算机，因而计算机便可方便地控制堆垛机进行移动，自动检索待存放物料的存储地址，一旦到达指定地址后，堆垛机便停止移动，并将该物料推入货格内。当要从仓库内取出某一物料时，由管理员输入待取得物料代码，由计算机查找出待取出的物料的存放地址，在驱动堆垛机进行移动检索，到指定地址的货格内取出所需物料，并送出仓库。

3) 仓库管理

计算机控制系统可对全仓库进行物资、账目、货位以及其他物料信息的管理。入库时将货箱“合理分配”，分配到各个巷道作业区，以提高入库速度；出库时能按“先进后出”的原则，或其他排队原则出库。同时还要定期或不定期地打印各种报表。当系统出现故障时，还可以通过总控制台的操作按钮进行“动态改账和信息修正”，并判断出发出故障的巷道，及时对发生故障的巷道进行封闭，以待管理人员从事修复工作。

(5) 自动化仓库的认证检索系统

自动化立体仓库是多排和多层结构，并且采用了自动存取的堆垛机，随之而来的一个关键问题就是要解决存取物料时，如何保证准确、可靠地自动寻址和堆垛机自动停准位置。通过认址检索系统可以准确实现自动寻址和堆垛机自动停准位置。

条形码由于具有很高的信息容量和极低的阅读误差率，已被广泛应用于自动化仓库的地址检测。

图6-19所示是双条形码编码系统。图中上排条码是固定不变的，它用于检验；下排条码是立体仓库的地址编码。当条码读入计算机后，首先对上排检验码进行处理(一般合并相邻位置，并记下需合并的码位)，其次根据检验位合并相应的地址码(下排条码)，最后，将两排条码求逻辑与。这种设计完全突破了用码条宽窄来检测信息的概念。同时，为了保证停位精度，在每组地址码旁增加一个停位码，停位码是一组加宽的上下错位的条码。错位形成的编码由两

个传感器的状态组成，如01、11和10。11定为准确停位点，01和10为前、后越位信息。增加停位码后，就可以准确控制堆垛机的停位。

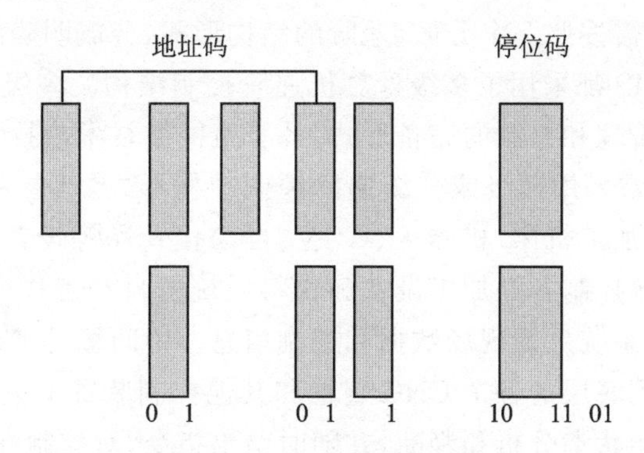

图6-19 双排条形码编码系统

由于这种条形码制作方便，信息的增减容易实现，使用者可根据需要任意增加条码，扩大信息容量，以完成各种特殊的功能。普通的光电传感器可以用来对运动中的条形码进行扫描，检测出正确的信息，这种双排条形码编译系统可靠性高，成本低，通用性好，适用于任意规模的自动仓库的地址检测。

6.2.4 FMS的控制系统

控制系统是FMS的大脑，负责控制整个系统协调、优化、高效的运行。由于FMS是一个复杂的自动化集成体，其控制系统的体系结构和性能直接影响整个FMS的柔性、可靠性和自动化程度。

为实现FMS系统的优化控制以取得FMS运行和预期效果并考虑柔性制造系统将来的发展，其控制系统结构应当具有如下特征：易于适应不同的系统配置；最大限度地实行系统模块化设计；尽可能地独立于硬件要求；对于新的通信结构以及相应的局域网协议具有开放性；可在高效数据的基础上实现整体数据维护；采用统一标准；具有友好的用户界面等。

1. 控制系统的体系结构

FMS系统的最小单元是柔性加工单元，因此研究加工单元的控制是研究FMS控制系统的基础。加工单元的基本要求是能够完全自动化及无人化运行，故对其控制系统的要求应当是CNC化的，具体要求如下：

(1) 能够容纳大量的加工程序

为了实现长时间无人化连续数控加工，而且为了连续加工多种不同的工件，这些工件的加工程序必须事先准备好，因此用于FMS的CNC控制系统必须具有大容量的存储器。

(2) 要具备高度的可靠性

由于在CNC系统内采用了高性能的微处理器系统，大型的特制的大规模集成电路、大容量存储器等，对回来进行了大幅度的集成化，使组成系统的零、部件数大大减少，而且零、部件都经过严密的筛选及严格的耐老化处理，这就保证了控制系统的可靠性。

(3) 具有适合无人化运行的功能

用在FMS上的控制系统应具备：适应化运行的功能；外部程序数字查询功能，即使在随行夹具上装有不同种类的工件，也能按照外部信息，将存储器中的任意程序提出；工具磨损外部补偿功能。

对FMS控制体系结构来说,其各个模块应构成一个可灵活组合的控制系统,以适应将来各种要求,整个控制结构需按照一个分散、递阶的结构形式,分成明确的层次。

目前几乎所有的FMS都采用了多级计算机递阶控制结构。多级分布式控制系统是对柔性制造自动化过程进行管理和控制的完备形式,计算机网络技术是技术基础。

FMS的控制系统通常采用两级或三级递阶控制结构形式,其参考模型如图6-20所示。底层一级是设备层,它由加工机床、机器人、AGV、自动化仓库等设备的CNC装置和PLC逻辑控制装置组成。它直接控制各类加工设备和物料系统的自动工作循环,接受和执行上级系统的控制指令,并向上级系统反馈现场数据和控制信息。中间级是工作站级,它将来自中央计算机的数据和任务分送到底层的各个CNC装置和其他控制装置上去,并协调底层的工作,同时还对每台机床进行生产状态分析和判断,并随时给出指令,对控制参数进行修改。最上层为中央计算机,它是FMS全部生产活动的总体控制系统,全面管理、协调和控制FMS的各项制造活动,同时它还是承上启下、沟通与上级(车间级)控制系统联系的桥梁。

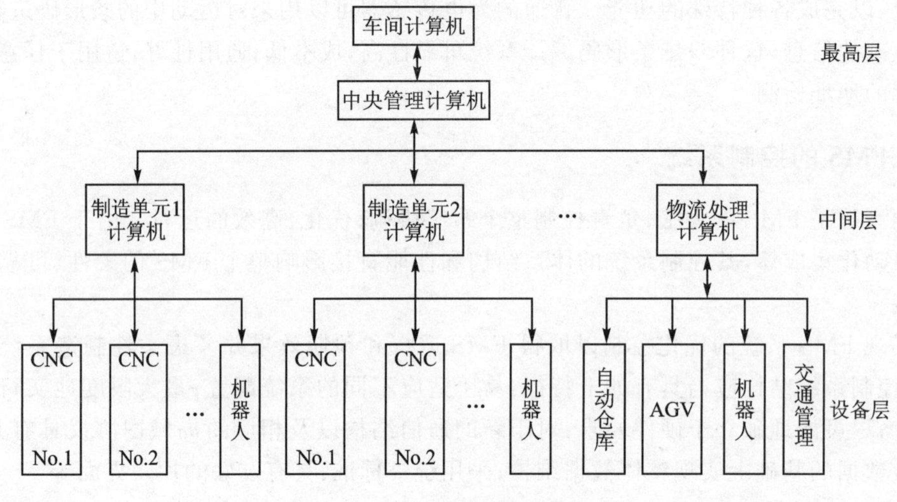

图6-20 FMS多级递阶控制系统

在上述三级递阶控制结构中,每层的信息流都是双向流动的:向下可下达控制指令,分配控制任务,监控下层的作业过程;向上可反馈控制状态,报告现场生产数据。然而,在控制的实时性和处理信息量方面,各层控制计算机是有所区别的:愈往底层,其控制的实时性要求愈高,而处理的信息量则愈小;愈到上层,其处理信息量愈大,而对实时性要求则愈小。例如,设备层的控制规划时间通常在几毫秒到几分钟范围内;在中间(工作站)层,作用时间可以从几分钟到几小时;而最上层其规划期可达几小时到几周范围。

这种递阶的控制结构,各层的控制处理相互独立,易于实现模块化,使局部增、删、修改简单易行,从而增加了整个系统的柔性和开放性,充分利用了计算机的资源。在控制系统结构设计时,还需开发可灵活组合的图形操作界面,以根据用户要求为各种生产设备提供相互匹配的操作界面。

2. 控制系统任务

在FMS控制系统的递阶控制结构中,各层计算机相互通信、相互协同地工作,但又分担着各自不同的任务。

（1）中央管理计算机

中央管理计算机管理着整个系统的营运状态，在综合数据库的支持下，它负责全面的管理工作和支持FMS按计划的调度和控制，它通过如下的三个方面与下层系统进行连接：

1）控制系统方面，主要用来向下层实时地发送控制命令和分配数据。为了支持控制系统的工作，FMS的中央计算机能够接受它上层计算机所提供的工艺过程设计、NC零件程序、工时标准以及生产计划和调度信息，及时合理地向它下层系统分配任务、发送控制指令。

2）系统方面，主要用来实时采集现场工况，把收集的信息看作系统的反馈信号，以它们为基础做出决策，控制被监控的过程。

3）检测系统方面，主要用来观察系统的运行情况，将所收到信息登录备用，计算机将利用这些信息定期打印报告，供决策系统检索。例如，定期登录刀具寿命值作为刀具管理的基本信息；在线工况检测，有规律地连续收集和解释关键性元件和设备的运行状态，用这些信息预测故障的地点和原因。

中央管理计算机可在监控、检测系统的基础上，对FMS的短期生产计划和调度计划做出决策。例如，可根据系统生产能力和设备、工具等现有条件，以数天或数周为计划周期，计算最佳的生产批量，将零件以合理的批量分批组织生产；可根据生产现场工况，选择最佳工艺路线，制定调度计划。

（2）工作站层计算机

为了提高生产设备的运行效率和系统的运行效果，为了实现车间管理工作自动化，多级分布式控制系统让工作站层的单元计算机承担起制造单元的管理任务。单元计算机收到上层计算机编制的日作业计划，便完成如下工作：接纳并管理制造命令，编制作业调度计划，统计设备的运行业绩，与单元控制器一道监视并控制各设备的运行状态，制造完成后向上层计算机传送有关数据。

单元控制器的职能是直接控制机械设备群的运行，它从单元计算机接收到作业调度指令、制造数据、NC数据、工具数据，并把这些指令和数据传送给各台设备的控制器，如NC装置、顺序控制器、机器人控制器等。此外单元控制器还监视设备的运行状态，跟踪工件的当前工位。

（3）设备层计算机

该层计算机的任务是执行各种操作。系统中的主要设备是由CNC系统控制的，只要下达的程序和命令没有差错，所有设备都能按照指令完成规定的操作。这一级控制系统要完成的主要操作任务有：接收程序和命令；接受调度命令，运输物料；各类工作站设备按程序执行操作；为下一步操作准备刀、夹具或更换掉已磨损的刀具；传感器信息采样，部分采样信息作为CNC系统的反馈信息，其他送往上层计算机。

6.3　柔性制造系统的分类及应用

6.3.1　柔性制造系统的分类

1. 按规模大小柔性制造系统的分类

（1）柔性制造单元（FMC）

该单元是指由一台或多台数控机床或加工中心构成的加工单元。可使该单元根据生产需要自动地更换夹具与刀具，以适应不同工件的加工。该单元一般适合加工批量小、形状比较复杂、工序较简单和加工时间较长的零件。该单元的设备柔性很高，但人员和加工柔性较低。

(2) 柔性自动生产线(FML)

该生产线是介于大批量、单品种和非柔性自动生产线与中小批量和多品种柔性制造系统之间的生产线设备。一般可使该生产线将多台机床与物料运输系统连接起来，对于物料传输系统柔性的需求要比柔性制造系统低，但生产效率较高。

(3) 柔性制造系统(FMS)

该系统是指以数控机床或加工中心为基础，再加上物料运输系统组成的生产系统，主要由计算机控制，可以连续地进行多品种工件的加工。该系统主要适合中小批量、形状比较复杂和多品种的零件的管理及生产。

3 种不同类型的柔性制造设备在产品品种、生产批量以及自动化生产中的对比如图 6-21 所示。从图 6-21 可以看出，FML 更适合生产批量较大和品种较单一的零件，生产效率相对较高，而柔性相对较低；FMC 更适合生产批量较小和品种多样化的零件，生产效率相对较低，而柔性相对较高；FMS 介于两者之间。

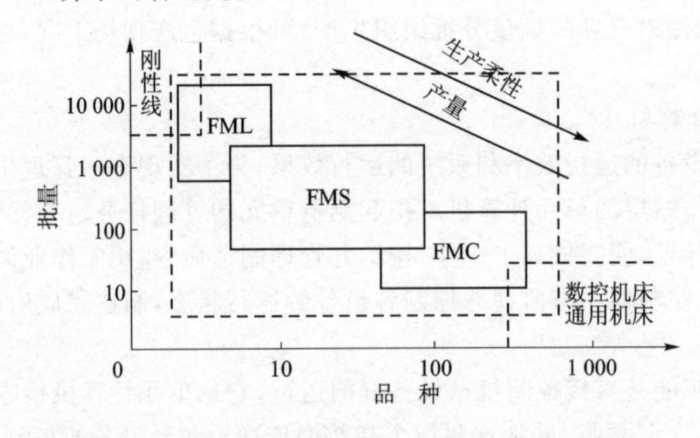

图 6-21　零件品种、批量与自动化加工方式的选择

2. 根据柔性化程度划分

专用 FMS：生产有限种类的零件，在加工之前完整的各类零件信息已被专用柔性制造系统被设计用于植入系统。零件库很可能参照产品的共性而不是几何特性。产品的设计是稳定的，所以系统可以被设计的尽量加工专业化以使操作更有效率。

提高生产率有两种方法：

① 设计具有生产有限零件种类的加工系统的机器来替代使用通用的机器。

② 用相同的或几乎相同的机器序列来处理所有的零件，并且传送线路是适当的，这样工作站就具备必要的灵活性，以处理不同的零件组合。

随机顺序的 FMS：随机顺序柔性制造系统更适合零件库比较大，并且在零件配置有固定变化的场合。新零件设计的引入，工程的变更，生产计划的改变，应对这些变化时，随机顺序柔性制造系统更具有灵活性。这种类型的柔性制造系统需要更复杂的计算机控制系统。专用柔性制造系统和随机顺序柔性制造系统的柔性化标准如表 6-2 所列。

按应用对象柔性制造系统可分为切削加工 FMS、钣金加工 FMS 、焊接 FMS 、柔性装配系统等。按系统布局又可分为直线型、机器人型、环形。

表 6-2 专用柔性制造系统和随机顺序柔性制造系统的柔性化标准

柔性化标准(柔性测试)				
系统类型	零件种类	进度改变	错误恢复	新零件
专用柔性制造系统	限制所有零件必须提前知道	限制改变可以容忍	限制使用顺序加工	不满足新零件引入困难
随机顺序柔性制造系统	可以全部零件变化都可以	适应频繁和显著地变化	机器冗余将机器故障的影响最小化	可以系统就是为引入新零件设计的

6.3.2 柔性制造系统的应用

1. 柔性制造单元(FMC)的应用

(1) 带棒料输送器的柔性加工单元(QTN200M/500U)

棒料输送机将一根长棒料通过中空卡盘送入机床,车铣复合加工机床按照预定程序进行加工,加工完的工件由工件收集器收集并放入储物箱或传送带。棒料输送机根据机床数控系统发出的动作信号继续送料,开始第二个工件的加工。

(2) 带自动下料机的柔性加工单元(INT200SY)

机床本身配有切割机与机床并列错位摆放,机床将一根长棒料按照已经编好程序,切成需要的原材料,自动送进机床,然后机床按照已经设好的程序进行工件的加工(车铣复合、利用主副双主轴多工序同时加工),全部加工完成后切割机的上下料装置再将加工完成的工件取出,放到传送带上送出,并再送入原材料,依此类推,实现连续自动加工。机床的自动加工效率较高,机床开动率可达 75%,无人运转时间 8 h 以上。

(3) 倒立车构成的柔性加工单元(IVS200)

倒立车主轴与卡盘采用倒立设计,适用于短轴及盘类零件加工。本单元采用 MAZAK 公司的 IVS200 倒立式数控车配双排并列环形回转传送装置构成。输送装置一排放置成品,一排放置毛坯料,利用主轴与卡盘倒立的特性,将主轴与卡盘在上下料时当机械手使用。工件加工完成后,主轴及卡盘夹持工件沿轴向移动到传送带上方,将工件放下,再次移动到并列摆放的毛坯料上方,夹持毛坯料返回刀塔上方,开始下一工件的加工。传送带移动,换上新的毛坯料及工件存放位置。此单元将主轴及卡盘的夹持功能及轴的位移在装卸工件时转换成机械手使用,巧妙地构造出了一种独特的柔性加工单元。

(4) 带机械手的柔性加工单元(INT400GL)

由 MAZAK 公司 INT400GL 复合加工设备及 FLEX-GL300F 机械手构成。机械手最大夹持重量 30 kg,最大夹持尺寸 400 mm。加工设备五轴联动,车铣复合,带自动中心架和自动尾架。将已经下好的材料排放在机床的托盘上,机械手自动进行上料,上料完成后机床自动进行加工。一次性装卡加工同一工序的所有车铣部位,铣削主轴,X、Y、Z、B、C 轴可同时加工,精度高,机床行程大,尾架和中心架均能够通过程序自动控制,通过自动找正机构找正,保证工件装卡平整,工件装卡相位通过红外测头进行角度检测,有效地保证了加工质量。加工完成后机械手将已经加工好的工件卸下,以此类推。目前开动率可以达到 70%以上,无人运转时间 8 h以上。

(5) 带机器人的柔性自动加工单元(E-500H ROBOT)

由MAZAK公司INTe500/1500多功能车铣复合加工设备及日本FANUC公司具有3D视觉识别系统的ROBOT 900i/350型机器人和托盘物流线构成。这个单元在我公司主要用于刀塔的加工,可以实现从毛坯到成品的完整工序加工。机器人搬运重量350 kg。机器人对物流装置上的材料进行3D视觉识别(八角形毛坯),确定夹持面后夹持送入机床内,INTe500/1500除了车削功能外,还具有与加工中心同等的铣削加工能力,铣轴最高转速10 000 r/min,相位通过红外测头自动检测,自动找正夹紧,一次装夹加工同一工序的所有车、铣部位,铣削主轴,X、Y、Z、B、C轴可同时加工。加工完成后机器人再将工件卸下,重新送入新的原材料,进行加工,依此类推。目前此单元可以达到开动率75%以上,在配备料塔的情况下,可以实现720 h连续无人化运行。

(6) 五面加工及大型工件柔性加工单元(V设备)

由MAZAK公司V80五面加工机及双交换工作台构成。五面加工机具有立、卧转换主轴,工件一次装卡可完成顶面和四个侧面所有工序的粗、精加工。一个工作台加工时,另一个工作台装卡工件,大幅度地缩短了作业准备时间,有效保证了工件的加工精度,保证机床能连续自动运行。目前机床平均开动率可达77%,无人化运行时间8 h以上。

以上几种FMC均由单机、上下料机构或机械手、机器人以及物料传送装置构成,没有专用的系统控制计算机。物流线、上下料机构、机器人有自己的控制装置,接收加工程序中的M代码指令进行相关程序控制。

2. 柔性制造系统FMS的应用

(1) FH6800平面FMS柔性系统

系统由5台MAZAK公司生产的FH6800型卧式加工中心、52个交换托盘、1台清洗机、1台自动上下料机器人,通过MAZAK公司的INTELLIGENT MAZATROL FMS主控单元控制实现系统控制(目前实际配置4台机床)。最大工作直径Φ1 050 mm,最大工作高度1 m,最大工作重量1 500 kg。主要担负中小零件的自动加工。具有刀具破损检测功能、红外线测头机内检测功能。5台机床刀具配置相同,采用冗余控制原则进行控制,系统自动安排加工任务至空闲机床。可同时实现72 h连续运转,24 h无人运转。

(2) FH8800立体FMS柔性系统

系统由3台MAZAK公司生产的FH8800型卧式加工中心、36个交换托盘、1台两位置自动上下料机器人,一台清洗机,通过MAZAK公司的INTELLIGENT MAZATROL FMS主控单元控制实现系统控制(目前实际配置1台机床)。最大工作直径Φ1 250 mm,最大工作高度1 250 mm,最大工件重量2 200 kg。控制原理、特点同上一条线相同。主要担负中型箱体类零件的加工。但此条线交换托盘分上下两层立体放置,同样数量的交换托盘立体放置将大大节约柔性系统的占地面积。与传统的交换托盘平面放置系统相区别,此类FMS被称为立体FMS。系统可实现72 h连续运转,24 h无人运转。

(3) OPTO-PATH柔性加工线

钣金加工柔性系统是FMS从传统的金属切削加工柔性系统发展出来的新领域的应用。系统由2台MAZAK公司生产的HG510激光切割机、10层料库、上下料机械手、系统控制计算机构成,是从原材料运送到成品分检作业全部自动化完成的钣金激光切割机FMS系统。机械手根据系统指令从料库将需要的钢板送到激光切割机,激光切割机按照上传到数控系统中的展开及套裁图进行切割。激光头 X、Y 轴移动均由直线电动机驱动。由高质量的 CCD 照相机对激光头现在装有的喷嘴进行圆度和激光束是否在喷嘴中心进行检测,保证切割精度和准确性。机床配有 4 个激光头的存放位置,可以实现加工过程中进行随时更换,和对需要维护的激光头进行机外维护、保养、调整功能,保证加工过程不中断。激光切割机配置双交换工作台,保证了工作效率。由 7 200 个单独配置的小吸盘组成的工件分检装置,能够依据 CAD 信息,自动适应工件的形状,单个吸盘分别进行 ON/OFF 控制的智能分检系统只对选中的工件进行吸附作业,将工件及边角料自动分离。

6.4　柔性制造系统的发展

1. FMC 将成为发展和应用的热门技术

这是因为 FMC 的投资比 FMS 少得多而经济效益相接近,更适用于财力有限的中小型企业。目前国外众多厂家将 FMC 列为发展之重。

2. 发展效率更高的 FML

多品种大批量的生产企业如汽车及拖拉机等工厂对 FML 的需求引起了 FMS 制造厂的极大关注。采用价格低廉的专用数控机床替代通用的加工中心将是 FML 的发展趋势。

3. 朝多功能方向发展

由单纯加工型 FMS 进一步开发以焊接、装配、检验及板材加工乃至铸、锻等制造工序兼具的多种功能 FMS。FMS 是实现未来工厂的新颖概念模式和新的发展趋势,是决定制造企业未来发展前途的具有战略意义的举措。目前反映工厂整体水平的 FMS 是第一代 FMS,90 年代此种状况仍将会持续下去。日本从 1991 年开始实施的"智能制造系统"(IMS)国际性开发项目。属于第二代 FMS:而真正完善的第二代 FMS 预计至 21 世纪才会实现。届时。智能化机械与人之间将相互融合、柔性地全面协调从接受订单货至生产、销售这一企业生产经营的全部活动。20 世纪 80 年代中期以来。FMS 获得迅猛发展几乎成了生产自动化之热点。一方面是由于单项技术如 NC 加工中心、工业机器人、CAD/CAM、资源管理及高度技术等的发展提供了可供集成一个整体系统的技术基础;另一方面,世界市场发生了重大变化,由过去传统、相对稳定的市场,发展为动态多变的市场,为了从市场中求生存、求发展。提高企业对市场需求的应变能力,人们开始探索新的生产方法和经营模式。近年来 FMS 作为一种现代化工业生产的科学哲理"和工厂自动化的先进模式已为国际上所公认,可以这样认为:FMS 是在自动化技术、信息技术及制造技术的基础。将以往企业中相互独立的工程设计、生产制造及经营管理等过程,在计算机及其软件的支撑下。构成一个覆盖整个企业的完整而有机的系统,以实现全局动态最优化。总体高效益,高柔性并进而赢得竞争全胜的智能制造系统。FMS 作为当今世界制造自动化技术发展的前沿科技为未来机构制造工厂提供了一幅宏伟的蓝图。将成为 21 世纪机构制造业的主要生产模式。

4. 模块化的柔性制造系统

为了保证系统工作的可靠性和经济性,可将其主要组成部分标准化和模块化。加工件的输送模块,有感应线导轨小车输送和有轨小车输送;刀具的输送和调换模块,有刀具交换机器人和与工件共用输送小车的刀盒输送方式等。利用不同的模块组合,构成不同形式的具有物料流和信息流的柔性制造系统,自动地完成不同要求的全部加工过程。

5. 计算机集成制造系统

1870—1970年的100年中，加工过程的效率提高了2 000%，而生产管理的效率只提高了80%，产品设计的效率仅提高了20%左右。显然，后两种的效率已成为进一步发展生产的制约因素。因此，制造技术的发展就不能局限在车间制造过程的自动化，而要全面实现从生产决策、产品设计到销售的整个生产过程的自动化，特别是管理层次工作的自动化。这样集成的一个完整的生产系统就是计算机集成制造系统（CIMS）。CIMS的主要特征是集成化与智能化。集成化即自动化的广度，它把系统的空间扩展到市场、产品设计、加工制造、检验、销售和为用户服务等全部过程；智能化的自动化朝深度，不仅包含物料流的自动化，而且还包括信息流的自动化。

思考题

1. 说明FMS的定义及特征。
2. FMS的组成是哪几部分？
3. 说明FMS对加工设备的要求及机床配置形式。
4. 说明FMS物料运储系统的组成及其基本回路。
5. 简述AGV的特点。
6. 叙述自动化仓库的组成及自动化仓库计算机控制的任务。
7. FMS控制系统是一个多级递阶控制系统，叙述各级的作用。
8. 简述柔性制造系统的分类。

第7章　先进制造模式与先进管理技术

7.1　计算机集成制造系统(CIMS)

计算机集成制造系统，简称CIMS(Computer Integrated Manufacturing System)。

7.1.1　计算机集成制造系统的概念

计算机集成制造系统是随着计算机辅助设计与制造的发展而产生的。它是在信息技术自动化技术与制造的基础上，通过计算机技术把分散在产品设计制造过程中各种孤立的自动化子系统有机地集成起来，形成适用于多品种、小批量生产，实现整体效益的集成化和智能化制造系统。集成化反映了自动化的广度，它把系统的范围扩展到了市场预测、产品设计、加工制造、检验、销售及售后服务等的全过程。智能化则体现了自动化的深度，它不仅涉及物资流控制的传统体力劳动自动化，还包括信息流控制的脑力劳动的自动化。

因此，CIMS的实质就是借助于计算机的硬件、软件技术，综合运用现代管理技术、制造技术、信息技术、自动化技术、系统工程技术，将企业生产全部过程中有关人、技术、经营管理三要素及其信息流、物流有机地集成并优化运行，以改进企业产品(P)开发及上市时间的(T)、质量(Q)、成本(C)、服务(S)、环境(E)，从而提高企业的市场应变能力和竞争能力。

CIMS实施中与计算机相关联的制造技术，应用最多的是：CAD、ERP、CAE、CAM、CNC；应用较少的高度自动化技术：自动引导小车、自动化物料搬运技术、群控技术、自动化装配技术、机器人技术。由此看出，工业高度发达的美国也并非普遍采用CIMS所必需的制造技术。

7.1.2　计算机集成制造系统的背景

由于企业各部门如设计、生产、供应、财务、销售各自封闭，信息不能共享，传统的管理方式及管理手段落后，从而导致了生产计划、物资供应计划、库存得不到合理的控制。在市场竞争下必须采用先进的管理思想和技术来指导和改进企业的行为，引入ERP技术实现系统间信息的集成，保证企业战略目标的实现。

要根本解决企业的“瓶颈”问题，必须以先进的信息技术为手段，以信息集成为核心，来改造传统制造业的生产经营管理模式，提高企业的产品开发能力，以解决企业的T、Q、C、S为目的，提高企业的市场竞争能力，达到企业的战略目标。计算机集成制造系统为实现这一战略目标提供了一条有效的解决途径。

20世纪60、70年代以来，制造业间的竞争日趋激烈。制造业市场已从传统的“相对稳定”逐步演变成“动态多变”的局面，产品间竞争的要素不断随之演变，另一方面，当今世界已步入信息时代并迈向知识经济时代，以信息技术为主导的高技术也为制造技术的发展提供了极大的支持。上述两种力量推动了制造业发生着深刻的变革，信息时代的“现代制造技术”及其产业应运而生，其中，CIMS技术及其产业正是其重要的组成部分。

20世纪70年代,美国约瑟夫.哈林顿(Joseph Harrington)博士首次提出CIM(Computer Integrated Manufacturing)理念。它的内涵是借助计算机,将企业中各种与制造有关的技术系统集成起来,进而提高企业适应市场竞争的能力。但是基于CIM理念的系统CIM(Computer Integrated Manufacturing System)在20世纪80年代中期才开始重视并大规模实施,其原因是20世纪70年代的美国产业政策中过分夸大了第三产业的作用,而将制造业,特别是传统产业,贬低为“夕阳工业”,这导致美国制造业优势的急剧衰退,并在20世纪80年代初开始的世界性的石油危机中暴露无遗,此时,美国才开始重视并决心用其信息技术的优势夺回制造业的霸主地位。于是美国及其他各国纷纷制订并执行发展计划。自此,CIMS的理念、技术也随之有了很大的发展。美国未来学家认为:在2030年80%的美国企业实现CIM。

自1989年以来,863/CIMS主题已在我国机械、家电、航空、航天、汽车、石油、纺织、轻工、冶金、煤炭、化工、邮电、服装等行业中的210家企业实施各种类型的CIMS应用示范工程。

7.1.3 计算机集成制造系统的系统构成

一般CIMS包括4个应用子系统和2个支持分系统,其中4个应用子系统构成了CIMS的功能。

1. 管理信息应用分系统(MIS)

MIS具有生产计划与控制、经营管理、销售管理、采购管理、财会管理等功能,处理生产任务方面的信息。

2. 技术信息应用分系统(CAD&CAPP)

由计算机辅助设计、计算机辅助工艺规程编制和数控程序编制等功能组成,用以支持产品的设计和工艺准备,处理有关产品结构方面的信息。

3. 制造自动化应用分系统(CAM)

CAM也可称为计算机辅助制造分系统,它包括各种不同自动化程度的制造设备和子系统,用来实现信息流对物流的控制和完成物流的转换,它是信息流和物流的接合部,用来支持企业的制造功能。

4. 计算机辅助质量管理应用分系统(CAQ)

CAQ具有制订质量管理计划、实施质量管理、处理质量方面信息、支持质量保证等功能。

5. 数据管理支持分系统

用以管理整个CIMS的数据,实现数据的集成与共享。

6. 网络支持分系统

用以传递CIMS各分系统之间和分系统内部的信息,实现CIMS的数据传递和系统通信功能。

7.1.4 现代集成制造技术的发展趋势

1. 集成化

从当前的企业内部的信息集成和功能集成,发展到过程集成(以并行工程为代表)、并正在步入实现企业间集成的阶段(以敏捷制造为代表)。

2. 数字化/虚拟化

从产品的数字化设计开始,发展到产品全生命周期中各类活动、设备及实体的数字化。在数字化基础上，虚拟化技术正在迅速发展，主要包括虚拟现实(VR)应用、虚拟产品开发(VPD)和虚拟制造(VM)。

3. 网络化

从基于局域网发展到基于 intranet/internet/extranet 的分布网络制造，以支持全球制造策略的实现。

4. 柔性化

正积极研究发展企业间动态联盟技术，敏捷设计生产技术，柔性可重组机器技术等，以实现敏捷制造。

5. 智能化

智能化是制造系统在柔性化和集成化基础上进一步的发展与延伸，引入各类人工智能和智能控制技术，实现具有自律、分布、智能、仿生、敏捷、分形等特点的新一代制造系统。

6. 绿色化

绿色化包括绿色制造、环境意识的设计与制造、生态工厂、清洁化生产等；它是全球可持续发展战略在制造业中的体现，它是摆在现代制造业面前的一个崭新课题。

7. 知识专家化

知识工程是以知识为基础的系统，就是通过智能软件而建立的专家系统。

7.2　并行工程

并行工程(Concurrent Engineering)是对产品及其相关过程(包括制造过程和支持过程)进行并行、集成化处理的系统方法和综合技术。

7.2.1　背景概述

1988 年美国国家防御分析研究所(Institute of Defense Analyze，IDA)完整地提出了并行工程(Concurrent Engineering，CE)的概念，即“并行工程是集成地、并行地设计产品及其相关过程(包括制造过程和支持过程)的系统方法”。这种方法要求产品开发人员在一开始就考虑产品整个生命周期中从概念形成到产品报废的所有因素，包括质量、成本、进度计划和用户要求。并行工程的目标为提高质量、降低成本、缩短产品开发周期和产品上市时间。并行工程的具体做法是：在产品开发初期，组织多种职能协同工作的项目组，使有关人员从一开始就获得对新产品需求的要求和信息，积极研究涉及本部门的工作业务，并将所需要求提供给设计人员，使许多问题在开发早期就得到解决，从而保证了设计的质量，避免了大量的返工浪费。

20 世纪 80 年代前，并行工程在中国计划经济时代就已经有了很多成功范例，如找石油，原子弹，航天工程等等，并被称为社会主义优越性的表现之一，只不过当时没有起名叫并行工程罢了。

自 20 世纪 80 年代并行工程提出以来，美国、欧共体和日本等发达国家均给予了高度重视，成立研究中心，并实施了一系列以并行工程为核心的政府支持计划。很多大公司，如麦道公司、波音公司、西门子、IBM 等也开始了并行工程实践的尝试，并取得了良好效果。

进入 20 世纪 90 年代，并行工程引起中国学术界的高度重视，成为中国制造业和自动化领域的研究热点，一些研究院、研究所和高等院校均开始进行一些有针对性的研究工作。1995

年“并行工程”正式作为关键技术列入863/CIMS研究计划，有关工业部门设立小型项目资助并行工程技术的预研工作。国内部分企业也开始运用并行工程的思想和方法来缩短产品开发周期、增强竞争能力。但是，无论从技术研究还是企业实践上，中国都落后于国际先进水平十年左右，许多工作仍处在探索阶段。

7.2.2 地位和作用

1. 承上启下的作用

并行工程在先进制造技术中具有承上启下的作用，这主要体现在两个方面：

(1) 并行工程是在CAD、CAM、CAPP等技术支持下，将原来分别进行的工作在时间和空间上交叉、重叠，充分利用了原有技术，并吸收了当前迅速发展的计算机技术、信息技术的优秀成果，使其成为先进制造技术中的基础，并行工程运行模式见图7-1。

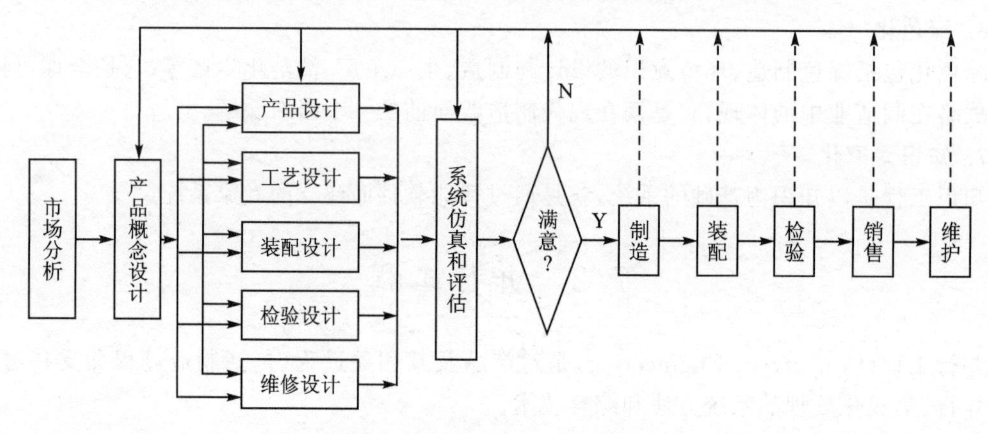

图7-1 并行工程的运行模式

(2) 在并行工程中为了达到并行的目的，必须建立高度集成的主模型，通过它来实现不同部门人员的协同工作；为了达到产品的一次设计成功，减少反复，它在许多部分应用了仿真技术；主模型的建立、局部仿真的应用等都包含在虚拟制造技术中，可以说并行工程的发展为虚拟制造技术的诞生创造了条件，虚拟制造技术将是以并行工程为基础的，并行工程的进一步发展方向是虚拟制造(Virtual Manufacturing)。所谓虚拟制造又叫拟实制造，它是利用信息技术、仿真技术、计算机技术对现实制造活动中的人、物、信息及制造过程进行全面的仿真，以发现制造中可能出现的问题，在产品实际生产前就采取预防措施，从而达到产品一次性制造成功，来达到降低成本、缩短产品开发周期，增强产品竞争力的目的。

2. 并行工程与面向制造和装配的产品设计

面向制造和装配的产品设计(Design for Manufacturing and Assembly，DFMA)是指在产品设计阶段充分考虑产品的可制造性和可装配性，从而以更短的产品开发周期、更低的产品开发成本和更高的产品开发质量进行产品开发。

很显然，要顺利地实施和开展并行工程，离不开面向制造和装配的产品设计，只有从产品设计入手，才能够实现并行工程提高质量、降低成本、缩短开发时间的目的。可以说，面向制造和装配的产品开发是并行工程的核心部分，是并行工程中最关键的技术。掌握了面向制造和装配的产品开发技术，并行工程就成功了一大半。

7.2.3　本质特点

1. 并行工程的特征

(1) 并行交叉

它强调产品设计与工艺过程设计、生产技术准备、采购、生产等种种活动并行交叉进行。并行交叉有两种形式:一是按部件并行交叉,即将一个产品分成若干个部件,使各部件能并行交叉进行设计开发;二是对每单个部件,可以使其设计、工艺过程设计、生产技术准备、采购、生产等各种活动尽最大可能并行交叉进行。需要注意的是,并行工程强调各种活动并行交叉,并不是也不可能违反产品开发过程必要的逻辑顺序和规律,不能取消或越过任何一个必经的阶段,而是在充分细分各种活动的基础上,找出各个子活动之间的逻辑关系,将可以并行交叉的尽量并行交叉进行,并行工程的设计网络如图 7-2 所示。

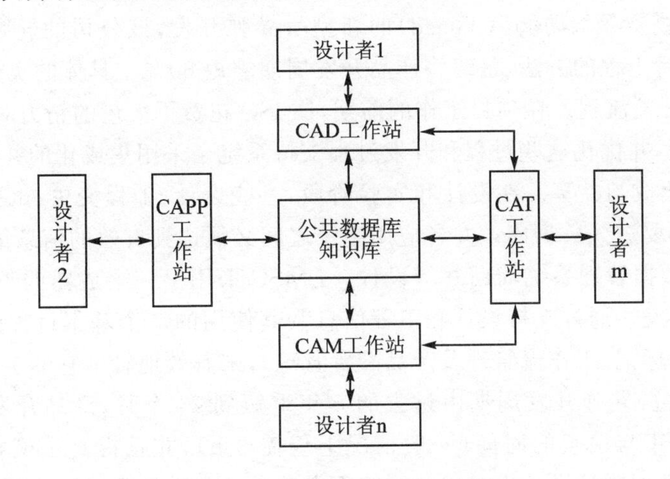

图 7-2　并行工程的设计网络

(2) 尽早开始工作

正因为强调各活动之间的并行交叉,以及争取时间,所以它强调人们要学会在信息不完备情况下就开始工作。因为根据传统观点,人们认为只有等到所有产品设计图纸全部完成以后才能进行工艺设计工作,所有工艺设计图完成后才能进行生产技术准备和采购,生产技术准备和采购完成后才能进行生产。正因为并行工程强调将各有关活动细化后进行并行交叉,因此很多工作要在我们传统上认为信息不完备的情况下开始进行。

2. 并行工程的特点简述

① 基于集成制造的并行性。

② 并行有序。

③ 群组协同。

④ 面向工程的设计。

⑤ 计算机仿真技术。

7.2.4　国内外发展应用

1. 国外发展

1988 年,美国防御分析研究所以武器生产为背景,对传统的生产模式进行了分析,首次提出了并行工程的概念。特别是美国国防部高级房屋研究项目局与1988年7月在西弗吉尼亚大学投资4～5亿美元组建CERC，致力于设计、开发和推广CE使能技术，以提高产品的开发能力。

1986—1992年，是并行工程的研究与初步尝试阶段。美国国防部支持的DARPA/DICE计划，欧洲的ESPRIT II&III计划，日本的IMS计划等都进行了并行工程的研究。

1995年至今是新的发展阶段，是并行工程从理论向实用化方向发展并取得了明显的成效的阶段。

2. 国外应用

并行工程已从理论向实用化方向发展，越来越多地涉及航空、航天、汽车、电子、机械等领域的国际知名企业，通过实施并行工程取得了显著效益。

如美国洛克希德(Lockheed)导弹与空间公司(LMSC)于1992年10月接受了美国国防部(DOD)用于“战区高空领域防御”(Thaad)的新型号导弹开发，该公司的导弹开发一般需要5年时间，而采用并行工程的方法，最终将产品开发周期缩短60%。具体的实行如下：

① 改进产品开发流程。在项目工作的前期，LMSC花费了大量的精力对Thaad开发中的各个过程进行分析，并优化这些过程和开发过程支持系统。采用集成化的并行设计方法。

② 实现信息集成与共享。在设计和实验阶段，一些设计、工程变更、试验和实验等数据，所有相关的数据都要进入数据库。并各应用系统之间必须达到有效的信息集成与共享。

③ 利用产品数据管理系统辅助并行设计。LMSC采用了一个成熟的工程数据管理系统辅助并行化产品开发。通过支持设计和工程信息及其使用的7个基本过程(数据获取、存储、查询、分配、检查和标记、工作流管理及产品配置管理)，来有效地管理它的工程数据。

CE带来的效益：导弹开发周期由过去的5年缩短到24个月，产品开发周期缩短60%。大大缩短了设计评审与检查的时间(一般情况下仅需3 h)，并且提高了检查和设计的质量。另外，像Siemens重型雷达设备也采用并行工程来改进产品质量及缩短开发周期。

其实施有6个方面的要求：

① 建立“一次开发成功”团队和技术中心；

② 开发一种新的设计过程控制工具来跟踪循环中的时间延迟，消除无效的等待时间；

③ 引入IDEF建模系统，使工程师在建模过程中质疑并改进；

④ 过程控制工具。其软件包含获得每个通过设计中心的设计文件的历史资料以及记录DCI的根本原因；

⑤ 采用1个在线系统要求对取消DCI负责的工程管理员写出详细原因；

⑥ 将产品设计小组和产品测试小组合并为数字小组，并在以后负责开发测试，测试考虑则将成为设计过程的一部分。

ABB(瑞士)火车运输系统建立了支持CE的计算机系统、可互操作的网络系统和一致的产品数据模型，组织了设计和制造过程的团队，并应用仿真技术。应用并行工程后大大缩短了产品开发的周期。过去从合同签订到交货需3～4年，仅用3～18个月，对于东南亚的顾客，可在12个月内交货。整个产品开发周期缩短25%～33%，其中从用户需求到测试平台需6个月，缩短了50%。

另外，像雷诺(Renauld)、通用电力(GE)等著名企业通过实施并行工程并取得了显著效益。

3. 中国的发展与应用

中国制造业要想进入世界竞争，必须增强自身的产品开发能力，并行工程是一个非常重要的选择。CE 在中国的研究与应用分为以下几个阶段：

① 1992 年前是并行工程的预研阶段，863/CIMS 年度计划和国家自然科学基金资助了一些并行工程相关技术的研究课题，如面向产品设计的智能 DFM，并行设计方法研究，产品开发过程建模与仿真技术研究等。

1993 年，863/CIMS 主题组织清华大学、北京航空航天大学、上海交通大学等单位，组成 CE 可行性论证小组，提出在 CIMS 实验工程的基础上开展 CE 的攻关研究。

1995 年 5 月，863/CIMS 主题重大关键技术攻关项目“并行工程”正式立项，投入大量资金开展 CE 方法、关键技术和应用实施的研究。

1995 年 5 月—1997 年 12 月，进行了“并行工程”项目的攻关研究。

② 1998 年至今，“并行工程”已有攻关成果并进一步深入研究，应用于航天等领域。

国内对 CE 的研究也已发展到了一定的高度，以下是几个成功应用并行工程的典型范例。

西安飞机工业（集团）有限公司在已有软件系统的基础上，开发支持飞机内装饰并行工程的系统工具，包括：适用于飞机内装饰的 CAID 系统、DEA 系统和模具的 CAD/CAE/CAM 系统。如 Y7－200A 内装饰设计制造并行工程。通过了过程建模与 PDM 实施，工业设计，DFA，并行工程环境下的模具 CAD/CAM，飞机客舱内装饰数字化定义等技术手段。Y7－700A 飞机内装饰工程中，研制周期从 1.5 年缩短到 1 年，减少设计更改 60％以上，降低产品研制成本 20％以上。

以波音 737－700 垂直尾翼转包生产为例，研制周期缩短 3 个月；节约工装引进费用 370 万美元；减少样板 1 165 块，合计人民币 50 万元；减少标工、二类工装 23 项，合计人民币 125 万元；减少过渡模 136 项，合计人民币 68 万元；提高数控编程速度 4～6 倍，减少数控零件试切时间 40％；工艺设计效率提高 1.5 倍等。

齐齐哈尔铁路车辆并行工程中改进后的棚车开发流程。其改进的措施包括：在产品开发的早期阶段，就能够充分考虑冲压件、铸钢件等零件的可制造性问题和铁路货车的结构强度、刚度及动力学品质等产品性能问题，从而能够尽量减少设计错误，提高设计质量；同时增加 DFX，使得在产品设计阶段即可考虑产品加工、装配和工艺等问题，提高一次设计成功的可能性。实现工艺和工装的并行开发，精简设计过程；制造系统与产品开发过程不构成大循环，从而缩短产品开发周期，提高产品质量与水平。

7.2.5　生产应用

并行工程在汽车工业中的运用较多。汽车工业是一个技术与资金高度密集的成熟产业，是当今许多高新技术的载体，产品开发是汽车工业技术的核心，其本身也是一项重要的技术。

汽车开发是一项复杂的系统工程。它的开发流程包括创意、造型、设计、工程分析、样车实验、工装设计及加工、调试、生产、装配等工作。如果不能很好地协调各环节，汽车开发必然是费时费力的浩大工程。尤其是这几年国内汽车业迅猛发展，各汽车厂竞争空前激烈，汽车开发的周期、质量、成本显得尤为重要。由于对产品研究开发的投入力度不够，新产品开发全过程的实践不够，中国与国外高水平的汽车开发技术相比还有很大差距。特别是在产品开发的组织体系及人员、产品开发工作的组织、产品开发过程等环节上。下面将探讨采用并行工程在汽车的开发过程中如何实现缩短产品开发周期、提高产品质量、降低产品开发成本。

一般来讲,汽车产品开发期共有4个阶段,即策划阶段、设计阶段、样品试制阶段、小批试制阶段。汽车企业实施产品开发并行工程,就应该在这4个阶段运用。

1. 并行工程在策划阶段的运用

在策划阶段汽车企业决策层首先应该考虑:开发的产品是否能为企业带来经济效益;开发的产品是否具有的先进性、可行性、经济性、环保性等优点;开发的产品是否具有潜在市场;竞争对手是否也在开发的同类型产品他们的水平如何;开发产品是否符合国内外法律法规和专利要求等方面的可行性。

如果通过论证认为可行,则立即组建产品开发并行工程项目小组。企业应从与产品开发相关的部门,选定有一定技术专长和管理能力的产品设计、产品工艺、质量管理、现场施工、生产管理等人员(如有必要还可邀请产品的使用客户代表参加)组成并行工程项目小组,同时明确小组成员的工作职责。

2. 并行工程在设计阶段的运用

并行工程要求产品开发人员在制定产品设计的总体方案时就考案产品生命周期中的所有因素,解决好产品的T、Q、C、S难题,即以最快的上市速度、最好的质量、最低的成本及最优的服务来满足顾客的不同需求和社会可持续发展的需求。总体方案的设计与论证作为以后详细设计的依据,必须从总体上保证最优,包括优化设计、降低成本、缩短研制周期。

在设计阶段产品开发并行工程项目小组应根据用户要求确定所开发产品的设计目标。要确保所开发产品能使用户满意,就必须以用户关注的项目开发周期、项目开发成本和预定的最优效果作为所开发产品的设计目标。

设计目标是并行工程项目小组的行动纲领,这些目标都是充分研究国内外经济形势、顾客合理要求、市场总体需求、国家法律法规要求和企业内部客观条件,并在全面收集竞争对手有关资料的基础上确定的。设计目标确定后,要采用既合理又简便的方法,根据用户要求,找出关键目标,并将设计目标分解为若干个分类目标。这样,并行工程项目小组就能白上而下地把设计目标层层展开,企业各部门并行地开展工作。并按关键目标要求,对产品开发过程进行评价得出最优设计结果。

3. 并行工程在样品试制阶段的运用

并行工程在样品试制阶段的工作重点是实现产品各方面的优化。并行工程项目小组应建立典型产品的设计模型。汽车企业进行典型产品设计、可靠性设计和可靠性试验的目的,就是为了建立典型产品的设计数据库,并通过现代计算机的应用技术,将设计数据实现信息收集、编制、分配、评价和延伸管理,确立典型产品设计模型。并通过对确立的典型产品设计模型的研究,利用信息反馈系统进行产品寿命估算,找出其产品设计和产品改进的共性要求,实现产品的最优化设计。要使开发的汽车产品设计最优化,还必须了解同类产品的失效规律及失效类型,尤其是对安全性、可靠性、耐久性有重要影响的产品设计时,要认真分析数据库内同类产品的失效规律及失效类型作用,采取成熟产品的积累数据,通过增加安全系数、降低承受负荷、强化试验等方法,来进行产品最优化设计。

4. 并行工程在小批量试制阶段的运用

并行工程在小批量试制阶段的工作重点是实现生产能力的优化。应按产品质量要求对生产能力进行合理配置。生产过程的“人员、设备、物料、资金、信息等”诸要素的优化组合,是实现用最少投入得到最大产出的基础，尤其是在产品和技术的更新速度不断加快、社会化大生产程度日益提高的今天，要实现产品快速投放市场，就更需要对工艺流程、工序成本、设备能力、工艺装备有效性、检测能力及试验能力的优化分析，实现生产能力的合理配置。同时对生产出来的产品，应站在用户的立场上，从加工完毕、检验合格的产品中抽取一定数量，评价其质量特性是否符合产品图纸、技术标准、法律法规等规定要求；并以质量缺陷多少为依据，评价产品的相应质量水平，并督促有关部门立即制定改进措施，对投入试用的产品还应把用户反馈回来的信息进行分析，对用户提出的合理和可行的建议，也应拿出改进措施，实现客户满意。另外，由于汽车这个产品对安全要求的特殊性，企业还必须对汽车进行安全可靠性试验。

汽车产品的安全可靠性试验的目的，主要是考核产品是否达到规定的安全要求。产品设计改进和产品质量改进是贯穿于产品寿命周期的一项经常性工作，持续改进是使企业管理水平不断提升的基本方法，更是追求顾客满意、企业获利的永恒动力。

7.3　敏捷制造

敏捷制造(Agile Manufacturing)简称 AM。“敏”字的甲骨文字形象用手整理头发的样子，本义为动作快。

7.3.1　背景概述

20 世纪 80 年代，原联邦德国和日本生产的高质量的产品大量推向美国市场，迫使美国的制造策略由注重成本转向产品质量。进入 90 年代，产品更新换代加快，市场竞争加剧。仅仅依靠降低成本、提高产品质量还难以赢得市场竞争，还必须缩短产品开发周期。当时美国汽车更新换代的速度已经比日本慢了一倍以上，速度成为美国制造商关注的重心。

同时，20 世纪 70 年代到 80 年代，被列为“夕阳产业”不再予以重视的美国制造业一度成为美国经济严重衰退的重要因素之一。在这种形式下，通过分析研究的得出了一个“一个国家要生活得好，必须生产得好”的基本结论。

为重新夺回美国制造业的世界领先地位，美国政府把制造业发展战略目标瞄向 21 世纪。美国通用汽车公司(GM)和里海(Leigh)大学的雅柯卡(Iacocca)研究所在美国国防部的资助下，组织了百余家公司，耗资 50 万美元，分析研究 400 多篇优秀报告后，做出《21 世纪制造企业战略》的报告。于 1988 年在这份报告中首次提出敏捷制造的新概念。1990 年向社会半公开以后，立即受到世界各国的重视。1992 年美国政府将敏捷制造这种全新的制造模式作为 21 世纪制造企业的战略，提出了既能体现国防部与工业界各自的特殊利益，又能获取他们共同利益的一种新的生产方式，即敏捷制造。

敏捷制造是在具有创新精神的组织和管理结构、先进制造技术(以信息技术和柔性智能技术为主导)、有技术有知识的管理人员三大类资源支柱支撑下得以实施的，也就是将柔性生产技术、有技术有知识的劳动力与能够促进企业内部和企业之间合作的灵活管理集中在一起，通过所建立的共同基础结构，对迅速改变的市场需求和市场进度做出快速响应。敏捷制造比起其他制造方式具有更灵敏、更快捷的反应能力。

敏捷制造的优点是生产更快，成本更低，劳动生产率更高，机器生产率加快，质量提高，提高生产系统可靠性，减少库存，适用于 CAD/CAM 操作。缺点是实施起来费用高。

7.3.2 构成要素

敏捷制造主要包括三个要素,生产技术,组织方式,管理手段。

敏捷制造的目的可概括为:将柔性生产技术,有技术、有知识的劳动力与能够促进企业内部和企业之间合作的灵活管理(三要素)集成在一起,通过所建立的共同基础结构,对迅速改变的市场需求和市场实际做出快速响应。从这一目标中可以看出,敏捷制造实际上主要包括三个要素:生产技术、管理和人力资源。

1. 敏捷制造的生产技术

敏捷性是通过将技术、管理和人员三种资源集成为一个协调的、相互关联的系统来实现的。首先,具有高度柔性的生产设备是创建敏捷制造企业的必要条件(但不是充分条件)。所必需的生产技术在设备上的具体体现是:由可改变结构、可量测的模块化制造单元构成的可编程的柔性机床组;"智能"制造过程控制装置;用传感器、采样器、分析仪与智能诊断软件相配合,对制造过程进行闭环监视,等等。

其次,在产品开发和制造过程中,能运用计算机能力和制造过程的知识基础,用数字计算方法设计复杂产品;可靠地模拟产品的特性和状态,精确地模拟产品制造过程。各项工作是同时进行的,而不是按顺序进行的。同时开发新产品,编制生产工艺规程,进行产品销售。设计工作不仅属于工程领域,也不只是工程与制造的结合。从用材料制造成品到产品最终报废的整个产品生命周期内,每一个阶段的代表都要参加产品设计。技术在缩短新产品的开发与生产周期上可充分发挥作用。

再次,敏捷制造企业是一种高度集成的组织。信息在制造、工程、市场研究、采购、财务、仓储、销售、研究等部门之间连续地流动,而且还要在敏捷制造企业与其供应厂家之间连续流动。在敏捷制造系统中,用户和供应厂家在产品设计和开发中都应起到积极作用。每一个产品都可能要使用具有高度交互性的网络。同一家公司的、在实际上分散、在组织上分离的人员可以彼此合作,并且可以与其他公司的人员合作。

最后,把企业中分散的各个部门集中在一起,靠的是严密的通用数据交换标准、坚固的"组件"(许多人能够同时使用同一文件的软件)、宽带通信信道(传递需要交换的大量信息)。把所有这些技术综合到现有的企业集成软件和硬件中去,这标志看敏捷制造时代的开始。敏捷制造企业将普遍使用可靠的集成技术,进行可靠的、不中断系统运行的大规模软件的更换,这些都将成为正常现象。

2. 敏捷制造的管理技术

首先,敏捷制造在管理上所提出的最创新思想之一是"虚拟公司"。敏捷制造认为,新产品投放市场的速度是当今最重要的竞争优势。推出新产品最快的办法是利用不同公司的资源,使分布在不同公司内的人力资源和物资资源能随意互换,然后把它们综合成单一的靠电子手段联系的经营实体——虚拟公司,以完成特定的任务。也就是说,虚拟公司就像专门完成特定计划的一家公司一样,只要市场机会存在,虚拟公司就存在;该计划完成了,市场机会消失了,虚拟公司就解体。能够经常形成虚拟公司的能力将成为企业一种强有力的竞争武器。

只要能把分布在不同地方的企业资源集中起来,敏捷制造企业就能随时构成虚拟公司。在美国,虚拟公司将运用国家工业网络——全美工厂网络,把综合性工业数据库与服务结合起来,以便能够使公司集团创建并运作虚拟公司,排除多企业合作和建立标准合法模型的法律障碍。这样,组件虚拟公司就像成立一个公司那样简单。

有些公司总觉得独立生产比合作要好,这种观念必须要破除。应当把克服与其他公司合作的组织障碍作为首要任务,而不是作为最后任务。此外,需要解决因为合作而产生的知识产权问题,需要开发管理公司、敏捷制造单元组建流程、调动人员工作主动性的技术,寻找建立与管理项目组的方法,以及建立衡量项目组绩效的标准,这些都是艰巨任务。

其次,敏捷制造企业应具有组织上的柔性。因为,先进工业产品及服务的激烈竞争环境已经开始形成,越来越多的产品要投入瞬息万变的世界市场上去参与竞争。产品的设计、制造、分配、服务将用分布在世界各地的资源(公司、人才、设备、物料等)来完成。制造公司日益需要满足各个地区的客观条件。这些客观条件不仅反映社会、政治和经济价值,而且还反映人们对环境安全、能源供应能力等问题的关心。在这种环境中,采用传统的纵向集成形式,企图"关起门来"什么都自己做,是注定要失败的,必须采用具有高度柔性的动态组织结构。根据工作任务的不同,有是可以采取内部多功能团队形式,请供应者和用户参加团队;有时可以采用与其他公司合作的形式;有时可以采取虚拟公司形式。有效地运用这些手段,就能充分利用公司的资源。

3. 敏捷制造的人力资源

敏捷制造在人力资源上的基本思想是,在动态竞争的环境中,关键的因素是人员。柔性生产技术和柔性管理要使敏捷制造企业的人员能够实现他们自己提出的发明和合理化建议。没有一个一成不变的原则来指导此类企业的运行。唯一可行的长期指导原则,是提供必要的物质资源和组织资源,支持人员的创造性和主动性。

在敏捷制造时代,产品和服务的不断创新和发展,制造过程的不断改进,是竞争优势的同义语。敏捷制造企业能够最大限度地发挥人的主动性。有知识的人员是敏捷制造企业中唯一最宝贵的财富。因此,不断对人员进行教育,不断提高人员素质,是企业管理层应该积极支持的一项长期投资。每一个雇员消化吸收信息、对信息中提出的可能性做出创造性响应的能力越强,企业可能取得的成功就越大。对于管理人员和生产线上具有技术专长的工人都是如此。科学家和工程师参加战略规划和业务活动,对敏捷制造企业来说是带决定性的因素。在制造过程的科技知识与产品研究开发的各个阶段,工程专家的协作是一种重要资源。

敏捷制造企业中的每一个人都应该认识到柔性可以使企业转变为一种通用工具,这种工具的应用仅仅取决于人们对于使用这种工具进行工作的想象力。大规模生产企业的生产设施是专用的,因此,这类企业是一种专用工具。与此相反,敏捷制造企业是连续发展的制造系统,该系统的能力仅受人员的想象力、创造性和技能的限制,而不受设备限制。敏捷制造企业的特性支配着它在人员管理上所持有的、完全不同于大量生产企业的态度。管理者与雇员之间的敌对关系是不能容忍的,这种敌对关系限制了雇员接触有关企业运行状态的信息。信息必须完全公开,管理者与雇员之间必须建立相互信赖的关系。工作场所不仅要完全,而且对在企业的每一个层次上从事脑力创造性活动的人员都要有一定的吸引力。

7.3.3 本质特点

敏捷制造的核心思想是:要提高企业对市场变化的快速反应能力,满足顾客的要求。除了充分利用企业内部资源外,还可以充分利用其他企业乃至社会的资源来组织生产。

敏捷制造的基本特点是:

(1) 从产品开发开始的整个产品生命周期都是为满足用户需求的

敏捷制造采用柔性化、模块化的产品设计方法和可重组的工艺设备,使产品的功能和性能可根据用户的具体需要进行改变,并借助仿真技术可让用户很方便地参与设计,从而很快地生产出满足用户需要的产品。它对产品质量的概念是,保证在整个产品生产周期内达到用户满意;企业的质量跟踪将持续到产品报废,甚至直到产品的更新换代。

(2) 采用多变的动态的组织结构

21 世纪衡量竞争优势的准则在于企业对市场反应的速度和满足用户的能力。而要提高这种速度和能力,必须以最快的速度把企业内部的优势和企业外部不同公司的优势集中在一起,组成为灵活的经营实体,即虚拟公司。

所谓虚拟公司,是一种利用信息技术打破时空阻隔的新型企业组织形式。它一般是某个企业为完成一定任务项目而与供货商、销售商、设计单位或设计师,甚至与用户所组成的企业联合体。选择这些合作伙伴的依据是他们的专长、竞争能力和商誉。这样,虚拟公司能把与任务项目有关的各领域的精华力量集中起来,形成单个公司所无法比拟的绝对优势。当既定任务一旦完成,公司即行解体。当出现新的市场机会时,再重新组建新的虚拟公司。

虚拟公司这种动态组织结构,大大缩短了产品上市时间,加速产品的改进发展,使产品质量不断提高,也能大大降低公司开支,增加收益。虚拟公司已被认为是企业重新建造自己生产经营过程的一个步骤,预计 10 年到 20 年以后,虚拟公司的数目会急剧增加。

(3) 着眼于长期获取经济效益

传统的大批量生产企业,其竞争优势在于规模生产,即依靠大量生产同一产品,减少每个产品所分摊的制造费用和人工费用,来降低产品的成本。敏捷制造是采用先进制造技术和具有高度柔性的设备进行生产,这些具有高柔性、可重组的设备可用于多种产品,不需要像大批量生产那样要求在短期内回收专用设备及工本等费用。而且变换容易,可在一段较长的时间内获取经济效益,所以它可以使生产成本与批量无关,做到完全按订单生产,充分把握市场中的每一个获利时机,使企业长期获取经济效益。

(4) 建立新型的标准体系,实现技术、管理和人的集成

敏捷制造企业需要充分利用分布在各地的各种资源,要把这些资源集中在一起,以及把企业中的生产技术、管理和人集成到一个相互协调的系统中。为此,必须建立新的标准结构来支持这一集成。这些标准结构包括大范围的通信基础结构、信息交换标准等的硬件和软件。

(5) 最大限度地调动、发挥人的作用

敏捷制造提倡以"人"为中心的管理。强调用分散决策代替集中控制,用协商机制代替递阶控制机制。它的基础组织是"多学科群体"(Multi - Decision Team),是以任务为中心的一种动态组合。也就是把权力下放到项目组,提倡"基于统观全局的管理"模式,要求各个项目组都能了解全局的远景,胸怀企业全局,明确工作目标和任务的时间要求,但完成任务的中间过程则由项目组自主决定。以此来发挥人的主动性和积极性。

显然,敏捷制造方式把企业的生产与管理的集成提高到一个更高的发展阶段。它把有关生产过程的各种功能和信息集成扩展到企业与企业之间的不同系统的集成。当然,这种集成将在很大程度上依赖于国家和全球信息基础设施。

7.3.4　组织方式

敏捷制造认为，新产品投放市场的速度是当今最重要的竞争优势。推出新产品最快的办法是利用不同公司的资源和公司内部的各种资源。这就需要企业内部组织的柔性化和企业间组织的动态联盟。虚拟公司是最为理想的一种形式。虚拟公司就像专门完成特定计划的一家公司一样，只要市场机会存在，虚拟公司就存在；市场机会消失了，虚拟公司也随之解体。能够经常形成虚拟公司的能力将成为企业一种强有力的竞争武器。

只要能把分布在不同地方的企业资源集中起来，敏捷制造企业就能随时构成虚拟公司。在美国，虚拟公司将运用国家的工业网络——全美工业网络，把综合性工业数据库与服务结合起来，以便能够使公司集团创建并运作虚拟公司。

敏捷制造企业必须具有高度柔性的动态组织结构。根据产品不同，采取内部团队、外部团队（供应商，用户均可参与）与其他企业合作或虚拟公司等不同形式，来保证企业内部信息达到瞬时沟通，又能保证迅速抓住企业外部的市场，而进一步做出灵敏反映。

7.3.5　实施敏捷制造的有效措施

1. 员工的继续教育

把继续教育放在实现敏捷制造的首位，高度重视并尽可能创造条件使员工能获取新信息和知识未来的竞争，归根结底是人才的竞争，是人才所掌握的知识和创造力的竞争。企业的员工知识面广、视野宽，才有可能不断产生战胜竞争对手的新思想。

2. 虚拟企业的组成和工作

从竞争走向合作，从互相保密走向信息交流，实际上会给企业带来更大利益。实施敏捷制造的基础是全国乃至全球的通信网络，在网上了解到有专长的合作伙伴，在网络通信中确定合作关系，又通过网络用并行工程的做法实现最快速和高质量的新产品开发。

3. 计算机技术和人工智能技术的广泛应用

未来制造业中强调人的作用，并不是贬低技术所起的作用。计算机辅助设计、辅助制造、计算机仿真与建模分析技术，都应在敏捷企业中加以应用。另外，还要提到“团件”（Group ware），这是近来研究比较多的一种计算机支持协同工作的软件，强调作为分布式群决策软件系统，它可以支持两个以上用户以紧密方式共同完成一项任务。人工智能在生产和经营过程中的应用，是另一个重要的先进技术的标志。从底层原始数据检测和收集的传感器，到过程控制的机理以至辅助决策的知识库，都需要应用人工智能技术。

4. 方法论的指导

就是在实现某一目标，完成某一项大工程时，所需要使用的一整套方法的集合，实现企业的整体集成，是一项十分复杂的任务。对每一时期每一项具体任务，都应该有明确的规定和指导方法，这些方法的集会就叫“集成方法论”。这样的方法论能帮助人们少走弯路，避免损失。这种效益，比一台新设备，一个新软件所能产生的有形的经济效益，要大得多，重要得多。

5. 环境美化的工作

环境美化不仅仅指企业范围内的绿化，更主要是对废弃物的处理，主动地、有专门的组织积极地开展对废物的利用或妥善的销毁。

6. 绩效测量与评价

传统的企业评价总是着眼于可计量的经济效益，而对生产活动的评价，则看一些具体的技术指标。这种方法基本上属于短期行为的做法。对于敏捷制造、系统集成所提出的战略考虑，如缩短提前期对竞争能力有多少好处？如何度量企业柔性？企业对产品变异的适应能力会导致怎样的经济效益？如何检测员工和工作小组的技能？技能标准对企业柔性又会有什么影响……这一系列问题都是在新形势、新环境下提出来需要解决的。又如会计核算方法，传统的会计核算主要适合于静态产品和大批量生产过程，用核算结果来控制成本，减少原材料和直接劳动力的使用，是一种消极防御式的核算方法。这些都是不适应敏捷企业需要的，当前要采用一种支持这些变化的核算方法。如ABC法把成本计算与各种形式的经营活动相关联，是未来企业中很有希望的一种核算方法。合作伙伴资格预评是另一种评价问题，因为虚拟企业的成功必须要合作伙伴确有所长，而且应有很好的合作信誉。

7. 标准和法规的作用

目前产品和生产过程的各种标准还不统一，而未来的制造业的产品变异又非常突出，如果没有标准，不论对国家、对企业、对企业间的合作、对用户都非常不利。因此必须要强化标准化组织，使其工作能不断跟上环境和市场的改变，各种标准能及时演进。现行法规也应该随着国际市场和竞争环境的变化而演进，其中包括政府贷款、技术政策、反垄断法规、税法、税率、进出口法和国际贸易协定等。

8. 组织实践

外部形势要求变，内部条件也可以变，这时的关键就在于领导能否下决心组织变革，引进新技术，实现组织改革，实现放权，进行与其他企业的新形式的合作。现在不仅要求富于革新精神和善于根据敏捷制造的概念进行变革的个人，更需要而且是必然需要这样的小组，才能推动企业的变革。

7.3.6 迎接敏捷制造的对策

敏捷制造模式在发达国家的一些企业如美国的DELL、XEROX、GM以及AT&T所属ADDS等公司都已经创造出了一个又一个制造业的新景象。我国中小企业因它自身的特点不能一蹴而就，它需要企业观念、制度、组织、人员等一系列软硬件的相关支持，通过企业重组与再造，达到实现企业生产和组织敏捷化的要求：

1. 更新传统的经营理念

计划经济和卖方市场条件下企业大批大量生产中的“成本中心”和“生产中心”观念已逐渐被买方市场条件下的“用户中心”和“产品中心”观念取代，企业通过为用户提供最合理、全面的解决方案，来快速满足用户的需求，通过建立最广泛的合作体系来达到真正的信任与共赢。

2. 调整企业组织结构

现代企业竞争的优势体现在企业对市场反应的速度和满足用户的能力，因此，我国中小企业一方面应通过自身组织重组、精简机构，减少管理层次，充分授权，适时地组织工作团队、项目小组等管理革新方式，使组织柔性可变、信息畅通，满足柔性生产要求；另一方面企业间可利用信息通信技术打破时空阻隔，实行优势互补、强强联合，组成动态联盟，以虚拟企业的形式，实现生产的高度柔性化。这是实施敏捷制造的组织保证。

3. 要加强企业信息、知识网络化建设

信息和知识在企业发展中正扮演着越来越重要的角色，我国中小企业应以长远的目光，看到信息资源、知识资源的重要价值，合理使用 MIS、MRPII、CIMS 等计算机辅助管理系统；加强对知识资源的编码化、网络化建设，建立企业内联网外联网，最大限度地开发和利用企业内部、供应商、用户以及最终消费者的信息和知识资源。

4. 要积极培养企业的核心能力

联盟创造市场将是未来中小企业竞争的新方式，这种动态的、松散的合作联盟要求企业必须拥有自己的核心能力。加强技术创新，实施专业化生产，实现“小而专”“小而特”“小而优”“小而强”，使人力、物力、财力得以迅速集中、快速反应，将是企业具有参与合作资格以及实施敏捷制造的前提。

5. 建立高素质的人才队伍

创新能力是企业发展的核心动力，人才是创新能力的主体，企业核心能力的实现必须通过提高企业人力资本存量和激发人力资本效益增量来达到。为此一方面要求企业完善内部人力资源管理，加大激励力度，吸引优秀人才、留住优秀人才；另一方面要求国家为中小企业的人才储备、开发、培养建立一套有效的扶持、保护措施。高素质的人才是我国中小企业实现敏捷制造的核心要求。

敏捷制造模式作为一种全新的生产管理模式，正日益受到全球企业界的关注，今天，机遇与挑战并存，我国中小企业应加快改革，积极把握机遇，结合自身具体情况，走出一条适合企业发展的新路子来。

7.3.7　社会影响

竞争是推动社会前进的动力，但过度竞争造成人力与资源的极大浪费。当今竞争的前期合作，已成为各大公司解决某项关键技术时常用的手段。随着产品越来越复杂，在抢先进入市场的竞争下，任何一个企业再也没有可能在较短的时间内，制造一个产品的全部，甚至独立完成一个产品的全部设计，因此敏捷制造将从根本上改变工业竞争的内容和意义。为了达到快速响应市场的机遇，在敏捷制造企业间竞争对手、合作方、供货方、买方的关系是随着项目经常变化的，将使得竞争和合作二者变得兼容。

敏捷制造企业除了抓住市场机遇外，重要的是如何千方百计加大科研开发的投入，增强创新能力，扩大创新队伍，例如：AT&T 每年科研开发的投入为总产值的 17%，1994 年该公司的总产值超过 1 000 亿美元；IBM 公司多年来，科研开发的投入保持在总产值的 10%；日立公司也基本保持在 10%，这样为了竞争大大加大科技的投入，必将大大推动科技的发展，加速社会各方面的进步。

未来敏捷制造企业对员工素质的要求将大大推动教育的发展。由于未来对科技和教育的投入将大幅度地、不断地增大，这一切将把人类的文明以空前的速度推向新的高潮。

但近几年的实践证明，作为提供给最终用户的产品变化快，但作为构成产品的部件相对变化较慢，以小轿车为例，外形年年变，但发动机则若干年才变，而且变化往往是改进性的渐变。因此，当前社会的生产结构正在进行重大的改组，即部件厂和整机厂的分工，部件厂的专业化程度越来越高，部件厂和整机厂，在风险和利润中取得某种平衡，即部件厂风险低，利润小；而整机厂风险大，利润高。这种专业化的再分工，在统一的标准和规范下越来越细，例如：电子计算机就是一例，从显示器、芯片、CPU板、电子元器件、插接件、软盘、光驱等都是由专业厂生产的；ABB的工业机器人生产厂，已经没有一台加工机床，只有较大的设计开发部门、及遍布全世界的总装厂和销售服务中心，所有电子及机械部件都以合同方式由外协厂进行；这样的例子不胜枚举。显然全能型的企业今后将逐渐在竞争中被这些高效的整机厂和部件厂所替代。

7.4 智能制造系统

智能制造系统(Intelligent Manufacturing System，IMS)。是一种由智能机器和人类专家共同组成的人机一体化智能系统，它在制造过程中能以一种高度柔性与集成不高的方式，借助计算机模拟人类专家的智能活动进行分析、推理、判断、构思和决策等，从而取代或者延伸制造环境中人的部分脑力劳动。同时，收集、存贮、完善、共享、集成和发展人类专家的智能。

7.4.1 什么是智能制造

智能制造(Intelligent Manufacturing，IM)是一种由智能机器和人类专家共同组成的人机一体化智能系统，它在制造过程中能进行智能活动，诸如分析、推理、判断、构思和决策等。通过人与智能机器的合作共事，去扩大、延伸和部分地取代人类专家在制造过程中的脑力劳动。它把制造自动化的概念更新，扩展到柔性化、智能化和高度集成化。

谈起智能制造，首先应介绍日本在1990年4月所倡导的“智能制造系统IMS”国际合作研究计划。许多发达国家如美国、欧洲共同体、加拿大、澳大利亚等参加了该项计划。该计划共计划投资10亿美元，对100个项目实施前期科研计划。

毫无疑问，智能化是制造自动化的发展方向。在制造过程的各个环节几乎都广泛应用人工智能技术。专家系统技术可以用于工程设计，工艺过程设计，生产调度，故障诊断等。也可以将神经网络和模糊控制技术等先进的计算机智能方法应用于产品配方，生产调度等，实现制造过程智能化。而人工智能技术尤其适合于解决特别复杂和不确定的问题。但同样显然的是，要在企业制造的全过程中全部实现智能化，如果不是完全做不到的事情，至少也是在遥远的将来。有人甚至提出这样的问题，下个世纪会实现智能自动化吗？而如果只是在企业的某个局部环节实现智能化，而又无法保证全局的优化，则这种智能化的意义是有限的。

7.4.2 智能制造的发展背景

智能制造渊于人工智能的研究。人工智能就是用人工方法在计算机上实现的智能。随着产品性能的完善化及其结构的复杂化、精细化，以及功能的多样化，促使产品所包含的设计信息和工艺信息量猛增，随之生产线和生产设备内部的信息流量增加，制造过程和管理工作的信息量也必然剧增，因而促使制造技术发展的热点与前沿，转向了提高制造系统对于爆炸性增长的制造信息处理的能力、效率及规模上。先进的制造设备离开了信息的输入就无法运转，柔性制造系统(FMS)一旦被切断信息来源就会立刻停止工作。专家认为，制造系统正在由原先的能量驱动型转变为信息驱动型，这就要求制造系统不但要具备柔性，而且还要表现出智能，否则是难以处理如此大量而复杂的信息工作量的。其次，瞬息万变的市场需求和激烈竞争的复杂环境，也要求制造系统表现出更高的灵活、敏捷和智能。因此，智能制造越来越受到高度的重视。纵览全球,虽然总体而言智能制造尚处于概念和实验阶段,但各国政府均将此列入国家发展计划,大力推动实施。1992 年美国执行新技术政策,大力支持被总统称之的关键重大技术(Critical Technology),包括信息技术和新的制造工艺,智能制造技术自在其中,美国政府希望借助此举改造传统工业并启动新产业。

加拿大制定的 1994—1998 年发展战略计划,认为未来知识密集型产业是驱动全球经济和加拿大经济发展的基础,认为发展和应用智能系统至关重要,并将具体研究项目选择为智能计算机、人机界面、机械传感器、机器人控制、新装置、动态环境下系统集成。

日本 1989 年提出智能制造系统,且于 1994 年启动了先进制造国际合作研究项目,包括了公司集成和全球制造、制造知识体系、分布智能系统控制、快速产品实现的分布智能系统技术等。

欧洲联盟的信息技术相关研究有 ESPRIT 项目,该项目大力资助有市场潜力的信息技术。1994 年又启动了新的 R&D 项目,选择了 39 项核心技术,其中三项(信息技术、分子生物学和先进制造技术)中均突出了智能制造的位置。

中国 20 世纪 80 年代末也将“智能模拟”列入国家科技发展规划的主要课题,已在专家系统、模式识别、机器人、汉语机器理解方面取得了一批成果。国家科技部正式提出了“工业智能工程”,作为技术创新计划中创新能力建设的重要组成部分,智能制造将是该项工程中的重要内容。

由此可见,智能制造正在世界范围内兴起,它是制造技术发展,特别是制造信息技术发展的必然,是自动化和集成技术向纵深发展的结果。

智能装备面向传统产业改造提升和战略性新兴产业发展需求,重点包括智能仪器仪表与控制系统、关键零部件及通用部件、智能专用装备等。它能实现各种制造过程自动化、智能化、精益化、绿色化,带动装备制造业整体技术水平的提升。

中国机械科学研究总院原副院长屈贤明指出,现今国内装备制造业存在自主创新能力薄弱、高端制造环节主要由国外企业掌握、关键零部件发展滞后、现代制造服务业发展缓慢等问题。而中国装备制造业“由大变强”的标志包括:国际市场占有率处于世界第一,超过一半产业的国际竞争力处于世界前三,成为影响国际市场供需平衡的关键产业,拥有一批国际竞争力和市场占有率处于全球前列的世界级装备制造基地,原始创新突破,一批独创、原创装备问世等多个方面。该领域的研究中心有国家重大技术装备独立第三方研究中心－中国重大机械装备网。

在“十二五”期间,我国对智能装备研发的财政支持力度将继续增大,智能装备产业发展重点将明确,“十二五”期间,国内智能装备的重点工作是要突破新型传感器与仪器仪表等核心关键技术,推进国民经济重点领域的发展和升级。

7.4.3　智能制造的特征

20 世纪 60 年代的数控机床(CNC)实现了机械加工过程的可编程自动化;20 世纪 70 年代的柔性制造系统(FMS)将车间级的机床设备、工艺装备、工业机器人及搬运小车等通过计算机在线控制实现了以物流为基础的系统自动化,进一步满足制造系统的柔性坏要求;20 世纪 80 年代的计算机集成制造(CIM)通过信息技术将工厂中 CAD,CAPP,CAM,及经营管理等集成起来,按照人们预测的方式实现加工过程的自动化。而智能制造可以在确定性不明确、不能预测的条件下完成拟人的制造工作。

智能制造主要表现为下列的特征：

(1) 自律能力

即搜集与理解环境信息和自身的信息，并进行分析判断和规划自身行为的能力。具有自律能力的设备称为“智能机器”，“智能机器”在一定程度上表现出独立性、自主性和个性，甚至相互间还能协调运作与竞争。强有力的知识库和基于知识的模型是自律能力的基础。

(2) 人机一体化

IMS不单纯是“人工智能”系统，而是人机一体化智能系统，是一种混合智能。基于人工智能的智能机器只能进行机械式的推理、预测、判断，它只能具有逻辑思维(专家系统)，最多做到形象思维(神经网络)，完全做不到灵感(顿悟)思维，只有人类专家才真正同时具备以上三种思维能力。因此，想以人工智能全面取代制造过程中人类专家的智能，独立承担起分析、判断、决策等任务是不现实的。人机一体化一方面突出人在制造系统中的核心地位，同时在智能机器的配合下，更好地发挥出人的潜能，使人机之间表现出一种平等共事、相互“理解”、相互协作的关系，使二者在不同的层次上各显其能，相辅相成。

因此，在智能制造系统中，高素质、高智能的人将发挥更好的作用，机器智能和人的智能将真正地集成在一起，互相配合，相得益彰。

(3) 虚拟现实(Virtual Reality)技术

这是实现虚拟制造的支持技术，也是实现高水平人机一体化的关键技术之一。虚拟现实技术是以计算机为基础，融信号处理、动画技术、智能推理、预测、仿真和多媒体技术为一体；借助各种音像和传感装置，虚拟展示现实生活中的各种过程、物件等，因而也能拟实制造过程和未来的产品，从感官和视觉上使人获得完全如同真实的感受。但其特点是可以按照人们的意愿任意变化，这种人机结合的新一代智能界面，是智能制造的一个显著特征。

(4) 自组织与超柔性

智能制造系统中的各组成单元能够依据工作任务的需要，自行组成一种最佳结构，其柔性不仅表现在运行方式上，而且表现在结构形式上，所以称这种柔性为超柔性，如同一群人类专家组成的群体，具有生物特征。

(5) 学习能力与自我维护能力

智能制造系统能够在实践中不断地充实知识库，具有自学习功能。同时，在运行过程中自行故障诊断，并具备对故障自行排除、自行维护的能力。这种特征使智能制造系统能够自我优化并适应各种复杂的环境。

7.4.4 智能制造的体系结构

智能制造系统结构的主要类型有：以提高制造系统智能为目标，智能机器人、智能体等为手段的智能制造系统；通过互联网把企业的建模、加工、测量、机器人的操作一体化的智能制造系统；采用生物问题的求解方法的生物智能制造系统等。目前，较多采用的是基于Agent的分布式网络化IMS的模型，如图7-3所示。一方面通过Agent赋予各制造单元以自主权，使其成为功能完善、自治独立的实体；另一方面，通过Agent之间的协同与合作，赋予系统自组织能力。

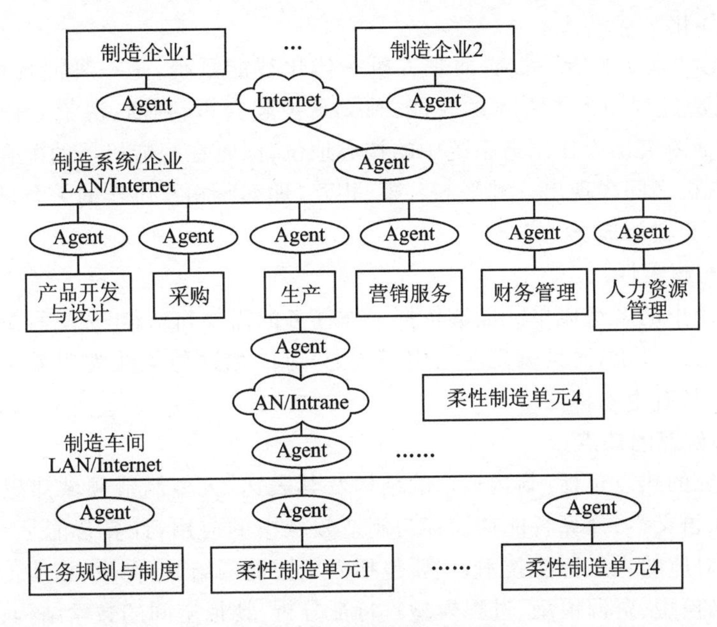

图 7－3　网格化模型框图

7.4.5　IMS 的支撑技术及研究热点

1. IMS 研究的支撑技术

（1）IMS 的目标

IMS 的目标是用计算机模拟制造业人类专家的智能活动，取代或延伸人的部分脑力劳动，而这些正是人工智能技术研究的内容，因此 IMS 离不开人工智能技术（专家技术、人工神经网络、模糊逻辑），IMS 智能水平的提高依赖着人工智能技术的发展。同时人工智能技术是解决制造业人才短缺的有效方法，在现阶段 IMS 中智能主要是人（各领域专家）的智能。但随着人们对生命科学研究的深入，人工智能技术一定会有新的突破，最终在 IMS 中取代人脑进行智力活动，将 IMS 推向更高阶段。

（2）并行工程

对制造业而言，并行工程作为一种重要的技术方法学应用于 IMS 中，将最大限度地减少设计的盲目性和设计的重复性。

（3）虚拟制造技术

用虚拟制造技术在产品设计阶段就模拟出整个产品的生命周期，从而更有效、更经济、更灵活地组织生产，达到产品开发周期最短、产品成本最低、质量最优、生产效率最高的目的。虚拟制造技术应用于 IMS，为并行工程的实施提供了必要的保证。

（4）信息网络技术

信息网络技术是制造过程的系统和各个环节“智能集成”化的支撑。信息网络是制造信息及知识流动的通道，因此，此项技术在 IMS 研究中占据重要地位。

（5）自律能力构筑

自律能力即搜集和理解环境信息和自身的信息并进行分析判断和规划自身行为的能力。强有力的知识库和基于知识的模型是自律能力的基础。

(6) 人机一体化

IMS不单纯是“人工智能”系统，而是人机一体化智能系统，是一种混合智能。想以人工智能全部取代制造过程中人类专家的智能，独立承担起分析、判断、决策等任务是不现实的。人机一体化一方面要突出人在制造系统中的核心地位，同时在智能机器的配合下，更好地发挥出人的潜能，使人机之间表现出一种平等共事、相互“理解”、相互协作的关系，使二者在不同的层次上各显其能，相辅相成。

(7) 自组织与超柔性

智能制造系统中的各组成单元能够依据工作任务的需要，自行组成一种最佳结构，使其柔性不仅表现在运行方式上，而且表现在结构形式上，所以称这种柔性为超柔性，如同一群人类专家组成的群体，具有生物特征。

2. 智能制造研究的热点

智能制造研究的热点包括：制造知识的结构及其表达，大型制造领域知识库，适用于制造领域的形式语言、语义学；计算智能在设计与制造领域中的应用，计算智能是一门新兴的与符号化人工智能相对应的人工智能技术，主要包括人工智能网络、模糊逻辑、遗传算法等方法；制造信息模型(产品模型、资源模型、过程模型)；特征分析、特征空间的数学结构；智能设计、并行设计；制造工程中的制造信息学；具有自律能力的制造设备；通信协议和信息网络技术；推理、论证、预测及高级决策支持系统，面向加工车间的分布式决策支持系统；车间加工过程的智能监视、诊断、补偿和控制；灵境技术和虚拟制造；生产过程的智能调度、规划、仿真与优化等。

7.4.6 IMS系统结构展望

从智能制造的系统结构方面来考虑，未来智能制造系统应为分布式自主制造系统，该系统由若干个智能施主组成，根据生产任务细化层次的不同，智能施主可以分为不同的级别。如一个智能车间称为一个施主，它调度管理车间的加工设备，它以车间级施主身份参与整个生产活动；同时对于一个智能车间而言，它们直接承担加工任务。无论哪一级别的施主，它与上层控制系统之间通过网络实现信息的连接，各智能加工设备之间通过自动引导小车实现物质传递。在这样的制造环境中产品的生产过程为：通过并行智能设计出的产品，经过IMS智能规划，将产品的加工任务分解成一个个子任务，控制系统将子任务通过网络向相关施主“广播”，若某个施主具有完成此子任务的能力且当前空闲，则该施主通过网络向控制系统投出一份“标书”，“标书”中包含了该施主完成该任务的有关技术指标，如加工所需时间，加工所能达到的精度等内容，如果同时有多个施主投出“标书”，那么控制系统将对各个投标者从加工效率、加工质量等方面加以仲裁，以决定“中标”施主，中标施主若为低层施主，则施主申请由自动引导小车将被加工工件送向“中标”的加工设备，否则“中标”施主还将子任务进一步细分，重复以上过程，直至任务到达底层施主。这样，整个加工过程通过任务广播、投标、仲裁、中标，实现生产结构的自组织。

7.4.7 智能制造的技术核心——人工智能

智能制造的技术核心便是人工智能(Artificial Intelligence)。人工智能是以现代计算机技术为基础，以模仿人类智能为手段的一门学科。人工智能研究的一个主要目标是使机器能够胜任通常需要人类智能才能完成的任务，或者完成人类智能也无法解决的更加复杂的工作。

人工智能的概念最早是由英国科学家阿兰·图灵博士于1950年首次通过“智能机器”而引出的。图灵认为，如果一台计算机能够对人类提出的问题进行回答，那么就可以认为这台机器是一台会思考的机器，它便具有了一定的智能。1956年在美国达特茅斯学院召开的人工智能会议，正式提出了人工智能这一学科，并提出“Dartmouth人工智能夏季研究计划”，其中提到将研究如何使机器使用语言，形成抽象的概念，解决各种人类尚无法解决的问题。通过几十年的研究，人工智能的思想和技术已经在包括制造业在内的许多领域中获得了应用。

人工智能研究领域主要包括以下几个方面：

(1) 专家系统（Expert Systems）或称基于知识的系统（Knowledge Based Systems）

人工智能的一个重要研究领域，也是最早被应用在制造业的人工智能技术之一。通常来讲，专家系统可以被视为一个专门解决某一领域专业问题的程序，它通常包含两个主要的功能元素：知识库和推理机。知识库中包含的专业领域知识通常可以包括对事实的陈述、“IfThen”规则以及对象或程序的组合；推理机中，通过推理机制可以对获知的信息进行推理验算，并选择最优的规则。

(2) 搜索技术

搜索是根据问题的实际情况不断寻找可利用的知识，从而构造一条代价较小的推理路线。搜索分为盲目搜索和启发式搜索，盲目搜索是按预定的控制策略进行搜索，在搜索过程中获得的中间信息不用来改进控制策略。启发式搜索是在搜索过程中加入与问题有关的启发性信息，用于指导搜索朝着最有希望的方向前进，加速问题的求解过程，并找到最优解。演化算法是一类模拟自然界遗传进化规律的仿生学搜索算法，它可以处理传统方法难以解决的高度复杂非线性问题。其中的遗传算法是启发于“优胜劣汰，适者生存”的自然界物种法则，因其搜索策略和优化计算时不依赖梯度信息，它在各个领域有着非常广泛的应用。图7-4所示为遗传算法的基本流程，其中选择、交叉和变异是种群逐步进化收敛的关键步骤，也是整个算法的核心。

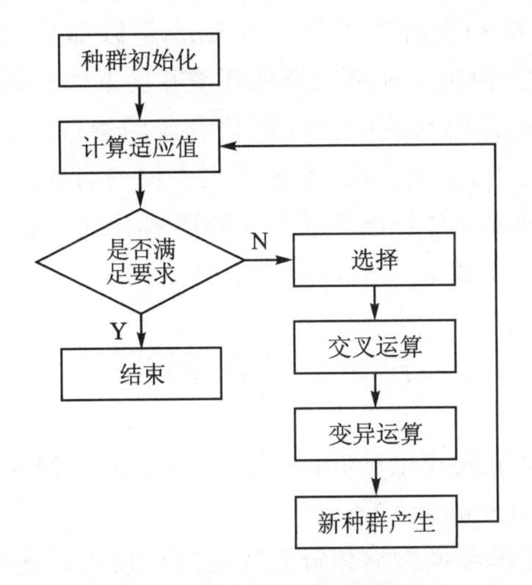

图7-4　遗传算法的基本流程

(3) 模式识别

模式识别是借助数学模型和计算机手段，研究和模拟人类识别语音、图形、文字、符号等能力的一门学科。其过程主要包括：利用各种传感器把被研究对象的各种信息转换为机器可以识别的数值或者符号集合；消除采集到数据信息中的噪声，仅提取与关键特征有关的数据信息；从过滤后的数据中衍生、分析出有效信息，得到更加直接的特征参数值；模式分类或模型匹配，可以依据已知分类或描述的模式集合进行有监督学习，也可以基于模式的统计规律或模式相似性学习判断模式的类别，从而进行无监督学习，最终输出对象所属类型或模式编号。

常见的模式识别的方法主要包括统计模式识别、句法结构模式识别、模糊模式识别、模板匹配模式识别、支持向量机模式识别、人工神经网络模式识别等。

(4) 分布式人工智能

分布式人工智能(DAI)是人工智能与分布式计算结合的产物，其目的主要是完成多任务系统和求解各种具有明确目标的问题。多智能体系统(MAS)是分布式人工智能最重要的研究领域之一，系统内多个智能体(Agent)具有感知、通信、协作、推理、判断、学习、反馈等功能属性，同时每个智能体具有其本身的目标和意愿。通常复杂系统的多目标求解问题被逐层划分为复杂程度相对较低的子问题，再由不同智能体经过沟通协作和自主决策完成。分布式人工智能由于克服单个智能机器资源和能力缺乏以及功能单一等局限性，具备并行、开放、容错等优势，已获得越来越广泛的关注。

7.4.8 IMS与人工智能、计算机集成制造(CIMS)的比较

智能制造系统是一种由智能机器和人类专家共同组成的人机一体化智能系统，它在制造过程中能以一种高度柔性与集成的方式借助计算机模拟人类专家的智能活动进行分析、推理、判断、构思和决策，从而取代或延伸制造环境中人的部分脑力劳动，同时收集、存贮、完善、共享、继承和发展人类专家的智能。

IMS 的研究是从人工智能在制造业中的应用开始的，但 IMS 与人工智能是不同的。人工智能在制造领域的应用是面向制造过程中特定对象的，研究的结果导致了“自动化孤岛”的出现，人工智能在其中是起辅助和支持作用的。而 IMS 是以部分取代人的脑力劳动为研究目的，并且要求系统在一定范围内独立地适应周围环境开展工作。同时 IMS 不同于计算机集成系统，CIMS 强调的是企业内部物料流的集成和信息流的集成，而 IMS 强调的则是最大范围的整个制造过程的自组织能力，因此 IMS 难度更大。但两者又是密切相关的，CIMS 中的众多研究内容是 IMS 发展的基础，而 IMS 又将对 CIMS 提出更高的要求。可以预言，下一世纪制造工业将以双 I (Intelligent 和 Integration)为标志。

7.5 绿色制造

绿色制造又称环境意识制造(Environmentally Conscious Manufacturing)、面向环境的制造(Manufacturing For Environment)等。

绿色制造是一个综合考虑环境影响和资源效益的现代化制造模式，其目标是使产品从设计、制造、包装、运输、使用到报废处理的整个产品生命周期中，对环境的影响(负作用)最小，资源利用率最高，并使企业经济效益和社会效益协调优化。绿色制造这种现代化制造模式，是人类可持续发展战略在现代制造业中的体现。

7.5.1　绿色制造的现状

绿色制造有关内容的研究可追溯到 20 世纪 80 年代，但比较系统地提出绿色制造的概念、内涵和主要内容的文献是美国制造工程师学会（SME）于 1996 年发表的关于绿色制造的专门蓝皮书 *Green Manufacturing*。1998 年 SME 又在国际互联网上发表了绿色制造的发展趋势的网上主题报告，对绿色制造研究的重要性和有关问题又做了进一步的介绍。

绿色制造及其相关问题的研究近年来非常活跃。特别是在美国、加拿大、西欧等一些发达国家，对绿色制造及相关问题进行了大量的研究。在美国，从一些国家重点实验室到国家研究中心，从东海岸的麻省理工学院到西海岸的 Berkeley 加州大学，大量的研究工作正在进行，如 Berkeley 加州大学不仅设立了关于环境意识设计和制造的研究机构，而且还在国际互联网上建立了可系统查询的绿色制造专门网页 Green mfg。卡奈基美隆大学的绿色设计研究所从事绿色设计、管理、制造、法规制定等的研究和教育工作，并与政府、企业、基金会等广泛合作。不少企业也进行了大量研究，如 1996 年美国 SME 学会关于绿色制造研究的圆桌会议的大多数骨干是来自企业界的负责人或代表。美国 AT&T 公司还在企业技术学报上发表了不少关于绿色制造的研究论文。美国国家科学基金会也对绿色制造中的相关问题的研究给予了高度重视和支持，如美国国家科学基金会 1999 年资助课题报告会（NSF Design & Manufacturing Grantees Conference）所报告的与绿色制造相关的研究课题就有十余项。在此届大会上，NSF 设计与制造学部主任 Martin Vega 博士在大会主题报告中还指出了未来制造业面临的六大挑战性问题，环境相容性问题就是其中之一，而且指出目标就是减少制造过程中的废弃物和把产品对环境的影响降到最低限度；随后，Martin - Vega 博士又提出未来的“十大关键技术”，其中包括“废弃物最小化加工工艺”。加拿大 Windsor 大学建立了环境意识设计和制造实验室（ECDM lab）和基于 WWW 的网上信息库，发行了 International Journal of Environmentally Conscious Design and Manufacturing 杂志。对环境意识制造中的环境性设计、生命周期分析（Life Cycle Analysis ，LCA）等进行了深入的研究。ECDM lab 1995 年开发了一套有关环境性设计的设计软件 EDIT (Environmental Design Industrial Template)。在欧洲，国际生产工程学会 CIRP 近几年每年均有不少论文对环境意识制造、多生命周期工程等与绿色制造本质一致的问题进行了研究。英国 CfSD (The Centre for Sustainable Design)对生态设计、可持续性产品设计等进行了集中研究，并开展了有关的教育工作，发行了 The Journal of Sustainable Product Design 杂志。

总之，绿色制造的研究正在国际上迅速开展。特别是近年来，国际标准化组织 ISO 发布了有关环境管理体系的 ISO 14000 系列标准，推动着绿色制造的研究更加活跃和迅速发展。

7.5.2　技术组成

1. 工艺规划

产品制造过程的工艺方案不一样，物料和能源的消耗将不一样，对环境的影响也不一样。绿色工艺规划就是要根据制造系统的实际，尽量研究和采用物料和能源消耗少、废弃物少、噪声低、对环境污染小的工艺方案和工艺路线。

2. 材料选择

绿色材料选择技术是一个很复杂的问题。绿色材料尚无明确界限，实际中选用很难处理。

在选用材料的时候,不能要考虑其绿色性,还必须考虑产品的功能、质量、成本、噪声等多方面的要求。减少不可再生资源和短缺资源的使用量,尽量采用各种替代物质和技术。

3. 产品包装

绿色包装技术就是从环境保护的角度,优化产品包装方案,使得资源消耗和废弃物产生最少。目前这方面的研究很广泛,但大致可以分为包装材料、包装结构和包装废弃物回收处理3个方面。当今世界主要工业国要求包装应做到"3R1D"(Reduce减量化、Reuse回收重用、Recycle循环再生和Degradable可降解)原则。我国包装行业"九五"至2010年发展的基本任务和目标中提出包装制品向绿色包装技术方向发展,实施绿色包装工程,并把绿色包装技术作为"九五"包装工业发展的重点,发展纸包装制品,开发各种代替塑料薄膜的防潮、保鲜的纸包装制品,适当发展易回收利用的金属包装及高强度薄壁轻量玻璃包装,研究开发塑料的回收再生工艺和产品。

4. 回收处理

产品生命周期终结后,若不回收处理,将造成资源浪费并导致环境污染。目前的研究认为面向环境的产品回收处理是个系统工程,从产品设计开始就要充分考虑这个问题,并作系统分类处理。产品寿命终结后,可以有多种不同的处理方案,如再使用、再利用、废弃等,各种方案的处理成本和回收价值都不一样,需要对各种方案进行分析与评估,确定出最佳的回收处理方案,从而以最少的成本代价,获得最高的回收价值。

5. 绿色管理

尽量采用模块化、标准化的零部件,加强对噪声的动态测试、分析和控制,在国际环保标准ISO 14000正式颁布和实施以后,它会成为衡量产品性能的一个重要因素,企业内部建立一套科学、合理的绿色管理体系势在必行。

6. 设备利用

北京工商管理大学教授梁小民曾经举过这样一个例子:你有一台普通机床价值10万元,后来你资本增加到100万元买了10台同样的机床,但你这种机床使用就不充分了,你的资本收益就递减了;但现在的技术发展使你在拥有100万元资本时,你拥有的就不是那种普通机床而是数控机床,效率提高了几百倍,这个时候资本收益就不是递减而是递增了。这就是技术进步在物质资本上的体现。遗留的问题是,当我们拥有了数控机床后,原来的普通车床怎么办?走进国内许多工厂,都可以看见许多闲置、废弃的设备堆在那里,锈迹斑斑。如何处理好这些设备,成了企业面临的一大难题,通过改造使它们重新发挥作用,做到资源最大化利用。目前对我们很多大的生产厂家来说,来自机器的折旧费用仍占据了很大一部分成本。

7.5.3 绿色工程在产品设计中的体现

1. 绿色产品设计评价系统模型的建立

(1) 绿色产品设计理论和方法

从寿命周期角度对绿色产品的内涵进行全面系统的研究,提出绿色产品设计理论和方法。

(2) 绿色产品的描述和建模技术

在绿色产品设计理论和方法的基础上,对绿色产品进行描述,建立绿色产品评价体系,在产品生命周期中,对所有与环境相关的过程输入输出进行量化和评价,并对产品生命周期中经济性和环境影响的关系进行综合评价,建立数学模型。

（3）绿色产品设计数据库

建立与绿色产品有关的材料、能源及空气、水、土、噪声排放的基础数据库，为绿色产品设计提供依据。

（4）典型产品绿色设计系统集成

针对具体产品，收集、整理面向环境设计的资料，形成指导设计的设计指南，建立绿色产品系统设计工具平台，并与其他设计工具（如CAD、CAE、CAPP等）集成，形成集成的设计环境。

2. 绿色产品清洁生产技术

（1）节省资源的生产技术

本项目主要从减少生产过程中消耗的能量、减少原材料的消耗和减少生产过程中的其他消耗三方面着手研究。

（2）面向环保的生产技术

主要研究减少生产过程中的污染，包括减少生产过程的废料、减少有毒有害物质（废水、废气、固体废弃物等）、降低噪声和振动等。

（3）产品包装技术

包装是产品生产过程中的最后一个环节，产品包装形式、包装材料、以及产品贮存、运输等方面都要考虑环境影响的因素。

3. 绿色产品回收利用技术

（1）产品可卸性技术

提出产品可卸性评价方法，提出产品可卸性评价指标体系，进行可拆卸结构模块划分和接口技术研究。

（2）产品可回收技术

提出可回收零件及材料识别与分类系统，并开展零件再使用技术研究，包括可回收零部件的修复、检测，使其符合产品设计要求，进行再使用（再使用包括同化再使用和异化再使用）技术、材料再利用技术的研究（包括同化再利用和异化再利用）。

4. 机电产品噪声控制技术

① 声源识别、噪声与声场测量以及动态测试、分析与显示技术；

② 机器结构声辐射计算方法与程序；

③ 机器结构振动和振动控制技术；

④ 低噪声优化设计技术；

⑤ 低噪声结构和材料；

⑥ 新型减振降噪技术。

5. 面向环境、面向能源、面向材料的绿色制造技术

（1）面向环境的绿色制造技术

研究使产品在使用过程中能满足水、气、固体三种废弃物减量化、降低振动与噪声等环境保护要求的相关技术。

（2）面向能源的绿色制造技术

研究能源消耗优化技术、能源控制过程优化技术等以达到节约能源、减少污染的目的。

（3）面向材料的绿色制造技术

研究材料无毒、无害化技术，针对高分子材料，研究废旧高分子材料回收的绿色技术，高分子过滤材料——功能膜材料，玻璃纤维毡增强热塑性复合材料等。对现有材料的环境性能改进技术等。

7.5.4 发展绿色工程存在的问题

1. 旧机床的更新与改造

旧机床处理方面尤为突出的问题是废旧或闲置设备回收和再利用率较差，许多工厂厂房内常见有满身锈迹废弃的旧设备，数控机床、加工中心、FMS、CIMS甚至网络加工等先进制造系统和大批的20世纪五六十年代的旧机床并存，改造和利用好这些旧设备是我们面临的课题。

2. 材料与能源的浪费

机械制造业中能源和原材料的浪费现象较为明显，满地的切屑、小零件与油污，中国在由原料到产品所消耗的能源和原材料比美国和日本等先进国家高出数十倍之多。

3. 环境保护意识淡薄

一些中小企业对环境的污染还比较严重。

4. 产品的回收利用率低

长期以来我们沿袭的生产模式是：生产，流通，消费。废弃的开式循环，绿色制造提倡闭式循环的生产模式，即在原来的生产模式中增加一个“回收”环节，厂家在产品的设计和制造过程中要充分考虑回收问题。

思考题与习题

1. 解释什么是CIMS。
2. 简述CIMS的构成。
3. 什么是并行工程？
4. 什么是AM？AM的构成要素有哪些？
5. 简述绿色制造的技术组成有哪些？

参考文献

[1] 隋秀凛,夏晓峰.现代制造技术[M].2版.北京:高等教育出版社,2008.

[2] 郝巧梅,刘怀兰.工业机器人技术[M].北京:电子工业出版社,2016.

[3] 孟庆鑫,王晓东.机器人技术基础[M].哈尔滨:哈尔滨工业大学出版社,2010.

[4] 郭洪红.工业机器人技术[M].西安:西安电子科技大学出版社,2006.

[5] 孙树栋.工业机器人技术基础[M].西安:西北工业大学出版社,2006.

[6] 汪励,陈小艳.工业机器人工作站系统集成[M].北京:机械工业出版社,2014.

[7] 左敦稳,黎向锋.现代加工技术[M].3版.北京:北京航空航天大学出版社,2013.

[8] 卢小平.现代制造技术[M].北京:清华大学出版社,2011.

[9] 刘红梅.现代机械制造技术及其发展趋势的研究[J].现代工业经济和信息化,2014(10).

[10] 李伟光.现代制造技术[M].北京:机械工业出版社,2001.

[11] 赵松年.现代设计方法[M].北京:机械工业出版社,2000.

[12] 戴庆辉.先进制造系统[M].北京:机械工业出版社,2010.

[13] 王运赣.快速成形技术[M].武汉:华中理工大学出版社,1999.

[14] 刘伟,等.焊接机器人基本操作及应用[M].北京:电子工业出版社,2011.

[15] 牛同训.现代制造技术[M].北京:化学工业出版社,2010.

[16] 朱林,杨春杰.先进制造技术[M].北京:北京大学出版社,2013.

[17] 李廉水,杜占元.中国制造业发展研究报告2007[M].北京:科学出版社,2007.

[18] 孙林告,汪建.先进制造模式:理论与实践[M].西安:西安交通大学出版社,2003.

[19] 王秀峰,罗宏杰.快速原型制造技术[M].北京:中国轻工业出版社,2001.

[20] 王庆明.先进制造技术导论[M].北京:机械工业出版社,2007.

[21] 文秀兰,林宋,谭昕,等.超精密加工技术与设备[M].北京:化学工业出版社,2006.

[22] 袁哲俊,王先逵.精密和超精密加工技术[M].2版.北京:机械工业出版社,2007.

[23] 王隆太.先进制造技术[M].北京:机械工业出版社,2003.

[24] 张辽远.现代加工技术[M].北京:机械工业出版社,2002.

[25] 张世昌.先进制造技术[M].天津:天津大学出版社,2004.

[26] 盛晓敏,邓朝晖.先进制造技术[M].北京:机械工业出版社,2004

[27] 胡传炘.特种加工手册[M].北京:北京工业大学出版社,2001.

[28] 张建华.精密与特种加工技术[M].北京:机械工业出版社,2003.

[29] 王贵成,张银喜.精密与特种加工[M].武汉:武汉理工大学出版社,2001.

[30] 张建华.精密与特种加工技术[M].北京:机械工业出版社,2003.

参考文献